T02222124

Einführung in die Algebraische Geometrie

Daniel Plaumann

Einführung in die Algebraische Geometrie

Mit zahlreichen Beispielen und
Anmerkungen für den optimalen Einstieg

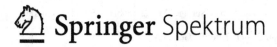 Springer Spektrum

Daniel Plaumann
Fakultät für Mathematik
Technische Universität Dortmund
Dortmund, Deutschland

ISBN 978-3-662-61778-6   ISBN 978-3-662-61779-3   (eBook)
https://doi.org/10.1007/978-3-662-61779-3

Die Deutsche Nationalbibliothek verzeichnet diese Publikation in der Deutschen Nationalbibliografie; detaillierte bibliografische Daten sind im Internet über http://dnb.d-nb.de abrufbar.

Verantwortlich im Verlag: Andreas Rüdinger
Springer Spektrum ist ein Imprint der eingetragenen Gesellschaft Springer-Verlag GmbH, DE und ist ein Teil von Springer Nature.
Die Anschrift der Gesellschaft ist: Heidelberger Platz 3, 14197 Berlin, Germany

Vorwort

Die algebraische Geometrie untersucht die Lösungsmengen algebraischer Gleichungen. In der klassischen Geometrie waren das zunächst ebene Kurven sowie Kurven und Flächen im Raum. Später wurde daraus eine allgemeine Theorie von polynomialen Gleichungssystemen und den geometrischen Eigenschaften ihrer Lösungsmengen, der algebraischen Varietäten.

Da solche Gleichungssysteme fast überall auftreten, steht die algebraische Geometrie an einer zentralen Stelle innerhalb der Mathematik und auch ihrer Anwendungen. Gleichzeitig hat das Gebiet den Ruf, enorm abstrakt und vergleichsweise schwer erlernbar zu sein. Das liegt zum einen an der Vielfalt der verschiedenen Methoden aus Algebra, Analysis, Differentialgeometrie, Kombinatorik usw., die in der algebraischen Geometrie zum Einsatz kommen. Im Unterschied etwa zur Gruppentheorie, die alles aus ihren Axiomen heraus entwickelt, hat die algebraische Geometrie keinen eindeutigen methodischen Ausgangspunkt. Zum anderen sind gerade die algebraischen Methoden mit der Zeit immer abstrakter geworden und die Fragen der algebraischen Geometrie als eigenständiges Forschungsgebiet immer spezieller.

In diesem Buch wird die algebraische Geometrie vor allem auf der Algebra aufgebaut. Ziel ist eine Einführung in die Sprache und Denkweise der algebraischen Geometrie, die aber auch aus sich heraus interessant sein soll, nicht nur als Hinführung zu einer Spezialisierung in algebraischer Geometrie im Master oder in der Promotion. Da das Grundstudium an den meisten deutschen Universitäten bereits eine vertiefte Algebra-Vorlesung enthält, setze ich hier eine ganze Menge voraus. Alles, was über die Grundlagen hinaus geht, wird aber im Text entwickelt oder ist im Anhang zusammenfassend dargestellt. Die Geometrie bleibt zunächst eher im Hintergrund und wird erst mit der projektiven Geometrie im dritten Kapitel wichtiger. Mit Blick auf die Anwendungen ist in Anhang B auch die Theorie der Gröbnerbasen kurz dargestellt, die den meisten Methoden der Computer-Algebra, soweit sie die algebraische Geometrie betreffen, zugrundeliegt. Dieser Teil ist ziemlich unabhängig von den übrigen Kapiteln, kann aber eine sinnvolle Ergänzung sein, wenn keine eigene Vorlesung über Computer-Algebra vorgesehen ist.

Grundlage dieses Buchs ist ein einsemestriger Kurs, den ich wiederholt an der TU Dortmund gehalten habe. In fünfzehn Wochen ist zum Beispiel ein Programm bestehend aus den Kapiteln 1–2–B–3–4 (evtl. ohne 3.7/3.8) möglich. Ein kurzer Kurs könnte auch etwa aus Kapitel 1, sowie 2.1–2.6 und 3.1–3.6 bestehen, evtl. ergänzt um Anhang B.

Danksagung. Ich danke allen, die Entwürfe und Vorlesungsskripte gelesen und mich auf zahlreiche Ungenauigkeiten und Tippfehler aufmerksam gemacht haben. Das waren vor allem die Hörerinnen und Hörer meiner Vorlesungen an der TU Dortmund. Besonders danke ich auch Mario Kummer (TU Berlin) für viele Hinweise und Verbesserungsvorschläge zu einer früheren Form des Manuskripts, sowie Rainer Sinn (FU Berlin) für hilfreiche Diskussionen. Außerdem bedanke ich mich beim Verlag für die inhaltliche und technische Unterstützung. Bei der Erstellung von Illustrationen mit dem PGF/TikZ-Paket habe ich häufig von Erklärungen und Code-Fragmenten auf der Internetplattform Stack Exchange profitiert. Die Abbildungen 2.1 und 2.3 sind mit Wolfram Mathematica 12 erstellt.

Dortmund, 27. August 2020   Daniel Plaumann

Hinweise zur Literatur

Die Literatur zur algebraischen Geometrie ist sehr umfangreich, und ich habe mich entsprechend an vielen verschiedenen Quellen orientiert. Wo etwas nah an einer Quelle dargestellt ist, ist das an Ort und Stelle kenntlich gemacht. Allgemein möchte ich aber die Lehrbücher von Eisenbud, Hartshorne und Schafarewitsch, sowie Vorlesungsskripte von Marco Manetti und Claus Scheiderer zur algebraischen Geometrie (unpubliziert) als Quellen nennen.

Hier noch eine kurze Liste mit alternativer und weiterführender Literatur, die sich auf einige bekannte Titel beschränkt. Die bibliographischen Angaben finden sich im Literaturverzeichnis.

Einführende Bücher

- ⋄ D. A. Cox, J. Little, D. O'Shea: *Ideals, Varieties, and Algorithms* [5]
- ⋄ M. Reid: *Undergraduate Algebraic Geometry* [22]
- ⋄ K. Hulek: *Elementare Algebraische Geometrie* [16]
- ⋄ J. Harris: *Algebraic Geometry. A first course* [13]

Renommierte Standardwerke

- ⋄ R. Hartshorne: *Algebraic Geometry* [14]
- ⋄ I. R. Schafarewitsch: *Basic Algebraic Geometry* [23]
- ⋄ D. Mumford: *The Red Book of Varieties and Schemes* [20]
- ⋄ P. Griffiths, J. Harris: *Principles of Algebraic Geometry* [11]
- ⋄ A. Grothendieck: *Éléments de Géométrie Algébrique* (EGA) [12]

Kommutative Algebra

- ⋄ M. F. Atiyah, I. G. Macdonald: *Commutative Algebra* [1]
- ⋄ H. Matsumura: *Commutative Algebra* [19]
- ⋄ D. Eisenbud: *Commutative Algebra* [6]

Inhaltsverzeichnis

Vorwort   **v**

    Hinweise zur Literatur vi

1   Ebene Kurven   **1**

2   Affine Geometrie   **9**

    2.1   Affine Varietäten 9

    2.2   Ein elementarer Beweis des Nullstellensatzes 15

    2.3   Irreduzibilität und Komponenten 20

    2.4   Koordinatenringe 25

    2.5   Morphismen 29

    2.6   Funktionenkörper und rationale Abbildungen 33

    2.7   Lokale Ringe 37

    2.8   Dimension 43

    2.9   Weitere Dimensionsaussagen 51

    2.10   Tangentialraum und Singularitäten 55

3   Projektive Geometrie   **63**

    3.1   Projektive Räume 63

    3.2   Projektive Varietäten 72

    3.3   Ebene projektive Kurven 82

    3.4   Eigenschaften projektiver Varietäten 87

    3.5   Segre- und Veronese-Varietäten 90

    3.6   Elimination 95

    3.7   Hilbert-Funktion und Hilbert-Polynom 99

    3.8   Graßmann-Varietäten 106

4   Lokale Geometrie   **115**

    4.1   Topologische Räume 115

    4.2   Quasiaffine und quasiprojektive Varietäten 121

    4.3   Morphismen 126

    4.4   Rationale Abbildungen und Funktionenkörper 134

    4.5   Dimension quasiprojektiver Varietäten 140

A   Kommutative Algebra   **145**

    A.1   Kommutative Ringe und Moduln 145

    A.2   Noethersche Ringe 150

    A.3   Algebraische Unabhängigkeit 157

B   Gröbnerbasen   **159**
   B.1   Monomiale Ideale 159
   B.2   Monomordnungen und Division mit Rest 161
   B.3   Gröbnerbasen 165
   B.4   Anwendungen 171

Literatur   **175**

Index   **177**

KAPITEL 1

Ebene Kurven

Die algebraische Geometrie untersucht den Zusammenhang zwischen Polynomgleichungen in mehreren Variablen (Algebra) und ihren Lösungsmengen (Geometrie). In diesem Kapitel erläutern wir einige grundlegende Ideen dieser Theorie am Beispiel ebener Kurven.

Es sei K ein algebraisch abgeschlossener Körper, zum Beispiel der Körper $\mathbb{C}$ der komplexen Zahlen. Wir schreiben $\mathbb{A}^2 = K^2 = \{(a,b) \mid a,b \in K\}$ für die **affine Ebene** über K. Eine Kurve in $\mathbb{A}^2$ ist die Lösungsmenge einer Polynomgleichung in zwei Variablen:

Definition Sei $f \in K[x,y]$ ein Polynom in zwei Variablen. Wir schreiben

$$\mathcal{V}(f) = \{(a,b) \in \mathbb{A}^2 \mid f(a,b) = 0\}$$

für die Menge der Nullstellen von f in $\mathbb{A}^2$. Ist f nicht konstant, dann nennen wir $\mathcal{V}(f)$ eine **ebene (affine) Kurve**. Falls das Polynom f irreduzibel ist (also nicht in ein Produkt von zwei nicht-konstanten Polynomen zerfällt), dann nennen wir auch die Kurve $\mathcal{V}(f)$ **irreduzibel**. In diesem Fall heißt der Grad von f auch der **Grad** der Kurve.

Verschiedene Polynome können dieselbe Kurve definieren, denn es gilt zum Beispiel immer $\mathcal{V}(f) = \mathcal{V}(cf)$ für $c \in K^*$, und auch $\mathcal{V}(f) = \mathcal{V}(f^2)$.

1.0.1 Beispiele
(1) Eine Gerade ist eine Kurve vom Grad 1, also von der Form $\mathcal{V}(cx + dy + e)$ mit $c, d, e \in K$, wobei $c \neq 0$ oder $d \neq 0$.

(2) Die vertrauten *Kegelschnitte* sind irreduzible Kurven vom Grad 2:

*Diese Bilder sind **reelle** Bilder in $\mathbb{R}^2$, obwohl der Körper K ja algebraisch abgeschlossen sein soll. Bilder können deshalb täuschen. In Analysis und Topologie wird man außerdem daran gewöhnt, sich die komplexen Zahlen als Ebene vorzustellen. Das ist nicht die Sichtweise der algebraischen Geometrie: $\mathbb{C}^1$ ist die komplexe Gerade, erst $\mathbb{C}^2$ die Ebene.*

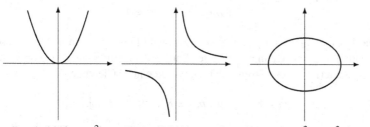

Parabel $\mathcal{V}(y - x^2)$ Hyperbel $\mathcal{V}(1 - xy)$ Ellipse $\mathcal{V}(x^2 + 2y^2 - 4)$

Dagegen definiert ein reduzibles Polynom vom Grad 2, zum Beispiel das Polynom $f = xy$, ein Geradenpaar in $\mathbb{A}^2$. ◇

1

© Springer-Verlag GmbH Deutschland, ein Teil von Springer Nature 2020
D. Plaumann, *Einführung in die Algebraische Geometrie*,
https://doi.org/10.1007/978-3-662-61779-3_1

Ist $f = f_1 \cdots f_k$ ein Produkt von irreduziblen Polynomen in $K[x, y]$, dann gilt offensichtlich

$$\mathcal{V}(f) = \mathcal{V}(f_1) \cup \cdots \cup \mathcal{V}(f_k).$$

Die irreduziblen Kurven $\mathcal{V}(f_1), \ldots, \mathcal{V}(f_k)$ werden dann die **irreduziblen Komponenten** von $\mathcal{V}(f)$ genannt.

Über einem Körper, der nicht algebraisch abgeschlossen ist, zum Beispiel $K = \mathbb{R}$, wäre unsere Definition von *Kurve* nicht sehr überzeugend. Zum Beispiel hat das nicht-konstante Polynom $f = x^2 + y^2$ über $\mathbb{R}$ nur die Nullstelle $(0, 0)$. Dieses Phänomen kann über einem algebraisch abgeschlossenen Körper so nicht auftreten, nach der folgenden Aussage.

1.0.2 Lemma *Jede ebene Kurve besteht aus unendlich vielen Punkten.*

? *Warum kann es keinen endlichen Körper geben, der algebraisch abgeschlossen ist?*

Beweis. Es sei $C = \mathcal{V}(f)$ mit $f \in K[x, y] \setminus K$. Da f nicht konstant ist, hat es jedenfalls in x oder y positiven Grad. Sei ohne Einschränkung $d = \deg_y(f) > 0$ und schreibe $f = \sum_{i=0}^d f_i y^i$ mit $f_i \in K[x]$. Der Leitkoeffizient f_d ist dann ungleich 0, hat also höchstens endlich viele Nullstellen. Da der Körper K algebraisch abgeschlossen ist, ist er unendlich, und für jedes $a \in K$ mit $f_d(a) \neq 0$ ist dann $f(a, y) \in K[y]$ ein nicht-konstantes Polynom, hat also eine Nullstelle in K. Jede solche Nullstelle liefert einen Punkt auf C. $\square$

Dagegen schneiden sich zwei verschiedene irreduzible Kurven immer in höchstens endlich vielen Punkten:

1.0.3 Satz *Es seien $f, g \in K[x, y]$ zwei teilerfremde Polynome. Dann ist $\mathcal{V}(f) \cap \mathcal{V}(g) \subset \mathbb{A}^2$ eine endliche Menge.*

Eine lineare Gleichung beschreibt eine Gerade, während zwei unabhängige lineare Gleichungen einen Punkt beschreiben. Wie der Satz zeigt, ist dieselbe Dimensionsaussage bei ebenen Kurven im Prinzip genauso richtig. Im Allgemeinen ist die Sache allerdings viel komplizierter, wie wir später sehen werden.

Beweis. Als erstes brauchen wir eine Tatsache aus der Algebra: Da f und g teilerfremd in $K[x, y]$ sind, sind sie auch teilerfremd im Ring $K(x)[y]$ — dies folgt aus dem Gaußschen Lemma (siehe Lemma A.2.6 oder Bosch [3], §2.7). Da das ein Polynomring in einer Variablen über dem Körper $K(x)$ ist, gibt es nach dem Lemma von Bézout zwei Polynome $\widetilde{p}, \widetilde{q} \in K(x)[y]$ mit

$$\widetilde{p}f + \widetilde{q}g = \mathrm{ggT}(f, g) = 1.$$

Die Koeffizienten von $\widetilde{p}$ und $\widetilde{q}$ sind rationale Funktionen in x, haben also eventuell Nenner. Wenn wir die Gleichung mit allen in $\widetilde{p}$ und $\widetilde{q}$ vorkommenden Nennern multiplizieren, erhalten wir eine neue Gleichung

$$pf + qg = r, \qquad \text{mit } p, q \in K[x, y], r \in K[x], r \neq 0.$$

Für alle $(a, b) \in \mathcal{V}(f) \cap \mathcal{V}(g)$ ist also $r(a) = 0$. Also nimmt die erste Koordinate in $\mathcal{V}(f) \cap \mathcal{V}(g)$ höchstens endlich viele Werte an, die den endlich vielen Nullstellen von r entsprechen. Dasselbe können wir für die zweite Koordinate zeigen, so dass $\mathcal{V}(f) \cap \mathcal{V}(g)$ insgesamt endlich ist. $\square$

Satz 1.0.3 sagt nichts darüber, aus *wievielen* Punkten der Durchschnitt $\mathcal{V}(f) \cap \mathcal{V}(g)$ besteht. Ist $d = \deg(f)$ und $e = \deg(g)$, dann kann man verhältnismäßig leicht zeigen, dass es höchstens $d \cdot e$ Punkte sein können, und es sind genau $d \cdot e$, wenn man die Punkte »mit Vielfachheit« zählt und außerdem Schnittpunkte »im Unendlichen« berücksichtigt. Diese Aussage ist ein berühmter **Satz von Bézout**, der einerseits den Übergang zur projektiven Ebene (Punkte im Unendlichen) und andererseits die lokale Schnitttheorie (Vielfachheiten) erfordert; siehe dazu §3.3.

Statt durch eine Gleichung kann eine Kurve auch durch eine Parametrisierung gegeben sein. Das ist das, was man (über den reellen Zahlen) aus der Analysis-Vorlesung im ersten Studienjahr gewohnt ist.

1.0.4 Beispiele In den folgenden drei Beispielen sei $\mathrm{char}(K) \neq 2$.

(1) Wir betrachten die Abbildung

$$\varphi: \begin{cases} \mathbb{A}^1 & \to & \mathbb{A}^2 \\ t & \mapsto & (t^2, t^3) \end{cases} .$$

Ihr Bild ist die **Neil'sche Parabel** $C = \mathcal{V}(x^3 - y^2)$.

WILLIAM NEILE (1637–1670), englischer Mathematiker

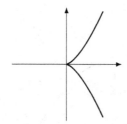

Denn ist $(x,y) \in \varphi(\mathbb{A}^1)$, dann gibt es $t \in K$ mit $x = t^2$, $y = t^3$, also $x^3 = t^6 = y^2$ und damit $(x,y) \in C$. Sei umgekehrt $(x,y) \in C$ und sei $t_0 = \sqrt{x}$ eine Quadratwurzel von x. Dann sind $\pm t_0^3$ die beiden Quadratwurzeln von x^3. Da auch y eine Quadratwurzel von x^3 ist, gilt also $y = t_0^3$ oder $y = (-t_0)^3$. Setzt man entsprechend $t = t_0$ oder $t = -t_0$, so folgt $(x,y) = \varphi(t)$.

*Der Übergang von der Parametrisierung zur Beschreibung durch eine Gleichung wird **Implizitisierung** genannt. Dazu muss man aus den Gleichungen, die x und y durch t ausdrücken, den Parameter t **eliminieren**. Wir werden später sehen, wie man das systematisch macht.*

(2) Ein weiteres Beispiel ist die Parametrisierung des Einheitskreises, also der Kurve $C = \mathcal{V}(x^2 + y^2 - 1)$: Jeder kennt die reelle Parametrisierung durch Winkelfunktionen. Es gibt zwar keine Parametrisierung durch Polynome, wohl aber durch rationale Funktionen, nämlich die Abbildung

$$\varphi: \begin{cases} \mathbb{A}^1 & \dashrightarrow & \mathbb{A}^2 \\ t & \mapsto & \left(\frac{2t}{t^2+1}, \frac{t^2-1}{t^2+1}\right) \end{cases}$$

Der gepunktete Pfeil deutet dabei an, dass die Abbildung nicht überall definiert ist, nämlich nur für $t \neq \pm i$. Das Bild von φ ist in C enthalten, denn

$$\left(\frac{2t}{t^2+1}\right)^2 + \left(\frac{t^2-1}{t^2+1}\right)^2 = \frac{4t^2 + t^4 - 2t^2 + 1}{(t^2+1)^2} = \frac{(t^2+1)^2}{(t^2+1)^2} = 1.$$

Die Umkehrabbildung ist die **stereographische Projektion**

$$\psi: \begin{cases} C & \dashrightarrow & \mathbb{A}^1 \\ (x,y) & \mapsto & \frac{x}{1-y} \end{cases},$$

wie man direkt nachrechnet. Sie ist undefiniert im Punkt $(0,1) \in C$.

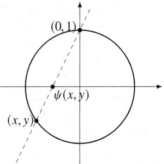

*Überlegen Sie sich,
wie das Bild mit der
Rechnung
zusammenhängt.*

(3) Eine weitere kubische Kurve, die sich parametrisieren lässt, ist

$$C_\lambda = \mathcal{V}(y^2 - x^2(x - \lambda))$$

für ein $\lambda \in K$. Für $\lambda = 0$ ist das die Neil'sche Parabel, für $\lambda \neq 0$ dagegen eine **kubische Schleifenkurve**. Hier ist das reelle Bild für $\lambda = -1$.

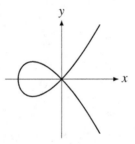

Dazu betrachten wir die Abbildung

$$\psi : C_\lambda \dashrightarrow \mathbb{A}^1, \ (x,y) \mapsto y/x,$$

die für alle $x \neq 0$ definiert ist. Sie ist bijektiv und ihre Umkehrabbildung ist eine Parametrisierung von C_λ (siehe Übung 1.0.6). $\diamond$

Solche Parametrisierungen von Kurven sind nützlich, weil sie die Gleichung explizit auflösen, so ähnlich wie beim Lösen von linearen Gleichungssystemen. Wir gehen daher der Frage nach, ob das immer möglich ist.

Definition Eine ebene Kurve $C \subset \mathbb{A}^2$ heißt **rational**, wenn es zwei rationale Funktionen $p/q, r/s \in K(t)$ gibt, die eine Abbildung

$$\varphi : \begin{cases} \mathbb{A}^1 & \dashrightarrow & C \\ t & \mapsto & \left(\frac{p(t)}{q(t)}, \frac{r(t)}{s(t)} \right) \end{cases}$$

definieren, welche surjektiv ist, außer in höchstens endlich vielen Punkten.

Man kann zeigen, dass eine rationale Kurve notwendig irreduzibel ist. Ist $C = \mathcal{V}(f)$ mit f irreduzibel, dann genügt es für die Existenz einer Parametrisierung wie oben, dass die durch $\frac{p}{q}$ und $\frac{r}{s}$ definierte Abbildung nicht konstant ist und die Gleichung $f = 0$ erfüllt, dass also

$$f\left(\frac{p}{q}, \frac{r}{s}\right) = 0$$

in $K(t)$ gilt. Es stellt sich allerdings heraus, dass viele (in einem bestimmten Sinn fast alle) ebenen Kurven vom Grad mindestens 3 *nicht* rational sind.

1.0.5 Satz *Es gelte* $\mathrm{char}(K) \neq 2$ *und sei* $f \in K[x]$ *mit* $\deg(f) = 3$. *Genau dann ist die ebene kubische Kurve* $\mathcal{V}(y^2 - f) \subset \mathbb{A}^2$ *rational, wenn das Polynom* f *eine mehrfache Nullstelle besitzt.*

Man kann zeigen, dass dies bis auf einen affinen Koordinatenwechsel im Wesentlichen alle irreduziblen kubischen Kurven sind (»Weierstraß-Form«). Die Aussage in Satz 1.0.5 wird meistens mit mehr Theorie bewiesen. Der folgende direkte Beweis findet sich im Lehrbuch von Reid [22, §2].

1.0.6 Lemma *Es gelte* $\mathrm{char}(K) \neq 2$, *und seien* $f, g \in K[t]$ *teilerfremd. Angenommen, es gibt* $\lambda \in K^* \setminus \{0, 1\}$ *derart, dass die vier Polynome*

$$f, g, f - g, f - \lambda g$$

Quadrate in $K[t]$ *sind. Dann folgt* $f, g \in K$.

Beweis. Wir beweisen die Behauptung für f und g vom Grad höchstens d mit Induktion nach d. Für $d = 0$ ist nichts zu zeigen. Sei also $d \geqslant 1$, und es gebe zwei teilerfremde Polynome $u, v \in K[t]$ mit $f = u^2$ und $g = v^2$. Da

$$f - g = u^2 - v^2 = (u + v)(u - v)$$
$$f - \lambda g = u^2 - \lambda v^2 = (u + \sqrt{\lambda}v)(u - \sqrt{\lambda}v)$$

ebenfalls Quadrate sind und u und v teilerfremd sind, sind die vier Polynome

$$u + v, u - v, u + \sqrt{\lambda}v, u - \sqrt{\lambda}v$$

ebenfalls Quadrate. Setze

$$r = \frac{\sqrt{\lambda} + 1}{2}(u + v) \quad \text{und} \quad s = \frac{\sqrt{\lambda} - 1}{2}(u - v).$$

Dann sind r und s sowie $r - s = u + \sqrt{\lambda}v$ allesamt Quadrate, und ebenso

$$r - \left(\frac{\sqrt{\lambda} + 1}{\sqrt{\lambda} - 1}\right)^2 s = \frac{\sqrt{\lambda} + 1}{\sqrt{\lambda} - 1}(u - \sqrt{\lambda}v).$$

Nach Induktionsvoraussetzung folgt $r, s \in K$ und damit $f, g \in K$. □

Hinter dem Beweis steckt ein ursprünglich zahlentheoretischer Trick von PIERRE DE FERMAT (1607–1665), der unter dem Namen »unendlicher Abstieg« bekannt ist.

Beweis von Thm. 1.0.5. Es sei $C = \mathcal{V}(y^2 - f)$. Falls f eine mehrfache Nullstelle hat, dann können wir nach Koordinatenwechsel annehmen, dass $f = x^2(\lambda - x)$ für $\lambda \in K$ gilt. Eine Parametrisierung dieser Kubik wird in den Übungen konstruiert (siehe Übung 1.0.6).

Angenommen f hat keine mehrfache Nullstelle. Durch Koordinatenwechsel können wir dann erreichen, dass $f = x(x-1)(x-\lambda)$ für $\lambda \in K \setminus \{0, 1\}$ gilt. Es sei $\varphi \colon \mathbb{A}^1 \dashrightarrow C$ eine rationale Abbildung, gegeben durch ein Paar $(p/q, r/s)$ von rationalen Funktionen. Das heißt also $p, q, r, s \in K[t]$ sind Polynome mit $\gcd(p, q) = 1$, $\gcd(r, s) = 1$ und

$$\left(\frac{r}{s}\right)^2 = \left(\frac{p}{q}\right)\left(\frac{p}{q} - 1\right)\left(\frac{p}{q} - \lambda\right).$$

Bereinigen der Nenner gibt

$$r^2 q^3 = s^2 p(p - q)(p - \lambda q).$$

Weil p, q sowie r, s teilerfremd sind, folgt $s^2 | q^3$ und $q^3 | s^2$, also $s^2 = \alpha q^3$ für $\alpha \in K^*$. Dann ist

$$\alpha q = \left(\frac{s}{q}\right)^2$$

? *Ein Polynom ist genau dann ein Quadrat in $K(t)$, wenn das bereits in $K[t]$ der Fall ist. Warum ist das so?*

und damit q ein Quadrat in $K[t]$. Außerdem folgt durch Einsetzen von $s^2 = \alpha q^3$ in die obige Gleichung

$$r^2 = p(p - q)(p - \lambda q)$$

bis auf Skalierung. Es folgt, dass $p, q, p - q, p - \lambda q$ Quadrate in $K[t]$ sind. Nach dem vorangehenden Lemma folgt daraus $p, q \in K$ und aus den obigen Gleichungen dann auch $r, s \in K$. Also ist die rationale Abbildung φ konstant und damit keine Parametrisierung von C. $\square$

Man kann also die Lösungen von Polynomgleichungen im Allgemeinen nicht durch Polynome oder rationale Funktionen parametrisieren. Deshalb liegt der Schwerpunkt in der algebraischen Geometrie auf dem Umgang mit den impliziten Beschreibungen, also den Gleichungen.

Wir diskutieren am Beispiel von Kurven noch ein weiteres wichtiges geometrisches Konzept, nämlich Singularitäten bzw. Tangenten.

Definition Es sei $f \in K[x, y]$ ein irreduzibles Polynom. Ein Punkt $(a, b) \in \mathcal{V}(f)$ heißt **singulär** oder eine Singularität, wenn der Gradient ∇f in (a, b) verschwindet, wenn also

Die Ableitungen von Polynomen sind wie üblich formal nach den Ableitungsregeln gegeben (was über $\mathbb{C}$ natürlich mit der Grenzwert-Definition übereinstimmt).

$$\frac{\partial f}{\partial x}(a, b) = \frac{\partial f}{\partial y}(a, b) = 0$$

gilt. Andernfalls heißt der Punkt **regulär**.

1.0.7 Beispiel Die Spitze der Neilschen Parabel und die Selbstüberkreuzung der kubischen Schleifenkurve sind Singularitäten: Es gilt

$$\nabla(y^2 - x^2(x - \lambda)) = \begin{pmatrix} -3x^2 + 2\lambda x \\ 2y \end{pmatrix}$$

und ausgewertet im Punkt $(0,0)$ ist das der Nullvektor. Die Kurven haben sonst keine weiteren Singularitäten. ◇

Überprüfen Sie, dass der Nullpunkt die einzige Singularität ist.

Sind $f_1, f_2 \in K[x,y]$ zwei irreduzible Polynome und ist $f = f_1 f_2$, dann gilt $\nabla f = f_1 \cdot \nabla f_2 + f_2 \cdot \nabla f_1$, was den Nullvektor gibt in jedem Punkt, in dem f_1 und f_2 beide verschwinden. Die Kurve $\mathcal{V}(f) = \mathcal{V}(f_1) \cup \mathcal{V}(f_2)$ hat zwei irreduziblen Komponenten. Deren Schnittpunkte sind in diesem Sinn ebenfalls Singularitäten der Kurve $\mathcal{V}(f)$, da ∇f dort verschwindet.

Definition Es sei $f \in K[x,y]$ ein irreduzibles Polynom und $C = \mathcal{V}(f)$. Die **Tangente** an C in einem regulären Punkt (a,b) ist die Gerade $(\nabla f)(a,b)^{\perp} + (a,b)$. Sie hat also die Gleichung

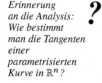

Erinnerung an die Analysis: Wie bestimmt man die Tangenten einer parametrisierten Kurve in $\mathbb{R}^n$?

$$\frac{\partial f}{\partial x}(a,b)(x-a) + \frac{\partial f}{\partial y}(a,b)(y-b) = 0.$$

Kurve mit Tangente

1.0.8 Beispiele Besonders einfach ist das im Nullpunkt: Der ist genau dann ein regulärer Punkt von $\mathcal{V}(f)$, wenn der konstante Term von f gleich 0 ist und der lineare Term ungleich 0. Der lineare Term gibt dann gerade die Tangentengleichung. Betrachten wir dazu folgende Beispiele:

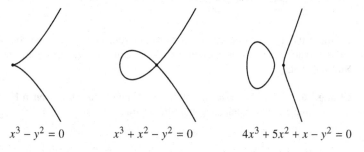

Der quadratische Term der kubischen Schleifenkurve ist $x^2-y^2 = (x-y)(x+y)$ und beschreibt damit zwei Ursprungsgeraden, die man als verallgemeinerte Tangenten im Punkt $(0,0)$ auffassen kann.

$$x^3 - y^2 = 0 \qquad x^3 + x^2 - y^2 = 0 \qquad 4x^3 + 5x^2 + x - y^2 = 0$$

Bei der dritten Kurve ist die Tangente in $(0,0)$ also die Gerade $\mathcal{V}(x)$. In den anderen beiden Fällen ist der lineare Term 0 und damit $(0,0)$ singulär. ◇

Übungen

Im Folgenden sei immer K ein algebraisch abgeschlossener Körper. Falls nicht anders angegeben, gelte $\mathrm{char}(K) \neq 2$.

Übung 1.0.1 Welche der folgenden Polynome in $K[x,y]$ sind irreduzibel? (a) $x^2 - y$ (b) $xy - 1$ (c) $x^2 + y^2$ (d) $x^2 + cxy + y^2 - 1$ ($c \in K$)

Übung 1.0.2 Finden Sie für jedes $d \geqslant 1$ ein irreduzibles Polynom vom Grad d in $K[x,y]$.

Übung 1.0.3 Es seien $f, g \in K[x, y]$ irreduzible Polynome. Zeigen Sie: Ist $\mathcal{V}(f) = \mathcal{V}(g)$, dann gibt es $c \in K$, $c \neq 0$, mit $f = cg$.

Übung 1.0.4 Finden Sie die Anzahl der Schnittpunkte des Kreises $\mathcal{V}(x^2 + y^2 - 1)$ und der Geraden $\mathcal{V}(y - \lambda x - \mu)$ in $\mathbb{A}^2$ in Abhängigkeit von $\lambda, \mu \in K$.

Übung 1.0.5 Zeigen Sie, dass jede ebene affine Kurve vom Grad 2 bis auf Koordinatenwechsel und Translation in der affinen Ebene $\mathbb{A}^2$ eine der folgenden ist:

$$
\begin{array}{ll}
x^2 + y^2 - 1 & \text{Kreis} \\
x^2 - y & \text{Parabel} \\
x^2 - y^2 & \text{schneidendes Geradenpaar} \\
x^2 - 1 & \text{paralleles Geradenpaar}
\end{array}
$$

Zusatz: Warum taucht die Hyperbel nicht als weiterer Fall auf?

Übung 1.0.6 Betrachten Sie die kubische Schleifenkurve

$$
C_\lambda = \mathcal{V}(y^2 - x^2(x - \lambda))
$$

für $\lambda \in K$ und die Abbildung

$$
\psi : C_\lambda \dashrightarrow \mathbb{A}^1, \ (x, y) \mapsto y/x.
$$

Konstruieren Sie eine Umkehrabbildung $\varphi : \mathbb{A}^1 \dashrightarrow C$ von ψ und zeigen Sie damit, dass C_λ eine rationale Kurve ist. Können Sie die Abbildungen φ und ψ (in Analogie mit der stereographischen Projektion) geometrisch interpretieren?

Übung 1.0.7 Es sei $q \in K[x, y]$ ein Polynom vom Grad 2. Zeigen Sie: Falls q irreduzibel ist, dann besitzt die Kurve $\mathcal{V}(q)$ keine Singularitäten. Inwieweit gilt auch die Umkehrung?

Übung 1.0.8 Es sei $f \in K[x]$ ein Polynom vom Grad 3. Zeigen Sie, dass die kubische Kurve $\mathcal{V}(y^2 - f)$ genau dann eine Singularität besitzt, wenn f eine mehrfache Nullstelle hat.

Übung 1.0.9   (a) Bestimmen Sie die singulären Punkte der ebenen Kurven, die durch folgende Gleichungen bestimmt sind.

> (i) $x^2 = x^4 + y^4$
> (ii) $xy = x^6 + y^6$
> (iii) $x^3 = y^2 + x^4 + y^4$
> (iv) $x^2 y + xy^2 = x^4 + y^4$

(b) Zeichnen Sie für jede dieser Kurven das reelle Bild (mit Hilfe der Mathematik-Software Ihrer Wahl).

Übung 1.0.10   (a) Es gelte $\operatorname{char}(K) = p > 0$. Zeigen Sie: Jede Ursprungsgerade in $\mathbb{A}^2$ bis auf eine ist eine Tangente an die Kurve mit der Gleichung $y = x^{p+1}$.

(b) Es gelte $\operatorname{char}(K) = 0$ und sei $C \subset \mathbb{A}^2$ eine irreduzible ebene affine Kurve. Beweisen Sie, dass nur endlich viele Ursprungsgeraden tangential an C sind.

KAPITEL 2

Affine Geometrie

In diesem Kapitel geben wir eine Einführung in die Theorie der affinen Varietäten, der Lösungsmengen von Polynomgleichungssystemen im affinen Raum. Dem gegenüber stehen die projektiven Varietäten, die erst später eingeführt werden. Als bekannt vorausgesetzt werden dabei einige Grundbegriffe der Algebra. Was darüber hinausgeht, wird zusammen mit der Geometrie entwickelt oder ist im Anhang ausführlicher dargestellt.

2.1 Affine Varietäten

Im Folgenden bezeichnet K immer einen algebraisch abgeschlossenen Körper. Bekanntlich bedeutet dies, dass jedes Polynom in einer Variablen über K in Linearfaktoren zerfällt. Das wichtigste Beispiel ist der Körper $\mathbb{C}$ der komplexen Zahlen. Allerdings stellen wir in der Regel keine Voraussetzung an die Charakteristik von K.

Für eine Primzahl p ist der algebraische Abschluss des Primkörpers $\mathbb{F}_p$ ein unendlicher Körper mit Charakteristik p.

Der **affine Raum** der Dimension n über K ist einfach die Menge K^n und wird in der algebraischen Geometrie mit $\mathbb{A}^n$ bezeichnet. Insbesondere heißt $\mathbb{A}^1$ die **affine Gerade** und $\mathbb{A}^2$ die **affine Ebene**. Ein Element $p \in \mathbb{A}^n$ heißt ein **Punkt**, und ist $p = (a_1, \ldots, a_n)$, dann nennen wir die Einträge $a_i \in K$ die **Koordinaten** von p. Es sei $K[x_1, \ldots, x_n]$ der Polynomring in n Variablen über K. Ein Polynom f bestimmt die Funktion $f \colon \mathbb{A}^n \to K$, $p \mapsto f(p)$. Ist $T \subset K[x_1, \ldots, x_n]$ eine Menge von Polynomen, dann schreiben wir

$$\mathcal{V}(T) \;=\; \big\{ p \in \mathbb{A}^n \mid h(p) = 0 \text{ für alle } h \in T \big\}$$

für die gemeinsame Nullstellenmenge der Polynome in T. Für eine endliche Menge $T = \{h_1, \ldots, h_r\}$ schreiben wir $\mathcal{V}(h_1, \ldots, h_r)$ für $\mathcal{V}(T)$.

Definition Eine Teilmenge $V \subset \mathbb{A}^n$ heißt eine **affine Varietät**, wenn $V = \mathcal{V}(T)$ für irgendeine Menge T von Polynomen in $K[x_1, \ldots, x_n]$ gilt.

2.1.1 Beispiele (1) Die ebenen Kurven aus dem vorigen Kapitel sind affine Varietäten.

(2) Die affinen Varietäten $V \subset \mathbb{A}^1$ sind endlich, außer $V = \mathbb{A}^1$. Denn ein Polynom $h \in K[x]$, $h \neq 0$, hat nur endlich viele Nullstellen in $K = \mathbb{A}^1$.

© Springer-Verlag GmbH Deutschland, ein Teil von Springer Nature 2020
D. Plaumann, *Einführung in die Algebraische Geometrie*,
https://doi.org/10.1007/978-3-662-61779-3_2

Umgekehrt ist jede endliche Teilmenge von $\mathbb{A}^1$ eine affine Varietät. Denn ist $V = \{a_1, \ldots, a_m\} \subset \mathbb{A}^1$, dann gilt $V = \mathcal{V}(h)$ mit $h = (x-a_1)\cdots(x-a_m)$. $\diamond$

2.1.2 Proposition *Die Vereinigung endlich vieler affiner Varietäten ist wieder eine solche, ebenso der Durchschnitt beliebig vieler affiner Varietäten. Die leere Menge und der ganze Raum sind affine Varietäten.*

Beweis. Für die Aussage über endliche Vereinigungen reicht es zu beweisen, dass die Vereinigung von zwei affinen Varietäten wieder eine ist, dann folgt der allgemeine Fall per Induktion. Ist also $V_1 = \mathcal{V}(T_1)$ und $V_2 = \mathcal{V}(T_2)$, dann ist $V_1 \cup V_2 = \mathcal{V}(T_1 T_2)$, wobei $T_1 T_2$ aus allen Produkten $h_1 h_2$ mit $h_1 \in T_1$, $h_2 \in T_2$ besteht. Um das zu beweisen, sei $p \in V_1 \cup V_2$, also $p \in V_1$ oder $p \in V_2$. Dann verschwindet jedes Polynom aus T_1 oder jedes aus T_2 in p und damit auch jedes aus $T_1 T_2$. Ist umgekehrt $p \in \mathcal{V}(T_1 T_2)$ und $p \notin V_1$, dann gibt es $h_1 \in T_1$ mit $h_1(p) \neq 0$. Für jedes $h_2 \in T_2$ gilt nach Annahme $(h_1 h_2)(p) = h_1(p)h_2(p) = 0$ und damit $h_2(p) = 0$. Es folgt $p \in V_2$.

Ist $V_i = \mathcal{V}(T_i)$ eine beliebig indizierte Familie von affinen Varietäten, so gilt $\bigcap_i V_i = \mathcal{V}(\bigcup_i T_i)$, wie man leicht sieht. Schließlich gelten noch $\mathcal{V}(1) = \emptyset$ und $\mathcal{V}(0) = \mathbb{A}^n$. $\square$

OSCAR ZARISKI (1899–1986), russisch-US-amerikanischer Mathematiker, berühmt für seine Beiträge zur kommutativen Algebra und algebraischen Geometrie

Definition Nach Prop. 2.1.2 verhalten sich die affinen Varietäten wie die abgeschlossenen Mengen einer Topologie auf $\mathbb{A}^n$. Diese heißt die **Zariski-Topologie**. Die affinen Varietäten in $\mathbb{A}^n$ nennt man deshalb auch **Zariski-abgeschlossene** oder einfach **abgeschlossene Teilmengen** von $\mathbb{A}^n$.

Bis auf Weiteres brauchen wir kaum topologische Begriffe und »Zariski-abgeschlossene Menge« ist bloß ein anderes Wort für »affine Varietät«. Wir kommen später in §4.1 darauf zurück.

? *Wie würden Sie entscheiden, ob zwei lineare Gleichungssysteme dieselben Lösungen haben?*

Eine erste grundlegende Frage, ist die, wann zwei Mengen T, T' von Polynomen dieselbe affine Varietät bestimmen. Eingeschlossen in diese Frage ist der wichtige Spezialfall, wie man entscheiden kann, ob $\mathcal{V}(T)$ die leere Menge, das durch T bestimmte Gleichungssystem also unlösbar ist.

Erinnerung an die Algebra (siehe auch §A.1): Ein »Ring« ist in diesem Buch immer ein kommutativer Ring mit Einselement 1 und alle Ringhomomorphismen bilden 1 auf 1 ab. Gegeben einen Ring R und eine Teilmenge $T \subset R$, dann schreiben wir (T) für das von T in R erzeugte **Ideal**. Die Elemente von (T) sind Summen von Produkten der Form gh mit $g \in R$ und $h \in T$. Ist $T = \{h_1, \ldots, h_r\}$ eine endliche Menge, dann schreiben wir $(h_1, \ldots, h_r)$ für (T). Explizit gilt dann also

$$(h_1, \ldots, h_r) = \{g_1 h_1 + \cdots + g_r h_r \mid g_1, \ldots, g_r \in R\}.$$

Der Begriff »Basis« ist aus heutiger Sicht etwas unglücklich, da keinerlei Unabhängigkeit zwischen den Erzeugern gefordert ist; siehe auch Übung 2.1.5.

Eine Teilmenge T eines Ideals I, die I erzeugt, wird **Erzeugendensystem** genannt oder auch **Basis**.

Im Polynomring gilt nun

$$\mathcal{V}(T) = \mathcal{V}((T)) \qquad \text{für alle } T \subset K[x_1, \ldots, x_n]$$

das heißt, die Varietät ändert sich nicht, wenn man eine Menge von Polynomen durch das erzeugte Ideal im Polynomring ersetzt. Das ist klar aus der obigen Beschreibung der Elemente des erzeugten Ideals (T).

Die Bedeutung von Idealen für die algebraische Geometrie ist immens. Die Erzeuger entsprechen den Ausgangsgleichungen. Das erzeugte Ideal enthält alle Vielfachen, Summen und Produkte der Erzeuger. Damit enthält es insbesondere jede elementare Umformung der ursprünglichen Gleichungen, wie man sie etwa aus der linearen Algebra kennt. Das Ideal verwaltet also alle möglichen Umformungen und Vereinfachungen der Gleichungen. Dabei sind Ideale immer endlich erzeugt, selbst wenn man nicht mit endlich vielen Erzeugern startet, nach dem folgenden grundlegenden Satz.

2.1.3 Satz (Hilbert'scher Basissatz) *Im Polynomring $K[x_1, \ldots, x_n]$ ist jedes Ideal endlich erzeugt: Für jede Teilmenge $T \subset K[x_1, \ldots, x_n]$ gibt es $h_1, \ldots, h_r \in T$ mit $(T) = (h_1, \ldots, h_r)$.*

DAVID HILBERT (1862–1943) bewies den Basissatz im Jahr 1888.

Beweis. Siehe Satz A.2.3 oder Kor. B.3.2 □

Allgemeiner heißt ein Ring R **noethersch**, wenn jedes seiner Ideale endlich erzeugt ist. Die Aussage des Basissatzes ist gerade, dass der Polynomring über einem Körper noethersch ist.

EMMY NOETHER (1882–1935), deutsche Mathematikerin, Begründerin der modernen kommutativen Algebra

2.1.4 Korollar *Jede affine Varietät kann durch endlich viele Polynomen beschrieben werden.* □

Definition Eine affine Varietät, die durch eine einzige Gleichung gegeben ist, also von der Form $\mathcal{V}(f) \subset \mathbb{A}^n$ für ein nicht-konstantes Polynom $f \in K[x_1, \ldots, x_n]$, heißt eine **affine Hyperfläche**.

Die Terminologie ist an den Begriff »Hyperebene« aus der linearen Algebra angelehnt und suggeriert eine Dimensionsaussage, die wir später in Prop. 2.8.3 beweisen.

Die Frage, wieviele Gleichungen man genau braucht, um eine Varietät zu definieren, ist dagegen deutlich schwieriger. Dazu zwei Beispiele.

2.1.5 Beispiele (1) Im ersten Kapitel haben wir bereits parametrische Kurven in der Ebene betrachtet. Die Menge

$$C = \left\{ (t, t^2, t^3) \mid t \in K \right\}$$

ist eine parametrische Raumkurve, die **verdrehte Kubik**. Sie ist beschrieben durch die Gleichungen

$$C = \mathcal{V}(y - x^2, z - x^3).$$

wie man direkt nachprüfen kann (Übung 2.1.6), das heißt, sie ist der Durchschnitt einer quadratischen und einer kubischen Fläche im Raum (Abb. 2.1).

(2) Dagegen wird die Kurve $C = \{(t^3, t^4, t^5) \mid t \in K\}$ durch drei Gleichungen beschrieben, nämlich $C = \mathcal{V}(y^2 - xz, x^2y - z^2, x^3 - yz)$. Man kann das per Hand nachrechnen, eine systematische Methode beschreiben wir im Anhang (§B.4). Jedenfalls kann man keine der drei Gleichungen weglassen. Wenn wir zum Beispiel nur die ersten beiden Gleichungen nehmen, bekommen wir außer der Kurve C noch eine Gerade dazu, nämlich

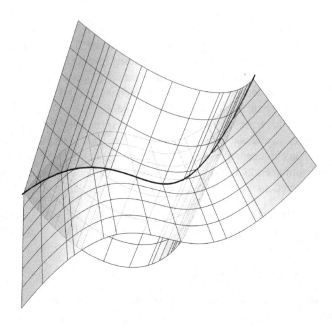

Abb. 2.1: Die verdrehte Kubik

$\mathcal{V}(y^2 - xz, x^2y - z^2) = C \cup \mathcal{V}(y, z)$. Im Unterschied zu dem, was man in der linearen Algebra über lineare Unterräume lernt, kann man die Dimension einer Varietät also nicht an der minimalen Anzahl der definierenden Gleichungen festmachen. Den Dimensionsbegriff führen wir in §2.8 ein. $\quad\diamond$

Wir können eine Menge von Polynomen immer durch das erzeugte Ideal ersetzen, und umgekehrt jedes Ideal durch eine endliche Menge von Erzeugern, ohne die zugehörige affine Varietät zu verändern. Die Frage, ob eine gegebene affine Varietät überhaupt einen Punkt besitzt oder die leere Menge ist, wird durch den Hilbert'schen Nullstellensatz beantwortet.

2.1.6 Satz (Hilbert'scher Nullstellensatz — schwache Form) *Es sei I ein Ideal in* $K[x_1, \ldots, x_n]$. *Genau dann ist* $\mathcal{V}(I) = \emptyset$, *wenn* $1 \in I$ *gilt.*

Erinnerung: Für ein Ideal I in einem Ring R gilt $1 \in I$ *genau dann, wenn* $I = R$ *ist.*

Man kann die Aussage wieder in Analogie zur linearen Algebra sehen: Ein System von Polynomgleichungen ist genau dann unlösbar, wenn man durch Umformung der Gleichungen (im Ideal) zur offensichtlich unlösbaren Gleichung $1 = 0$ gelangen kann, ähnlich wie bei der Zeilenstufenform eines linearen Gleichungssystems. Ist $I = (h_1, \ldots, h_r)$, dann bedeutet die Aussage $1 \in I$ nämlich gerade die Existenz einer Darstellung

$$1 = g_1 h_1 + \cdots + g_r h_r.$$

Hätte $\mathcal{V}(I)$ einen Punkt, dann bekäme man durch Auswertung der rechten Seite den Widerspruch $1 = 0$.

Den Beweis des Nullstellensatzes verschieben wir auf den nächsten Abschnitt. Vom praktischen Standpunkt aus gesehen kommt es darauf an, wie man entscheidet, ob $1 \in I$ gilt — mehr dazu im Anhang (Kapitel B).

2.1.7 Bemerkung Für $n = 1$ und $h \in K[x]$ gilt $1 \in (h)$ genau dann, wenn $h \in K^*$. Der schwache Nullstellensatz sagt also gerade, dass jedes nicht-konstante Polynom in K eine Nullstelle hat. Er spiegelt damit nur wider, dass K algebraisch abgeschlossen ist und gilt entsprechend auch wirklich nur in diesem Fall.

So wie zu jedem Ideal eine Varietät gehört, so gehört umgekehrt zu jeder Teilmenge $M \subset \mathbb{A}^n$ ein Ideal, nämlich

$$\mathcal{I}(M) = \{f \in K[x_1, \ldots, x_n] \mid f(p) = 0 \text{ für alle } p \in M\},$$

das **Verschwindungsideal** von M, bestehend aus allen Polynomen, die auf M verschwinden. Wir beginnen mit einigen einfachen Eigenschaften.

2.1.8 Proposition *(1) Die Zuordnungen $\mathcal{I}$ und $\mathcal{V}$ sind inklusionsumkehrend: Aus $M_1 \subset M_2 \subset \mathbb{A}^n$ folgt $\mathcal{I}(M_2) \subset \mathcal{I}(M_1)$ und aus $T_1 \subset T_2 \subset K[x_1, \ldots, x_n]$ folgt $\mathcal{V}(T_2) \subset \mathcal{V}(T_1)$.*

(2) Für $M_1, M_2 \subset \mathbb{A}^n$ gilt $\mathcal{I}(M_1 \cup M_2) = \mathcal{I}(M_1) \cap \mathcal{I}(M_2)$.

(3) Für jede Teilmenge $M \subset \mathbb{A}^n$ ist $\mathcal{V}(\mathcal{I}(M))$ die kleinste affine Varietät in $\mathbb{A}^n$, die M enthält. Insbesondere ist eine Teilmenge $V \subset \mathbb{A}^n$ genau dann eine affine Varietät, wenn $V = \mathcal{V}(\mathcal{I}(V))$ gilt.

(4) Für zwei affine Varietäten $V_1, V_2 \subset \mathbb{A}^n$ gilt

$$V_1 = V_2 \iff \mathcal{I}(V_1) = \mathcal{I}(V_2).$$

Können Sie weitere Regeln finden? $\mathcal{V}(T_1 \cup T_2) = ?$, $\mathcal{I}(M_1 \cap M_2) = ?, \ldots$ **?**

Beweis. (1) und (2) sind trivial und (4) folgt aus (3); (3) Per Definition ist $\mathcal{V}(\mathcal{I}(M))$ eine affine Varietät und enthält M. Ist V eine affine Varietät, die M enthält, dann gibt es $T \subset K[x_1, \ldots, x_n]$ mit $V = \mathcal{V}(T)$. Dann also $T \subset \mathcal{I}(V) \subset \mathcal{I}(M)$ und somit $\mathcal{V}(\mathcal{I}(M)) \subset \mathcal{V}(T) = V$. $\square$

Für jede Teilmenge $M \subset \mathbb{A}^n$ ist $\mathcal{V}(\mathcal{I}(M))$ damit die kleinste Zariski-abgeschlossene Menge, die M enthält und entspricht daher dem Abschluss in der Zariski-Topologie. Wir schreiben deshalb

$$\overline{M} = \mathcal{V}(\mathcal{I}(M))$$

und nennen diese Menge den **Zariski-Abschluss** von M. Eine Teilmenge $M \subset V$ heißt **Zariski-dicht** in der affinen Varietät V, wenn $\overline{M} = V$ gilt.

2.1.9 Beispiele (1) Jede unendliche Teilmenge der affinen Geraden $\mathbb{A}^1$ ist Zariski-dicht in $\mathbb{A}^1$.

(2) Für jedes Polynom $h \in K[x_1, \ldots, x_n]$ mit $h \neq 0$ ist das Komplement der Hyperfläche $\mathcal{V}(h)$ Zariski-dicht in $\mathbb{A}^n$ (siehe Übung 2.1.2). $\diamond$

Als nächstes diskutieren wir die sogenannte starke Form des Nullstellensatzes. Ist $I \subset K[x_1, \ldots, x_n]$ ein Ideal, dann gilt offensichtlich die Inklusion $I \subset \mathcal{I}(\mathcal{V}(I))$. Im Allgemeinen gilt aber keine Gleichheit.

2.1.10 Beispiel Das einfachste Beispiel ist für $n = 1$ das Ideal $I = (x_1^2)$. Hier gilt $(x_1^2) \subsetneq (x_1) = \mathcal{I}(\mathcal{V}(x_1^2))$, wie man direkt nachprüft. $\diamond$

Das Verschwindungsideal besitzt eine zusätzliche Eigenschaft, die das Ideal I nicht haben muss:

Definition Ist I ein Ideal in einem Ring R, so ist

$$\sqrt{I} = \{f \in R \mid \text{es gibt eine natürliche Zahl } m \text{ mit } f^m \in I\}$$

Überzeugen Sie sich, dass $\sqrt{I}$ wirklich ein Ideal ist.

wieder ein Ideal, genannt das **Radikal** von I. Per Definition gilt $I \subset \sqrt{I}$. Ein Ideal I heißt ein **Radikalideal**, wenn Gleichheit gilt, also $I = \sqrt{I}$.

Das Verschwindungsideal $\mathcal{I}(M)$ einer Teilmenge $M \subset \mathbb{A}^n$ ist ein Radikalideal: Denn wenn eine Potenz einer Funktion verschwindet, dann verschwindet auch die Funktion selbst. Diese Eigenschaft genügt, um das Verschwindungsideal zu charakterisieren.

2.1.11 Satz (Hilbert'scher Nullstellensatz — starke Form)
Für jedes Ideal I von $K[x_1, \ldots, x_n]$ gilt

$$\mathcal{I}(\mathcal{V}(I)) = \sqrt{I}.$$

Die Idee hinter diesem Beweis ist als »Trick von Rabinowitsch« bekannt (siehe [21]). Rabinowitsch, ein ukrainischer Mathematiker, lebte und publizierte später in den USA unter dem Namen GEORGE YURI RAINICH (1886–1968).

Beweis. Die Inklusion $\sqrt{I} \subset \mathcal{I}(\mathcal{V}(I))$ ist offensichtlich. Für die umgekehrte Inklusion sei $f \in \mathcal{I}(\mathcal{V}(I))$ und sei

$$J = (tf - 1) + (I) \subset K[x_1, \ldots, x_n, t].$$

(Dabei ist (I) das von I im größeren Ring $K[x_1, \ldots, x_n, t]$ erzeugte Ideal.) Dann gilt $\mathcal{V}(J) = \emptyset$, somit $1 \in J$ nach dem schwachen Nullstellensatz. Es gibt also eine Identität

$$1 = a \cdot (tf - 1) + \sum_{i=1}^{r} b_i f_i$$

mit $a, b_1, \ldots, b_r \in K[x_1, \ldots, x_n, t]$ und $f_1, \ldots, f_r \in I$. Jetzt setzen wir $t = \frac{1}{f}$ ein und erhalten

$$1 = \sum_{i=1}^{r} b_i\left(x_1, \ldots, x_n, \tfrac{1}{f}\right) f_i.$$

Nun stehen Potenzen von f rechts im Nenner, das heißt, es gibt Polynome $a_1, \ldots, a_r \in K[x_1, \ldots, x_n]$ und ganzzahlige Exponenten $e_1, \ldots, e_r \geqslant 0$ mit $b_i(x_1, \ldots, x_n, 1/f) = \frac{a_i}{f^{e_i}}$. Setze $e = \max\{e_1, \ldots, e_r\}$, dann folgt

$$f^e = \sum_{i=1}^{r} a_i f^{e-e_i} f_i \in I. \qquad \square$$

2.1.12 Korollar *Ist $f \in K[x_1, \ldots, x_n]$ ein irreduzibles Polynom, dann gilt $\mathcal{I}(\mathcal{V}(f)) = (f)$. Mit anderen Worten, ein Polynom verschwindet auf der Hyperfläche $\mathcal{V}(f)$ genau dann, wenn es durch f teilbar ist.*

Beweis. Denn $g \in \sqrt{(f)}$ bedeutet, dass $f | g^k$ für ein $k \in \mathbb{N}$. Da der Polynomring faktoriell ist, ist f prim und es folgt $f | g$, also $g \in (f)$. $\qquad \square$

Allgemeiner gilt $\sqrt{(f)} = (f)$ für $f \in K[x_1, \ldots, x_n]$ genau dann, wenn f **reduziert** (oder *quadratfrei*) ist, das heißt, wenn in der Zerlegung von f in irreduzible Faktoren kein Faktor mehrfach auftritt (siehe Übung 2.1.7).

Übungen

Übung 2.1.1 Zeigen Sie: Jede endliche Teilmenge von $\mathbb{A}^n$ ist eine affine Varietät.

Übung 2.1.2 Zeigen Sie: (a) Ist $f \in K[x_1, \ldots, x_n]$ mit $f(p) = 0$ für alle $p \in \mathbb{A}^n$, so ist f das Nullpolynom.

(b) Allgemeiner: Sind $f, g, h \in K[x_1, \ldots, x_n]$, $h \neq 0$ und gilt $f(p) = g(p)$ für alle $p \in \mathbb{A}^n$ mit $h(p) \neq 0$, so folgt $f = g$.

Übung 2.1.3 Sei $f \in K[x_1, \ldots, x_n]$, $n \geqslant 2$, $f \notin K$. Zeigen Sie, dass die Hyperfläche $\mathcal{V}(f)$ nicht endlich ist.

Übung 2.1.4 Zeigen Sie, dass $X = \{(x, x) \in \mathbb{A}^2 \mid x \neq 1\}$ keine affine Varietät ist.

Übung 2.1.5 (a) Sei $I = (f_1, f_2)$ mit $f_1, f_2 \in K[x_1, \ldots, x_n] \setminus \{0\}$. Auf welche Weisen kann 0 im Ideal I dargestellt werden?

(b) Zeigen Sie, dass $\{x\}$ und $\{x + x^2, x^2\}$ zwei minimale Basen desselben Ideals in $K[x]$ sind.

Übung 2.1.6 Es sei $C = \{(t, t^2, t^3) \mid t \in K\} \subset \mathbb{A}^3$ die verdrehte Kubik aus Beispiel 2.1.5. Zeigen Sie die Gleichheit $C = \mathcal{V}(y - x^2, z - x^3)$.

Übung 2.1.7 (a) Es sei $f \in K[x_1, \ldots, x_n]$. Zeigen Sie, dass das Hauptideal (f) genau dann ein Radikalideal ist, wenn das Polynom f reduziert ist.

(b) Sei $f = f_1^{r_1} \cdots f_k^{r_k}$ die Zerlegung von f in verschiedene irreduzible Faktoren. Zeigen Sie, dass $\sqrt{(f)} = (f_1 \cdots f_k)$ gilt.

Übung 2.1.8 Zeigen Sie, dass das Verschwindungsideal $\mathcal{I}(C) \subset K[x, y, z]$ von $C = \{(t^3, t^4, t^5) \mid t \in K\}$ in $K[x, y, z]$ nicht von zwei Polynomen erzeugt wird.

Übung 2.1.9 Seien I und J Ideale in einem Ring R. Zeigen Sie: (a) $\sqrt{\sqrt{I}} = \sqrt{I}$ (b) $\sqrt{I} \cap \sqrt{J} = \sqrt{I \cap J}$ (c) $\sqrt{I} = R \iff I = R$. (d) $\sqrt{I} \cdot \sqrt{J} \subset \sqrt{IJ}$; geben Sie für die umgekehrte Inklusion ein Gegenbeispiel an.

Übung 2.1.10 Zeigen Sie: Für zwei Mengen T_1, T_2 von Polynomen in $K[x_1, \ldots, x_n]$ gilt $\mathcal{V}(T_1) = \mathcal{V}(T_2)$ genau dann, wenn $\sqrt{(T_1)} = \sqrt{(T_2)}$ gilt.

Übung 2.1.11 Folgern Sie den schwachen Nullstellensatz aus dem starken.

2.2 *Ein elementarer Beweis des Nullstellensatzes*

In diesem Abschnitt beweisen wir den schwachen Nullstellensatz (Satz 2.1.6). Man kann diesen Abschnitt aber auch überspringen. Ein alternativer Beweis, der das Noether'sche Normalisierungslemma verwendet, kann später in den Übungen ausgearbeitet werden (Übungen 2.8.5–2.8.7).

Wir arbeiten hier mit Resultanten, einem klassischen Werkzeug der Algebra. Die entscheidende Aussage ist ein Kriterium für die Surjektivität von Projektionen (Lemma 2.2.6).

Es sei stets R ein Integritätsring und sei $F = \text{Quot}(R)$ sein Quotienten-körper. Gegeben zwei Polynome mit Koeffizienten in R

$$f = \sum_{i=0}^{d} a_i x^i \quad \text{und} \quad g = \sum_{i=0}^{e} b_i x^i,$$

dann möchten wir wissen, ob f und g einen gemeinsamen Teiler besitzen.

Wir könnten die Polynome f und g als normiert annehmen und uns ein paar Ausnahmefälle sparen. Dass wir das hier nicht tun, hängt mit einer späteren Anwendung in der projektiven Geometrie zusammen.

2.2.1 Lemma *Es gelte* $\deg(f) = d$ *oder* $\deg(g) = e$ *(also* $a_d \neq 0$ *oder* $b_e \neq 0$*). Genau dann haben f und g einen gemeinsamen Teiler von positivem Grad in* $F[x]$*, wenn es* $p, q \in R[x]$ *gibt mit*

$$pf + qg = 0 \quad \text{und} \quad \deg(p) < e, \ \deg(q) < d, \ p, q \neq 0$$

Beweis. Angenommen $f = f_1 h$ und $g = g_1 h$ mit $f_1, g_1 \in R[x]$, $h \in F[x]$, $\deg(h) > 0$. Setze $p = g_1$ und $q = -f_1$. Dann folgt $pf + qg = (g_1 f_1 - f_1 g_1)h = 0$. Seien umgekehrt p, q wie angegeben, also $pf = -qg$ und etwa $\deg(f) = d$. Sei $f = f_1 \cdots f_m$ die Zerlegung von f in $F[x]$ in irreduzible Faktoren von positivem Grad. Dann folgt $f_i | qg$ für alle $i = 1, \ldots, m$. Wegen $\deg(q) < d$ muss dann $f_i | g$ für ein i gelten. $\qquad\qquad\square$

Basierend auf diesem Lemma machen wir den Ansatz

$$p = \sum_{i=0}^{e-1} p_i x^i \quad \text{und} \quad q = \sum_{i=0}^{d-1} q_i x^i.$$

Es gilt $\deg(pf + qg) \leq d + e - 1$, also ist $pf + qg = 0$ genau dann, wenn die $d + e$ Koeffizienten in x alle 0 sind. Das ergibt das lineare Gleichungssystem

$$a_0 p_0 + b_0 q_0 = 0$$
$$a_1 p_0 + a_0 p_1 + b_1 q_0 + b_0 q_1 = 0$$
$$\vdots$$

Die transponierte Koeffizientenmatrix dieses Gleichungssystems heißt die **Sylvestermatrix** von f und g und hat die Gestalt:

$$\text{Syl}(f, g) = \begin{bmatrix} a_0 & a_1 & \cdots & \cdots & \cdots & \cdots & a_{d-1} & a_d & & & \\ & a_0 & a_1 & \cdots & \cdots & \cdots & & a_{d-1} & a_d & & \\ & & \ddots & \ddots & & & & & \ddots & \ddots & \\ & & & a_0 & a_1 & \cdots & \cdots & \cdots & \cdots & a_{d-1} & a_d \\ b_0 & b_1 & \cdots & b_{e-1} & b_e & & & & & & \\ & b_0 & b_1 & \cdots & b_{e-1} & b_e & & & & & \\ & & \ddots & \ddots & & \ddots & \ddots & & & & \\ & & & \ddots & \ddots & & & \ddots & \ddots & & \\ & & & & \ddots & \ddots & & & \ddots & \ddots & \\ & & & & & b_0 & b_1 & \cdots & b_{e-1} & b_e \end{bmatrix}$$

Definition Die Determinante

$$\mathrm{Res}(f,g) = \det(\mathrm{Syl}(f,g))$$

heißt die **Resultante** von f und g.

2.2.2 Satz *Die Resultante von f und g ist ein Element von R und besitzt die folgenden Eigenschaften:*

(1) $\mathrm{Res}(f,g)$ ist ein Polynom in den Koeffizienten von f und g, homogen vom Grad e in $a_0, \ldots, a_d$ und homogen vom Grad d in $b_0, \ldots, b_e$.

(2) Es gilt $\mathrm{Res}(f,g) = 0$ genau dann, wenn f und g einen gemeinsamen Teiler von positivem Grad in $F[x]$ haben, oder wenn $a_d = b_e = 0$.

(3) Es gibt $p, q \in R[x]$ mit $\deg(p) < e$ und $\deg(q) < d$ und

$$\mathrm{Res}(f,g) = pf + qg.$$

Beweis. (1) Dass die Resultante ein Polynom ist, liegt daran, dass die Determinante ein Polynom in den Einträgen der Matrix ist. Aus der Struktur der Silvestermatrix ergibt sich $\mathrm{Res}(tf, g) = t^e \mathrm{Res}(f, g)$ (mit einer neuen Variablen t) und entsprechend für g. Das zeigt die Homogenität.

(2) Das ist klar nach Konstruktion der Resultanten und Lemma 2.2.1.

(3) Wir multiplizieren in $\mathrm{Syl}(f,g)$ die i-te Spalte mit x^{i-1} und addieren sie zur ersten Spalte, für $i = 2, \ldots, d + e$. Das ändert $\mathrm{Res}(f,g)$ nicht, aber die Sylvestermatrix wird zu

$$\begin{bmatrix}
f & a_1 & \cdots & \cdots & a_{d-1} & a_d & & & & \\
xf & a_0 & a_1 & \cdots & \cdots & a_{d-1} & a_d & & & \\
\vdots & & \ddots & \ddots & & & & \ddots & \ddots & \\
x^{e-2}f & & & \ddots & \ddots & & & & \ddots & \ddots \\
x^{e-1}f & & & & a_0 & a_1 & \cdots & \cdots & a_{d-1} & a_d \\
g & b_1 & \cdots & \cdots & b_{e-1} & b_e & & & & \\
xg & b_0 & b_1 & \cdots & \cdots & b_{e-1} & b_e & & & \\
\vdots & & \ddots & \ddots & & & & \ddots & \ddots & \\
x^{d-2}g & & & \ddots & \ddots & & & & \ddots & \ddots \\
x^{d-1}g & & & & b_0 & b_1 & \cdots & \cdots & b_{e-1} & b_e
\end{bmatrix}$$

Nun kann man nach der ersten Spalte entwickeln und f bzw. g ausklammern, woraus die Behauptung folgt. □

Es sei von nun an wieder K ein algebraisch abgeschlossener Körper.

2.2.3 Korollar *Genau dann haben zwei normierte Polynome $f, g \in K[x]$ vom Grad d und e eine gemeinsame Nullstelle, wenn $\mathrm{Res}(f,g) = 0$ gilt.*

Beweis. Denn ein gemeinsamer Teiler enthält einen Linearfaktor, der einer gemeinsamen Nullstelle entspricht, und umgekehrt. □

Für den Beweis des Nullstellensatz brauchen wir noch etwas Vorbereitung.

2.2.4 Lemma *Es sei I ein Ideal in $K[x_1,\ldots,x_n]$ mit $\mathcal{V}(I) \subsetneq \mathbb{A}^n$ und seien $p_1,\ldots,p_d \in \mathbb{A}^n \setminus \mathcal{V}(I)$. Dann gibt es ein Polynom $f \in I$ mit $f(p_i) \neq 0$ für alle $i = 1,\ldots,d$.*

Beweis. Wir beweisen die Aussage durch Induktion nach d. Für $d = 1$ ist sie klar. Sei $d \geqslant 2$. Nach Induktionsannahme gibt es für jedes $i \in \{1,\ldots,d\}$ ein f_i mit $f_i(p_j) \neq 0$ für alle $j \neq i$. Falls $f_i(p_i) \neq 0$ für ein i, dann sind wir fertig. Es gelte also $f_i(p_i) = 0$ für alle i. Dann hat

$$f = f_1 + f_2 \cdots f_d$$

die gewünschte Eigenschaft. $\qquad\qquad\qquad\qquad\qquad\qquad\qquad\qquad\square$

Wir sagen ein Polynom $f \in K[x_1,\ldots,x_n]$ vom Grad d ist normiert bezüglich der Variablen x_n, wenn das Monom x_n^d in f den Koeffizienten 1 hat. Ein einzelnes Polynom können wir durch Koordinatenwechsel in der Regel als normiert annehmen. Das folgende einfache Lemma wird auch noch an anderer Stelle zum Einsatz kommen.

2.2.5 Lemma *Es sei $f \in K[x_1,\ldots,x_n]$ ein Polynom vom Grad $d > 0$. Dann gibt es $a_1,\ldots,a_{n-1} \in K$ und ein $c \in K^*$ derart, dass das Polynom $c \cdot f(x_1+a_1x_n,\ldots,x_{n-1}+a_{n-1}x_n,x_n)$ bezüglich x_n normiert vom Grad d ist.*

Beweis. Ist f_d der homogene Anteil höchsten Grades von f, dann gilt

$$f(x_1 + a_1x_n,\ldots,x_{n-1}+a_{n-1}x_n,x_n)$$
$$= f_d(a_1,\ldots,a_{n-1},1)x_n^d + \text{Terme kleinerer Ordnung in } x_n.$$

Es genügt daher, $a_1,\ldots,a_{n-1} \in K$ so zu wählen, dass $f_d(a_1,\ldots,a_{n-1},1) \neq 0$ gilt. Das ist möglich, da K ein unendlicher Körper ist. $\qquad\qquad\square$

Sei nun $I \subset K[x_1,\ldots,x_n]$ ein Ideal und $\mathcal{V}(I)$ die durch I bestimmte affine Varietät. Die Projektion $\pi \colon (x_1,\ldots,x_n) \mapsto (x_1,\ldots,x_{n-1})$ auf die ersten $n-1$ *Überzeugen Sie sich,* Koordinaten induziert eine Abbildung
dass diese Projektion
wohldefiniert ist.
$$\mathcal{V}(I) \to \mathcal{V}(I \cap K[x_1,\ldots,x_{n-1}]).$$

Wir beweisen jetzt ein nützliches Kriterium dafür, wann diese Projektion surjektiv ist.

2.2.6 Lemma *Es sei $I \subset K[x_1,\ldots,x_n]$ ein Ideal. Falls I ein Polynom enthält, das bezüglich x_n normiert ist, dann ist die Projektion*

$$\pi \colon \mathcal{V}(I) \to \mathcal{V}(I \cap K[x_1,\ldots,x_{n-1}])$$

auf die ersten $n-1$ Koordinaten surjektiv.

Beweis. Es sei $J = I \cap K[x_1,\ldots,x_{n-1}]$ und $a = (a_1,\ldots,a_{n-1}) \in \mathbb{A}^{n-1}$. Wir betrachten die Gerade

$$L = \{(a_1,\ldots,a_{n-1},t) \mid t \in K\} \subset \mathbb{A}^n$$

über dem Punkt a. Angenommen $a \notin \pi(\mathcal{V}(I))$, das heißt es gelte $L \cap \mathcal{V}(I) = \emptyset$. Nach Voraussetzung gibt es ein Polynom $g \in I$, das bezüglich x_n normiert ist. Dann ist also

$$g(a,t) = g(a_1, \ldots, a_{n-1}, t) \in K[t]$$

ein normiertes Polynom. Es sei $e = \deg_{x_n}(g)$ und seien $c_1, \ldots, c_e \in K$ die Nullstellen von $g(a,t)$. Da $L \cap \mathcal{V}(I) = \emptyset$, gibt es nach Lemma 2.2.4 ein $f \in I$ mit $f(a_1, \ldots, a_{n-1}, c_i) \neq 0$ für alle $i = 1, \ldots, e$. Also haben f und g auf L keine gemeinsame Nullstelle. Sei $d = \deg_{x_n}(f)$ und sei $r = \operatorname{Res}(f,g) \in K[x_1, \ldots, x_{n-1}]$ die Resultante von f und g bezüglich der Variablen x_n. (Wir fassen dabei f und g als Polynome in x_n mit Koeffizienten in $K[x_1, \ldots, x_{n-1}]$ auf.) Da $\mathcal{V}(f) \cap \mathcal{V}(g) \cap L = \emptyset$ gilt, folgt

$$r(a_1, \ldots, a_{n-1}) \neq 0.$$

Andererseits gilt $r \in (f,g) \cap K[x_1, \ldots, x_{n-1}] \subset J$ nach Satz 2.2.2(2). Also folgt $a \notin \mathcal{V}(J)$ und das Lemma ist bewiesen. $\qquad\square$

2.2.7 Beispiel Ohne die Voraussetzung im Lemma ist die Aussage falsch. Sei etwa $C = \mathcal{V}(1 - xy)$ die Hyperbel in $\mathbb{A}^2$ und sei $\pi\colon \mathbb{A}^2 \to \mathbb{A}^1$ die Projektion $(x,y) \mapsto y$. Offenbar gilt $\pi(C) = \mathbb{A}^1 \setminus \{0\}$. Es ist aber $(1 - xy) \cap K[x] = \{0\}$ und damit $\mathcal{V}((1 - xy) \cap K[x]) = \mathbb{A}^1$. $\qquad\diamond$

Prüfen Sie die Gleichheit $(1 - xy) \cap K[x] = \{0\}$ nach.

Mit all dieser Vorbereitung können wir die schwache Form des Nullstellensatzes nun sehr leicht beweisen.

Satz (Hilbert'scher Nullstellensatz — schwache Form). *Es sei I ein Ideal in $K[x_1, \ldots, x_n]$. Genau dann ist $\mathcal{V}(I) = \emptyset$, wenn $1 \in I$ gilt.*

Beweis. Sei $1 \notin I$, dann müssen wir $\mathcal{V}(I) \neq \emptyset$ zeigen (die andere Richtung ist trivial). Falls $I = (0)$, dann ist $\mathcal{V}(I) = \mathbb{A}^n \neq \emptyset$. Es gelte also $(0) \subsetneq I \subsetneq K[x_1, \ldots, x_n]$. Wir zeigen die Behauptung durch Induktion nach n. Falls $n = 1$, dann ist I also ein Ideal im Hauptidealring $K[x]$, das heißt es gibt ein nicht-konstantes Polynom f mit $I = (f)$. Da K algebraisch abgeschlossen ist, hat f in K mindestens eine Nullstelle und somit ist $\mathcal{V}(I)$ nicht leer.

Sei $n \geqslant 2$ und sei $f \in I$ mit $\deg(f) > 0$. Nach Lemma 2.2.5 können wir annehmen, dass f normiert bezüglich x_n ist (nach Translation und Skalierung, was keinen Einfluss auf die Aussage hat). Setze $J = I \cap K[x_1, \ldots, x_{n-1}]$. Nach Induktionsvoraussetzung ist $\mathcal{V}(J)$ nicht leer und nach Lemma 2.2.6 ist die Projektion $\mathcal{V}(I) \to \mathcal{V}(J)$ auf die ersten $n - 1$ Koordinaten surjektiv. Also ist auch $\mathcal{V}(I)$ nicht leer. $\qquad\square$

Übungen

Übung 2.2.1 Berechnen Sie die Resultante zweier Polynome vom Grad 2 als Polynom in den Koeffizienten.

Übung 2.2.2 Es sei R ein Integritätsring und seien $f, g \in R[x]$, $f = \sum_{i=0}^{d} a_i z^i$, $g = \sum_{i=0}^{e} b_i z^i$. Beweisen Sie die folgenden Eigenschaften der Resultante:

Die Notation $\mathrm{Res}_{d,e}$
*im Index bezeichnet
hier die Größe der
Sylvestermatrix.*

(a) $\mathrm{Res}(f,g) = (-1)^{de}\mathrm{Res}(g,f)$;

(b) Falls $b_e = 0$, so gilt $\mathrm{Res}_{d,e}(f,g) = a_d\mathrm{Res}_{d,e-1}(f,g)$;

(c) $\mathrm{Res}(x^d, g) = g(0)^d$;

(d) Für jedes Polynom $h \in R[x]$ mit $\deg(h) \leqslant d-e$ gilt $\mathrm{Res}(f,g) = \mathrm{Res}(f+hg,g)$.

(e) $\mathrm{Res}_{d+1,e}(xf,g) = g(0)\mathrm{Res}_{d,e}(f,g)$;

(f) Für alle $a,b \in R$ gilt $\mathrm{Res}(af,bg) = a^e b^d \mathrm{Res}(f,g)$.

Übung 2.2.3 Verwenden Sie Resultanten, um einen anderen Beweis von Satz 1.0.3 zu geben.

Übung 2.2.4 Es sei K ein Körper und es bezeichne V_d den Vektorraum der Polynome in $K[x]$ vom Grad höchstens d. Seien $f,g \in K[x]$, $\deg(f) \leqslant d$, $\deg(g) \leqslant e$.

(a) Zeigen Sie, dass die Sylvestermatrix $\mathrm{Syl}(f,g)$ gerade die lineare Abbildung

$$V_e \oplus V_d \to V_{d+e}, \ (p,q) \mapsto pf + qg$$

bezüglich der Standardbasis $\{1, x, \ldots, x^m\}$ von V_m beschreibt.

(b) Zeigen Sie, dass

$$\mathrm{Res}(f(x-a), g(x-a)) = \mathrm{Res}(f(x), g(x))$$

für alle $a \in K$ gilt. (*Vorschlag:* Benutzen Sie (a).)

Bemerkung. Die Aussagen in (a) und (b) gelten auch (und lassen sich identisch beweisen), wenn man K durch einen Integritätsring R ersetzt und 'freier R-Modul' statt 'K-Vektorraum' sagt.

Übung 2.2.5 Es sei R ein Integritätsring, $f,g \in R[x]$ mit $\deg(f) = d$, $\deg(g) = e$ und sei $r \in (f,g) \cap R$. Zeigen Sie, dass

$$r^3 \in \left(f^2, g^2\right) \cap R \quad \text{und} \quad \mathrm{Res}_{2d,2e}(f^2, g^2) = \mathrm{Res}(f,g)^4$$

gelten. Folgern Sie, dass die Resultante das Ideal $(f,g) \cap R$ im Allgemeinen nicht erzeugt.

2.3 Irreduzibilität und Komponenten

Es sei V eine affine Varietät in $\mathbb{A}^n$. Die abgeschlossenen Teilmengen von V sind genau die affinen Varietäten in $\mathbb{A}^n$, die in V enthalten sind. Man nennt eine solche Teilmenge auch eine **abgeschlossene Untervarietät** von V.

Definition Die Varietät V heißt **reduzibel**, wenn sie die Vereinigung von zwei echten abgeschlossenen Teilmengen ist, es also abgeschlossene Untervarietäten $V_1, V_2 \subset V$ gibt mit

$$V = V_1 \cup V_2 \quad \text{und} \quad V_1, V_2 \neq V.$$

Die Varietät V heißt **irreduzibel**, wenn sie nicht leer und nicht reduzibel ist.

2.3.1 Proposition *Eine affine Varietät in $\mathbb{A}^n$ ist genau dann irreduzibel, wenn ihr Verschwindungsideal in $K[x_1, \ldots, x_n]$ ein Primideal ist.*

Beweis. Die leere Menge ist per Definition nicht irreduzibel. Ihr Verschwindungsideal ist $\mathcal{I}(\emptyset) = K[x_1, \ldots, x_n]$, was per Definition auch kein Primideal ist. Sei also $V \subset \mathbb{A}^n$ nicht leer und sei $I = \mathcal{I}(V) \subsetneq K[x_1, \ldots, x_n]$.

Falls I nicht prim ist, dann gibt es $f_1, f_2 \in K[x_1, \ldots, x_n]$ mit $f_1, f_2 \notin I$ aber $f_1 f_2 \in I$. Dann sind $V_1 = V \cap \mathcal{V}(f_1) \subsetneq V$ und $V_2 = V \cap \mathcal{V}(f_2) \subsetneq V$ zwei affine Varietäten mit $V = V_1 \cup V_2$, wegen $f_1 f_2 \in I$. Also ist V reduzibel.

Ist umgekehrt V reduzibel, also $V = V_1 \cup V_2$ mit $V_1, V_2 \subsetneq V$, so wähle Punkte $p_i \in V \setminus V_i$ und Polynome $f_i \in \mathcal{I}(V_1)$ mit $f_i(p_i) \neq 0$, für $i = 1, 2$. Dann gilt $f_1, f_2 \notin I$, aber $f_1 f_2 \in I$ wegen $V = V_1 \cup V_2$. Also ist I kein Primideal. □

Erinnerung an die Algebra: ? *Wie ist der Begriff »Primideal« in einem Ring R allgemein definiert?*

2.3.2 Beispiele (1) Zum Beispiel hat das Polynom $f = x^3 + xy^2 - x^2 - y^2 - 4x + 4$ die Faktorisierung

$$f = f_1 f_2 \quad \text{mit} \quad f_1 = x^2 + y^2 - 4 \text{ und } f_2 = x - 1.$$

Die Varietät $\mathcal{V}(f)$ zerfällt in zwei abgeschlossene Untervarietäten. Dabei beschreibt $\mathcal{V}(f_1)$ einen Kreis in der affinen Ebene und $\mathcal{V}(f_2)$ eine Gerade.

(2) Es sei $f \in K[x_1, \ldots, x_n]$ ein nicht-konstantes reduziertes Polynom. Genau dann ist die Varietät $\mathcal{V}(f)$ irreduzibel, wenn f als Polynom irreduzibel ist. Das entspricht unserer Definition im Fall von Kurven im ersten Kapitel. Um diese Äquivalenz vollständig zu beweisen, braucht man allerdings den Nullstellensatz (siehe Übung 2.3.2). ◇

Als Folge unserer Diskussion im ersten Kapitel stellen wir fest, dass wir die irreduziblen Untervarietäten der affinen Ebene bereits vollständig bestimmt haben.

2.3.3 Satz *Es sei V eine irreduzible affine Varietät in der Ebene $\mathbb{A}^2$. Dann tritt genau einer der folgenden drei Fälle ein:*

(1) V besteht aus einem Punkt;

(2) $V = \mathbb{A}^2$;

(3) V ist eine irreduzible Kurve in $\mathbb{A}^2$, also $V = \mathcal{V}(h)$ für ein irreduzibles Polynom $h \in K[x, y]$, $h \notin K$.

Beweis. Es sei $P = \mathcal{I}(V)$ das Verschwindungsideal von V. Da V irreduzibel ist, ist P ein Primideal nach Prop. 2.3.1. Ist $P = (0)$, so ist $V = \mathbb{A}^2$. Wir nehmen also $P \neq (0)$ an. Falls V endlich ist, dann sind wir im Fall (1). Sei also V unendlich. Sind $f, g \in P$, so folgt $V \subset \mathcal{V}(f, g)$. Nach Satz 1.0.3 haben f und g damit einen gemeinsamen Teiler. Da dies für je zwei Elemente in P gilt, muss P ein Hauptideal sein (Übung 2.3.4). Also gibt es $h \in K[x_1, \ldots, x_n]$ mit $P = (h)$ und damit $V = \mathcal{V}(h)$. Schließlich bemerken wir noch, dass sich die Fälle (1),(2) und (3) wie behauptet ausschließen, da K ein unendlicher Körper ist (siehe Lemma 1.0.2 und Übung 2.1.2). □

Als nächstes analysieren wir die Zerlegung von Varietäten in irreduzible abgeschlossene Teilmengen.

2.3.4 Lemma *Jede nicht-leere Menge von abgeschlossenen Teilmengen in $\mathbb{A}^n$ besitzt ein bezüglich Inklusion minimales Element.*

Machen Sie sich klar, dass Lemma 2.3.4 für abgeschlossene Teilmengen von $\mathbb{R}^n$ (in der üblichen Topologie) völlig falsch ist.

Beweis. Sei $\mathcal{A}$ eine nicht-leere Menge affiner Varietäten in $\mathbb{A}^n$. Wir müssen zeigen, dass es ein $V \in \mathcal{A}$ gibt mit $W \notin \mathcal{A}$ für jede echte Teilmenge $W \subsetneq V$. Wir betrachten dazu die Menge

$$\mathcal{B} = \{\mathcal{I}(V) \mid V \in \mathcal{A}\}$$

aller Verschwindungsideale von Varietäten aus $\mathcal{A}$. Da der Polynomring ein noetherscher Ring ist, besitzt diese Menge ein maximales Element, also ein Ideal $\mathcal{I}(V)$, das in keinem Ideal $\mathcal{I}(W)$ mit $W \in \mathcal{A}$ echt enthalten ist (siehe §A.2). Dann ist V die gewünschte Menge. □

2.3.5 Satz *Jede affine Varietät V ist eine endliche Vereinigung*

$$V = V_1 \cup \cdots \cup V_m$$

von irreduziblen abgeschlossenen Untervarietäten $V_1, \ldots, V_m$ mit $V_i \not\subset V_j$ für $i \neq j$. Dabei sind $V_1, \ldots, V_m$ bis auf ihre Reihenfolge eindeutig bestimmt.

Definition   Die irreduziblen abgeschlossenen Untervarietäten $V_1, \ldots, V_m$ heißen die **irreduziblen Komponenten** von V.

Beweis. Wir zeigen als erstes, dass jede affine Varietät eine endliche Vereinigung von irreduziblen abgeschlossenen Teilmengen ist. Sei dazu $\mathcal{A}$ die Menge aller affinen Varietäten in $\mathbb{A}^n$, die *nicht* die Vereinigung von endlich vielen irreduziblen abgeschlossenen Teilmengen sind. Wir wollen also zeigen, dass $\mathcal{A}$ die leere Menge ist. Angenommen falsch, dann enthält $\mathcal{A}$ nach dem vorangehenden Korollar ein minimales Element V. Nun kann V selbst nicht irreduzibel sein. Es gibt also Varietäten $W, W' \subsetneq V$ mit $V = W \cup W'$. Wegen der Minimalität von V folgt $W, W' \notin \mathcal{A}$. Also sind W und W' beide die Vereinigung von endlich vielen irreduziblen abgeschlossenen Teilmengen. Damit ist es aber auch V, ein Widerspruch.

> **?** *Das hier angewendete Beweisprinzip wird oft »noethersche Induktion« genannt. Worauf beruht die Analogie mit der vollständigen Induktion?*

Sei nun V eine affine Varietät in $\mathbb{A}^n$ und $V = V_1 \cup \cdots \cup V_m$ eine Zerlegung in irreduzible abgeschlossene Teilmengen. Falls $V_i \subset V_j$ für irgendein Paar $i \neq j$ gilt, dann können wir V_i einfach weglassen. Wir können also annehmen, dass zwischen den $V_1, \ldots, V_m$ keine Inklusionen bestehen. Ist nun

$$V = W_1 \cup \cdots \cup W_\ell$$

eine weitere Zerlegung mit diesen Eigenschaften, dann gilt

$$V_i = V_i \cap V = (V_i \cap W_1) \cup \cdots \cup (V_i \cap W_\ell)$$

für jedes $i = 1, \ldots, m$. Da V_i irreduzibel ist, gibt es ein r mit $V_i \subset W_r$. Andererseits können wir dasselbe Argument umgekehrt mit W_r machen. Es gibt also j mit $W_r \subset V_j$ und damit $V_i \subset W_r \subset V_j$. Es folgt $i = j$ und $V_i = W_r$. Also kommt jedes V_i auch unter den $W_1, \ldots, W_\ell$ vor, insbesondere muss $m \leqslant \ell$ gelten. Vertauschen der beiden Zerlegungen zeigt $m = \ell$. □

2.3.6 Beispiele Es sei $f \in K[x_1, \ldots, x_n]$ ein Polynom und $f = f_1^{r_1} \cdots f_k^{r_k}$

die Zerlegung von f in seine verschiedenen irreduziblen Faktoren. Dann ist

$$\mathcal{V}(f) = \mathcal{V}(f_1) \cup \cdots \cup \mathcal{V}(f_k)$$

die Zerlegung der Hyperfläche $\mathcal{V}(f)$ in ihre irreduziblen Komponenten. Dazu muss man sich überzeugen, dass die $\mathcal{V}(f_i)$ tatsächlich irreduzibel sind und dass zwischen ihnen keine Inklusionen bestehen (siehe Übung 2.3.2). Zum Beispiel hat die Hyperfläche $\mathcal{V}(x^3 + xy^2 - xz)$ in $\mathbb{A}^3$ als irreduzible Komponenten das Paraboloid $\mathcal{V}(x^2 + y^2 - z)$ und die Ebene $\mathcal{V}(x)$.

Bei Varietäten, die keine Hyperflächen sind, ist es in der Regel schwieriger, die Zerlegung in irreduzible Komponenten zu finden. In Beispiel 2.1.5 haben wir etwa gesehen, dass die Varietät $\mathcal{V}(y^2 - xz, x^2 y - z^2)$, der Durchschnitt einer Quadrik und einer Kubik im Raum, die Vereinigung der parametrischen Kurve $C = \{(t^3, t^4, t^5) \mid t \in K\}$ mit der Geraden $\mathcal{V}(y, z)$ ist. Beide Teile sind irreduzibel, so dass dies die irreduziblen Komponenten sind. $\diamond$

Erinnerung an die Algebra: Ein Ideal $\mathfrak{m}$ in einem Ring R heißt **maximal**, wenn $\mathfrak{m} \neq R$ ist und es kein Ideal I von R mit $\mathfrak{m} \subsetneq I \subsetneq R$ gibt. Genau dann ist ein Ideal $\mathfrak{m}$ maximal, wenn der Restklassenring $R/\mathfrak{m}$ ein Körper ist. Insbesondere ist jedes maximale Ideal ein Primideal.

Ist $p \in \mathbb{A}^n$ ein Punkt, dann schreiben wir $\mathfrak{m}_p = \mathcal{I}(\{p\})$ für das Verschwindungsideal von p.

2.3.7 Lemma *Für jeden Punkt $p = (a_1, \ldots, a_n) \in \mathbb{A}^n$ ist $\mathfrak{m}_p$ ein maximales Ideal von $K[x_1, \ldots, x_n]$ und es gilt*

$$\mathfrak{m}_p = (x_1 - a_1, \ldots, x_n - a_n).$$

Beweis. Es sei $I = (x_1 - a_1, \ldots, x_n - a_n)$. Wir bilden den Restklassenring $K[x_1, \ldots, x_n]/I$. Dort gilt $\overline{x_i - a_i} = 0$ und damit $\overline{x_i} = \overline{a_i}$. Daraus folgert man $K[x_1, \ldots, x_n]/I \cong K$, so dass das Ideal I maximal ist. Außerdem gilt offenbar $I \subset \mathfrak{m}_p$ und damit Gleichheit, da I maximal ist. $\square$

Mit Restklassenringen befassen wir uns im nächsten Abschnitt ausführlicher.

2.3.8 Korollar *Zu jedem maximalen Ideal $\mathfrak{m}$ von $K[x_1, \ldots, x_n]$ gibt es einen eindeutig bestimmten Punkt $p \in \mathbb{A}^n$ mit $\mathfrak{m} = \mathfrak{m}_p$.*

Beweis. Sei $\mathfrak{m}$ ein maximales Ideal von $K[x_1, \ldots, x_n]$. Nach dem Nullstellensatz gilt $\mathcal{V}(\mathfrak{m}) \neq \emptyset$. Für $p \in \mathcal{V}(\mathfrak{m})$ gilt also $\mathfrak{m} \subset \mathcal{I}(\{p\}) = \mathfrak{m}_p$. Aufgrund der Maximalität von $\mathfrak{m}$ folgt daraus $\mathfrak{m} = \mathfrak{m}_p$. Die Eindeutigkeit folgt aus der Beschreibung von $\mathfrak{m}_p$ in Lemma 2.3.7. $\square$

Die folgende Aussage fasst noch einmal zusammen, was wir über die Korrespondenz zwischen affinen Varietäten und Idealen bewiesen haben.

2.3.9 Korollar *Die Zuordnungen $V \mapsto \mathcal{I}(V)$ und $I \mapsto \mathcal{V}(I)$ sind zwischen den folgenden Teilmengen von $\mathbb{A}^n$ und Idealen in $K[x_1, \ldots, x_n]$ zueinander inverse Bijektionen:*

$$\{\textit{affine Varietäten}\} \leftrightarrow \{\textit{Radikalideale}\}$$
$$\{\textit{irreduzible affine Varietäten}\} \leftrightarrow \{\textit{Primideale}\}$$
$$\{\textit{Punkte}\} \leftrightarrow \{\textit{Maximale Ideale}\} \qquad \square$$

Übungen

Übung 2.3.1 Sei V eine affine Varietät. Zeigen Sie: Eine abgeschlossene Teilmenge $W \subset V$ ist genau dann eine irreduzible Komponente von V, wenn W irreduzibel, jede größere abgeschlossene Teilmenge von V jedoch reduzibel ist.

Übung 2.3.2   (a) Es seien $f, g \in K[x_1, \ldots, x_n]$ zwei irreduzible Polynome. Zeigen Sie: Es gilt
$$\mathcal{I}(\mathcal{V}(f)) = (f),$$
und falls $\mathcal{V}(f) \subset \mathcal{V}(g)$, so folgt $f = \lambda g$ für ein $\lambda \in K^*$ und damit $\mathcal{V}(f) = \mathcal{V}(g)$.

(b) Es sei $f \in K[x_1, \ldots, x_n]$ ein Polynom und $f = f_1^{r_1} \cdots f_k^{r_k}$ die Zerlegung von f in seine verschiedenen irreduziblen Faktoren. (Dabei sind $r_1, \ldots, r_k \in \mathbb{N}$ die Vielfachheiten der Faktoren und für $i \neq j$ gibt es kein $\lambda \in K^*$ mit $f_i = \lambda f_j$.) Zeigen Sie, dass
$$\mathcal{V}(f) = \mathcal{V}(f_1) \cup \cdots \cup \mathcal{V}(f_r)$$
die Zerlegung der Hyperfläche $\mathcal{V}(f)$ in ihre irreduziblen Komponenten ist.

Übung 2.3.3 Beweisen Sie, dass jedes Primideal in $K[x]$ außer dem Nullideal ein maximales Ideal ist.

Übung 2.3.4 Es sei R ein faktorieller Integritätsring (oder einfach der Polynomring $K[x_1, \ldots, x_n]$) und sei P ein Primideal in R. Zeigen Sie: Falls je zwei Elemente in P einen echten gemeinsamen Teiler haben, dann ist P ein Hauptideal. (*Zusatz:* Gilt das für jeden noetherschen Integritätsring R?)

Übung 2.3.5 Bestimmen Sie für die folgenden affinen Varietäten in $\mathbb{A}^3$ jeweils ihre irreduziblen Komponenten und deren Verschwindungsideale. (Arbeiten Sie ggf. auch mit dem Computer.)

  (a) $V = \mathcal{V}(x^2 - yz, xz - x)$;
  (b) $V = \mathcal{V}(x^2 - yz, x^3 - y^3)$;
  (c) $V = \mathcal{V}(x^2 + y^2 + z^2, x^2 - y^2 - z^2 + 1)$;

Übung 2.3.6 Zeigen Sie, dass jedes Radikalideal in $K[x_1, \ldots, x_n]$ ein Durchschnitt von maximalen Idealen ist.

Übung 2.3.7 Seien $V_1 \subset \mathbb{A}^m$ und $V_2 \subset \mathbb{A}^n$ affine Varietäten. Zeigen Sie:

  (1) $V_1 \times V_2 \subset \mathbb{A}^{m+n}$ ist wieder eine affine Varietät.
  (2) Sind V_1 und V_2 irreduzibel, so auch $V_1 \times V_2$. (*Hinweis:* Sei $V_1 \times V_2 = Y \cup Z$ mit Y, Z abgeschlossen. Betrachten Sie die Menge $\{p \in V_1 \mid \{p\} \times V_2 \subset Y\}$.)

Übung 2.3.8 (»Primvermeidung«) Es sei R ein Ring. Zeigen Sie: Sind $P_1, \ldots, P_k$ Primideale in R und ist I ein Ideal von R mit $I \subset \bigcup_{i=1}^{k} P_i$, dann gibt es einen Index j mit $I \subset P_j$. (*Hinweis:* Induktion nach k.)

2.4 Koordinatenringe

Es sei $V \subset \mathbb{A}^n$ eine affine Varietät. Jedes Polynom $f \in K[x_1, \ldots, x_n]$ können wir durch Einschränkung auf V als eine Funktion

$$f|_V : V \to K$$

auffassen. Allerdings definieren zwei Polynome f, g dieselbe Funktion, wenn sie auf V übereinstimmen, also genau dann, wenn ihre Differenz $f - g$ im Verschwindungsideal $\mathcal{I}(V)$ liegt. Das bedeutet gerade, dass f und g dieselbe Restklasse $f + \mathcal{I}(V) = g + \mathcal{I}(V)$ modulo dem Ideal $\mathcal{I}(V)$ definieren.

Definition Für eine affine Varietät $V \subset \mathbb{A}^n$ heißt der Restklassenring

$$K[V] = K[x_1, \ldots, x_n]/\mathcal{I}(V)$$

der **Koordinatenring** von V.

Der Name »Koordinatenring« kommt daher, dass $K[V]$ von den »Koordinatenfunktionen« $x_1, \ldots, x_n$ auf V erzeugt wird.

Die Elemente von $K[V]$ sind abstrakt Restklassen, entsprechen aber einfach den Polynomfunktionen $V \to K$, wie wir gerade gesehen haben. Je nach Kontext schreiben wir $\bar{f}$ oder $f|_V$ für die Restklasse $f + \mathcal{I}(V)$ eines Polynoms f in $K[V]$. Wenn wir nur in $K[V]$ arbeiten, schreiben wir auch einfach $g \in K[V]$, das heißt, es gibt dann ein $f \in K[x_1, \ldots, x_n]$ mit $g = \bar{f}$.

2.4.1 Beispiele   (1) Es sei $p \in \mathbb{A}^n$ ein Punkt. Dann ist das Verschwindungsideal der einpunktigen Varietät $V = \{p\}$ das maximale Ideal $\mathfrak{m}_p = (x_1 - a_1, \ldots, x_n - a_n)$. Wir haben schon gesehen, dass der Restklassenring $K[V] = K[x_1, \ldots, x_n]/\mathfrak{m}_p$ isomorph zu K ist. Das entspricht der Tatsache, dass eine Polynomfunktion auf V einfach durch ihren Wert in p gegeben ist. Besteht V aus r verschiedenen Punkten $V = \{p_1, \ldots, p_r\}$, dann gilt

$$K[V] \cong K^r.$$

Denn eine Polynomfunktion $f : V \to K$ ist eindeutig bestimmt durch ihre Werte $(f(p_1), \ldots, f(p_r))$ und umgekehrt gibt es zu jedem Vektor $b \in K^r$ ein Polynom f mit $f(p_i) = b_i$ für $i = 1, \ldots, r$ (Interpolation). In dieser Situation gilt $\mathcal{I}(V) = \bigcap_{i=1}^{r} \mathfrak{m}_{p_i}$. Das Argument zeigt also

$$K[x_1, \ldots, x_n]/\bigcap_{i=1}^{r} \mathfrak{m}_{p_i} \cong K^r.$$

Wenn man will, kann man diese Isomorphie auch rein ringtheoretisch begründen (siehe Übung 2.4.10).

(2) Wir betrachten die Neil'sche Parabel $C = \mathcal{V}(y^2 - x^3)$ in der affinen Ebene. Ihr Koordinatenring $K[C] = K[x, y]/\mathcal{I}(C)$ besteht aus allen Polynomfunktionen $C \to K$. Expliziter können wir ihn wie folgt beschreiben: Da $y^2 - x^3$ irreduzibel ist, ist $(y^2 - x^3)$ ein Radikalideal und damit gilt $\mathcal{I}(C) = (y^2 - x^3)$ nach dem Nullstellensatz, also

$$K[C] = K[x, y]/\left(y^2 - x^3\right).$$

Im Koordinatenring $K[C]$ gilt $\overline{y^2 - x^3} = 0$ und deshalb $\overline{y^2} = \overline{x^3}$.

Ist $f \in K[x,y]$, $f = \sum_{i,j} a_{i,j} x^i y^j$ ein beliebiges Polynom, so gilt

$$\overline{f} = \overline{\sum a_{i,2j} x^i y^{2j}} + \overline{\sum a_{i,2j+1} x^i y^{2j+1}} = \sum a_{i,2j} \overline{x}^{i+3j} + \sum a_{i,2j+1} \overline{x}^{i+3j} \overline{y}$$

und jedes Element von $K[C]$ hat eine eindeutige solche Darstellung. $\quad\diamond$

Der Koordinatenring $K[V]$ einer affinen Varietät $V \subset \mathbb{A}^n$ hat eine Reihe von algebraischen Eigenschaften:

$\diamond$ Der Ring $K[V]$ enthält K als Teilring, der den konstanten Funktionen $V \to K$ entspricht, es sei denn V ist die leere Menge, dann ist $K[V]$ der Nullring. Dadurch wird $K[V]$ auch zu einem K-Vektorraum (in der Regel unendlich-dimensional, wie der Polynomring). Eine solche Struktur wird als **K-Algebra** bezeichnet.

$\diamond$ Der Polynomring $K[x_1,\dots,x_n]$ ist als K-Algebra von den Variablen $x_1,\dots,x_n$ erzeugt, denn jedes Polynom ist eine K-Linearkombination von Produkten der Variablen. Ist $K[V] = K[x_1,\dots,x_n]/\mathcal{I}(V)$, dann wird $K[V]$ von den Restklassen $\overline{x_1},\dots,\overline{x_n}$ erzeugt.

Mehr über K-Algebren steckt in den Übungen 2.4.6 ff.

$\diamond$ Da $\mathcal{I}(V)$ immer ein Radikalideal ist, ist $K[V]$ **reduziert**. Das heißt, es gibt außer 0 keine nilpotenten Elemente in $K[V]$: Ist $g \in K[V]$ mit $g^r = 0$ für ein $r \in \mathbb{N}$, dann folgt $g = 0$.

Insgesamt ist $K[V]$ also eine **endlich erzeugte reduzierte K-Algebra**. Aus dem Hilbertschen Basissatz folgt, dass jede endlich erzeugte K-Algebra ein noetherscher Ring ist. (Die Umkehrung stimmt allerdings nicht; eine K-Algebra kann auch noethersch sein, obwohl sie nicht endlich erzeugt ist.)

Sind $V \subset \mathbb{A}^m$ und $W \subset \mathbb{A}^n$ affine Varietäten, dann ist auch $V \times W$ eine affine Varietät in $\mathbb{A}^{m+n}$ (Übung 2.3.7). Ist $f \in K[V]$, dann können wir f auch als Funktion $V \times W \to K$ auffassen, nämlich durch

$$f(p,q) = f(p) \text{ für } (p,q) \in V \times W.$$

Dadurch wird $K[V]$ zu einem Teilring von $K[V \times W]$, und genauso $K[W]$.

2.4.2 Proposition *Jedes Element von $K[V \times W]$ hat eine Darstellung*

$$f_1 g_1 + \cdots + f_k g_k$$

mit $f_1,\dots,f_k \in K[V]$ und $g_1,\dots,g_k \in K[W]$, für ein $k \in \mathbb{N}$.

Beweis. Wir schreiben $x = (x_1,\dots,x_m)$, $y = (y_1,\dots,y_m)$ sowie $K[V \times W] = K[x,y]/\mathcal{I}(V \times W)$. Jedes Element von $K[V \times W]$ ist also die Restklasse eines Polynoms in x und y. Dabei entspricht $K[V]$ dem von $\overline{x}$ und $K[W]$ dem von $\overline{y}$ erzeugten Teilring. Wenn wir $f \in K[x,y]$ also in der Form $f = \sum c_{\alpha,\beta} x^\alpha y^\beta$ schreiben, dann ist $\overline{f} = \sum c_{\alpha,\beta} \overline{x}^\alpha \overline{y}^\beta$ die gesuchte Darstellung. $\quad\square$

Schließlich befassen wir uns noch kurz mit den Idealen in Koordinatenringen. Ist $V \subset \mathbb{A}^n$ eine affine Varietät und $T \subset K[V]$ eine Teilmenge, dann können wir wie im Polynomring die abgeschlossene Untervarietät

$$\mathcal{V}(T) = \{p \in V \mid h(p) = 0 \text{ für alle } h \in T\} \subset V$$

bilden. Umgekehrt gehört zu $M \subset V$ das Verschwindungsideal

$$\mathcal{I}_V(M) = \{f \in K[V] \mid f(p) = 0 \text{ für alle } p \in M\} \subset K[V]$$

von $K[V]$. Dabei gelten im Prinzip die gleichen Ausssagen wie zuvor.

Erinnerung an die Algebra. Sei R ein Ring, I ein Ideal in R und $\alpha \colon R \to R/I$ der Restklassenhomomorphismus $f \mapsto \bar{f}$. Ist J ein weiteres Ideal von R, dann ist $\alpha(J)$ ein Ideal von R/I; ist umgekehrt J' ein Ideal von R/I, dann ist $\alpha^{-1}(J')$ ein Ideal von R. Dabei gelten die Gleichheiten

$$\alpha^{-1}(\alpha(J)) = I + J \quad \text{und} \quad \alpha(\alpha^{-1})(J') = J'.$$

Das Ideal $I + J$ enthält natürlich I, und ist andererseits J ein Ideal, das I bereits enthält, dann gilt $I + J = J$. Das ergibt insgesamt eine Bijektion

$$\{\text{Ideale } J \text{ von } R \text{ mit } I \subset J\} \longleftrightarrow \{\text{Ideale von } R/I\}.$$

Diese Bijektion respektiert Inklusionen, Durchschnitte, Summen, Produkte und Radikale von Idealen, außerdem Primalität und Maximalität.

Wir fassen die ganze Diskussion in der folgenden Aussage zusammen, die sich aus Korollar 2.3.9 ergibt.

2.4.3 Korollar *Es sei $V \subset \mathbb{A}^n$ eine affine Varietät. Die Zuordnungen $W \mapsto \mathcal{I}_V(W)$ und $J \mapsto \mathcal{V}(J)$ sind zwischen den folgenden Teilmengen von V und Idealen in $K[V]$ zueinander inverse Bijektionen:*

$$\{\text{abgeschlossene Untervarietäten}\} \leftrightarrow \{\text{Radikalideale}\}$$
$$\{\text{irreduzible abgeschlossene Untervarietäten}\} \leftrightarrow \{\text{Primideale}\}$$
$$\{\text{Punkte}\} \leftrightarrow \{\text{Maximale Ideale}\} \quad \square$$

Übungen

Übung 2.4.1 Sei R ein Ring und I ein Ideal in R. Zeigen Sie:

(a) Genau dann ist R/I ein Integritätsring, wenn I ein Primideal ist.

(b) Genau dann ist R/I ein Körper, wenn I ein maximales Ideal ist.

(c) Genau dann ist R/I ein reduzierter Ring, wenn I ein Radikalideal ist.

Übung 2.4.2 Sei $I \subset K[x_1, \dots, x_n]$ ein Ideal und $V = \mathcal{V}(I)$. Zeigen Sie:

(a) Genau dann ist $f \in K[V]$ eine Einheit, wenn $f(p) \neq 0$ für alle $p \in V$ gilt.

(b) Ist $f \in \mathcal{I}(V)$, so ist $1 + f$ eine Einheit in $K[x_1, \dots, x_n]/I$.

Übung 2.4.3 Bestimmen Sie die Einheiten im Koordinatenring $K[V]$ für die affinen Varietäten (a) $V = \mathcal{V}(y - x^2)$ und (b) $V = \mathcal{V}(xy - 1)$ in $\mathbb{A}^2$.

Übung 2.4.4 Es sei $I \subset K[x_1, \ldots, x_n]$ ein Ideal. Die Varietät $V = \mathcal{V}(I)$ sei endlich und bestehe aus r Punkten in $\mathbb{A}^n$. Zeigen Sie, dass der Restklassenring $K[x_1, \ldots, x_n]/I$ endlichdimensional über K ist.

Übung 2.4.5 Machen Sie sich nochmals alle Schritte klar, die für den Beweis von Korollar 2.4.3 erforderlich sind.

Übung 2.4.6 Es sei K ein Ring (!). Eine K-**Algebra** ist ein Ring A zusammen mit einem fixierten Homomorphismus $\alpha \colon K \to A$. Für $c \in K$ und $x \in A$ schreiben wir einfach cx für $\alpha(c) \cdot x$. Beweisen Sie die folgenden Aussagen für eine K-Algebra A.

(a) Ist $T \subset A$ eine Teilmenge, dann ist der Durchschnitt aller K-Algebren, die T enthalten, wieder eine K-Algebra, genannt die **von T erzeugte K-Teilalgebra** von A. Die K-Algebra A heißt **endlich erzeugt**, wenn sie von einer endlichen Teilmenge erzeugt wird.

(b) Die von T erzeugte K-Teilalgebra besteht genau aus allen Elementen der Form

$$G(f_1, \ldots, f_n) = \sum a_i f_1^{i_1} \cdots f_n^{i_n} \in A$$

wobei $f_1, \ldots, f_n \in T$, $G \in K[x_1, \ldots, x_n]$, $n \in \mathbb{N}$ beliebig.

Übung 2.4.7 (Fortsetzung) Sei K ein Ring und seien A und B zwei K-Algebren. Ein Homomorphismus von K-Algebren oder kurz K-**Homomorphismus** ist ein Ringhomomorphismus $\varphi \colon A \to B$ mit $\varphi(c) = c$ für alle $c \in K$. Zeigen Sie:

(a) Ein Homomorphismus $\varphi \colon A \to B$ ist genau dann ein K-Homomorphismus, wenn für alle $c, d \in K$ und $x, y \in A$ gilt: $\varphi(cx + dy) = c\varphi(x) + d\varphi(y)$.

(b) Ist A eine K-Algebra und sind $y_1, \ldots, y_n \in A$, dann gibt es genau einen K-Homomorphismus $\varphi \colon K[x_1, \ldots, x_n] \to A$ mit $\varphi(x_i) = y_i$ für $i = 1, \ldots, n$.

(c) Genau dann ist eine K-Algebra A endlich erzeugt, wenn es eine Zahl $n \in \mathbb{N}$ und einen surjektiven K-Homomorphismus $\varphi \colon K[x_1, \ldots, x_n] \to A$ gibt.

(d) Genau dann ist eine K-Algebra A endlich erzeugt, wenn es eine Zahl $n \in \mathbb{N}$ und ein Ideal $I \subset K[x_1, \ldots, x_n]$ gibt mit $A \cong_K K[x_1, \ldots, x_n]/I$.

Übung 2.4.8 (Fortsetzung) Sei K ein algebraisch abgeschlossener Körper. Zeigen Sie, dass jede endlich erzeugte, reduzierte K-Algebra K-isomorph ist zum Koordinatenring einer affinen Varietät.

Übung 2.4.9 Es sei K ein Körper. Überlegen Sie sich, dass man den Begriff der K-Algebra äquivalent wie folgt definieren kann: Eine K-Algebra ist ein K-Vektorraum A zusammen mit einer Verknüpfung $A \times A \to A$, $(a, b) \mapsto ab$, welche K-bilinear, assoziativ und kommutativ ist und ein Einselement besitzt.

Übung 2.4.10 Beweisen Sie (mit Hilfe des Isomorphiesatzes für Ringe) die folgende Version des *chinesischen Restsatzes*: Es sei R ein kommutativer Ring und seien $I_1, \ldots, I_r$ Ideale in R mit $I_j + I_k = R$ für alle $j \neq k$. Dann gilt

$$R/(\bigcap_{j=1}^r I_j) \cong \prod_{j=1}^r R/I_j.$$

Was hat das mit dem klassischen chinesischen Restsatz für ganze Zahlen zu tun? Was hat das mit Beispiel 2.4.1(2) zu tun?

2.5 Morphismen

Morphismen sind die Transformationen der algebraischen Geometrie, die verschiedene Varietäten ineinander überführen können. Wie die Varietäten selbst sind auch die Morphismen durch Polynome definiert.

Definition Ein **Morphismus** zwischen zwei affinen Varietäten $V \subset \mathbb{A}^m$ und $W \subset \mathbb{A}^n$ ist eine polynomiale Abbildung φ, also gegeben durch

$$\varphi \colon V \to W, \ p \mapsto \bigl(f_1(p), \ldots, f_n(p)\bigr)$$

mit $f_1, \ldots, f_n \in K[V]$.

2.5.1 Beispiele   (1) Wir haben schon verschiedene parametrische Kurven gesehen. Zum Beispiel ist die Neil'sche Parabel $C = \mathcal{V}(x^3 - y^2)$ in der affinen Ebene das Bild des Morphismus $\varphi \colon \mathbb{A}^1 \to \mathbb{A}^2, t \mapsto (t^2, t^3)$.

(2) Entsprechend ist die verdrehte Kubik $C = \mathcal{V}(y - x^2, z - x^3)$ in $\mathbb{A}^3$ das Bild des Morphismus $\varphi \colon \mathbb{A}^1 \to \mathbb{A}^3, t \mapsto (t, t^2, t^3)$. Das Bild von C unter der Projektion $(x, y, z) \mapsto (y, z)$ auf die letzten beiden Koordinaten ist die Neil'sche Parabel aus dem vorigen Beispiel.

(3) Das Bild einer affinen Varietät unter einem Morphismus ist allerdings im Allgemeinen nicht Zariski-abgeschlossen, also nicht wieder eine affine Varietät. Das folgende Beispiel haben wir bereits in §2.2 gesehen. Sei $V = \mathcal{V}(1 - xy)$ die Hyperbel in der affinen Ebene und sei $\pi \colon \mathbb{A}^2 \to \mathbb{A}^1$ die Projektion $(x, y) \mapsto y$. Offenbar gilt

$$\pi(V) = \mathbb{A}^1 \setminus \{0\}.$$

Dies ist keine abgeschlossene Teilmenge von $\mathbb{A}^1$.   ◊

Dass die Projektion hier nicht surjektiv ist, liegt anschaulich betrachtet daran, dass die Hyperbel über dem Nullpunkt gegen unendlich geht. Wir werden später sehen, dass dieser Defekt in der projektiven Geometrie nicht auftreten kann.

Wie das letzte Beispiel zeigt, ist das Bild einer affinen Varietät unter einer Koordinatenprojektion im Allgemeinen nicht abgeschlossen. Mit Hilfe des Nullstellensatzes können wir aber zumindest das Folgende beweisen.

2.5.2 Satz *Sei $I \subset K[x_1, \ldots, x_m, y_1, \ldots, y_n]$ ein Ideal und sei*

$$W = \mathcal{V}(I) \subset \mathbb{A}^m \times \mathbb{A}^n$$

die durch I definierte affine Varietät. Sei $\pi \colon \mathbb{A}^m \times \mathbb{A}^n \to \mathbb{A}^n$, $(p, q) \mapsto q$ die Projektion auf den zweiten Faktor. Dann gilt

$$\overline{\pi(W)} = \mathcal{V}\bigl(I \cap K[y_1, \ldots, y_n]\bigr).$$

Das Ideal $I \cap K[y_1, \ldots, y_n]$ wird das **Eliminationsideal** von I bezüglich der Variablen $x_1, \ldots, x_m$ genannt, weil in ihm $x_1, \ldots, x_m$ eliminiert wurden. Es definiert also den Zariski-Abschluss der projizierten Menge $\pi(W)$.

Beweis. Es sei $q \in \pi(W)$. Dann gibt es also $p \in \mathbb{A}^m$ mit $(p, q) \in W$ und jedes Polynom $f \in I$ verschwindet in (p, q). Dann verschwindet insbesondere jedes $f \in I \cap K[y_1, \ldots, y_n]$ in q, also gilt $q \in \mathcal{V}(I \cap K[y_1, \ldots, y_n])$. Ist umgekehrt $r \notin \overline{\pi(W)}$, dann gibt es also $f \in K[y_1, \ldots, y_n]$ mit $f(\pi(p, q)) = 0$

für alle $(p,q) \in W$, aber $f(r) \neq 0$. Nach dem starken Nullstellensatz gibt es $k \geqslant 1$ mit $f^k \in I$. Also gilt $f^k(r) \neq 0$ und $f^k \in I \cap K[y_1,\ldots,y_n]$ und damit $r \notin \mathcal{V}(I \cap K[y_1,\ldots,y_n])$.   □

2.5.3 Beispiel Sei $I = (y - x^2, z - x^3)$ das Ideal der verdrehten Kubik in $\mathbb{A}^3$ (Beispiel 2.5.1(2)). Es gilt

$$I \cap K[y,z] = \left(y^3 - z^2\right).$$

Dies entspricht der Tatsache, dass die Projektion der verdrehten Kubik auf die letzten beiden Koordinaten die Neil'sche Parabel ist. Es ist aber etwas mühsam, selbst in diesem Beispiel, die Gleichheit der Ideale direkt nachzuprüfen. Verfahren zur Berechnung solcher Eliminationsideale finden sich im Anhang B über Gröbnerbasen.

In Beispiel 2.5.1(3) gilt dagegen $(xy - 1) \cap K[y] = (0)$, denn es gibt kein Vielfaches ungleich 0 von $xy - 1$ in $K[x,y]$, das die Variable x nicht enthält. Dies entspricht der Tatsache, dass es keine echte Zariski-abgeschlossene Teilmenge von $\mathbb{A}^1$ gibt, die das Bild der Projektion enthält.   ◇

Jeder Morphismus lässt sich auf eine geeignete Projektion zurückführen: Ist $\varphi\colon V \to W$ ein Morphismus, so heißt

$$\Gamma_\varphi = \left\{(p,q) \in V \times W \mid q = \varphi(p)\right\}$$

der **Graph von** φ. Der Graph ist eine abgeschlossene Untervarietät des Produkts $V \times W$, denn ist $W \subset \mathbb{A}^n$ und $K[W] = K[y_1,\ldots,y_n]/\mathcal{I}(W)$ und ist $\varphi = (f_1,\ldots,f_n)$ mit $f_1,\ldots,f_n \in K[V]$, dann gilt per Definition

$$\Gamma_\varphi = \mathcal{V}(\overline{y}_1 - f_1,\ldots,\overline{y}_n - f_n) \subset V \times W.$$

Nach Satz 2.5.2 wird $\overline{\varphi(V)}$ dann durch das Ideal

$$\left(\overline{y}_1 - f_1,\ldots,\overline{y}_n - f_n\right) \cap K[W]$$

in $K[W]$ beschrieben.

Die Korrespondenz zwischen affinen Varietäten und ihren Koordinatenringen erstreckt sich auch auf Morphismen. Es seien $V \subset \mathbb{A}^m$ und $W \subset \mathbb{A}^n$ affine Varietäten und sei $\varphi = (f_1,\ldots,f_n)\colon V \to W$ ein Morphismus, gegeben durch $f_1,\ldots,f_n \in K[V]$. Für jedes $g \in K[W]$ ist dann

$$g \circ \varphi = g(f_1,\ldots,f_n)$$

ein Element von $K[V]$. Dies definiert einen Homomorphismus

$$\varphi^\#\colon \begin{cases} K[W] & \to & K[V] \\ g & \mapsto & g \circ \varphi \end{cases}$$

zwischen den Koordinatenringen in umgekehrter Richtung. Die Funktion $\varphi^\#(g) \in K[V]$ entsteht also »durch Zurückziehen« von V nach W mittels φ.

$$V \xrightarrow{\quad \varphi \quad} W$$

$$\varphi^{\#}(g) \searrow \quad \downarrow g$$

$$K$$

2.5.4 Beispiel Wir betrachten die Abbildung

$$\varphi \colon \begin{cases} \mathbb{A}^1 & \to & \mathbb{A}^2 \\ t & \mapsto & (t^2, t^3) \end{cases},$$

mit Bild $C = \varphi(\mathbb{A}^1) = \mathcal{V}(x^3 - y^2)$, die Neil'sche Parabel. Dazu gehört der Homomorphismus $\varphi^{\#} \colon K[C] \to K[t]$. Er ist eindeutig bestimmt durch die Bilder der beiden Erzeuger $\overline{x}$ und $\overline{y}$. Dabei gelten

$$\varphi^{\#}(\overline{x})(t) = (\overline{x} \circ \varphi)(t) = \overline{x}(t^2, t^3) = t^2$$

$$\varphi^{\#}(\overline{y})(t) = (\overline{y} \circ \varphi)(t) = \overline{y}(t^2, t^3) = t^3. \qquad\qquad \diamond$$

Die Homomorphismen zwischen Koordinatenringen, die wir betrachten, sind zusätzlich K-lineare Abbildungen. Dafür vereinbaren wir eine Sprechweise (siehe auch Übung 2.4.6 ff.).

Definition Es seien A und B zwei K-Algebren. Ein K-**Homomorphismus** von A nach B ist ein Ringhomomorphismus $\varphi \colon A \to B$, der außerdem K-linear ist, also mit $\varphi(c) = c$ für alle $c \in K$.

2.5.5 Proposition *Es seien $\varphi \colon V \to W$ und $\psi \colon W \to X$ zwei Morphismen von affinen Varietäten.*

(1) Die Abbildungen $\varphi^{\#}$ und $\psi^{\#}$ sind K-Homomorphismen und es gilt

$$(\psi \circ \varphi)^{\#} = \varphi^{\#} \circ \psi^{\#}.$$

(2) Für $\rho \colon V \to V$ gilt $\rho^{\#} = \mathrm{id}_{K[V]}$ genau dann, wenn $\rho = \mathrm{id}_V$.
(3) Zu jedem K-Homomorphismus $\alpha \colon K[W] \to K[V]$ der Koordinatenringe existiert ein Morphismus $\varphi \colon V \to W$ von Varietäten mit $\alpha = \varphi^{\#}$.

Beweis. (1), (2): Übung 2.5.3. (3) Es sei $\alpha \colon K[W] \to K[V]$ ein K-Homomorphismus. Es gelte $W \subset \mathbb{A}^n$ und $K[W] = K[y_1, \ldots, y_n]/\mathcal{I}(W)$. Setze

$$f_i = \alpha(\overline{y_i}) \qquad \text{für } i = 1, \ldots, n.$$

Dann ist $\varphi = (f_1, \ldots, f_n) \colon V \to \mathbb{A}^n$ ein Morphismus und es gilt $\varphi(V) \subset W$. Denn ist $p \in V$ und $h \in \mathcal{I}(W)$, so gilt

$$h(\varphi(p)) = h\big(\alpha(\overline{y_1})(p), \ldots, \alpha(\overline{y_n})(p)\big)$$

$$= \alpha(h(\overline{y_1}, \ldots, \overline{y_n}))(p) = \alpha(\overline{h})(p) = 0.$$

Dabei gilt die erste Gleichheit nach Definition, die zweite weil α ein K-Homomorphismus ist und die letzte wegen $h \in \mathcal{I}(W)$ und damit $\overline{h} = 0$. Also folgt $\varphi(p) \in \mathcal{V}(\mathcal{I}(W)) = W$. Nach Konstruktion von φ gilt außerdem

$$\varphi^{\#}(g) = g \circ \varphi = g\left(\alpha(\overline{y_1}), \ldots, \alpha(\overline{y_n})\right) = \alpha(g)$$

für alle $g \in K[W]$, also $\varphi^{\#} = \alpha$. □

Definition Ein Morphismus $\varphi \colon V \to W$ von affinen Varietäten heißt ein **Isomorphismus**, wenn es einen Morphismus $\psi \colon W \to V$ gibt mit $\psi \circ \varphi = \mathrm{id}_V$ und $\varphi \circ \psi = \mathrm{id}_W$. In diesem Fall schreibt man φ^{-1} für ψ. Wenn ein Isomorphismus zwischen V und W existiert, dann heißen V und W **isomorph**.

2.5.6 Korollar *Ein Morphismus $\varphi \colon V \to W$ ist ein Isomorphismus genau dann, wenn $\varphi^{\#} \colon K[W] \to K[V]$ ein K-Isomorphismus ist. Genau dann sind zwei affine Varietäten isomorph, wenn ihre Koordinatenringe K-isomorph sind.*

Beweis. Dies folgt aus Prop. 2.5.5(1)&(2), denn damit gilt $\varphi^{\#} \circ \psi^{\#} = \mathrm{id}_{K[V]}$ genau dann, wenn $\psi \circ \varphi = \mathrm{id}_V$. Entsprechendes gilt für $\psi^{\#} \circ \varphi^{\#}$. □

2.5.7 Beispiel Sei $\varphi \colon \mathbb{A}^1 \to \mathbb{A}^2$ die Parametrisierung der Neil'schen Parabel $C = \mathcal{V}(y^2 - x^3)$ wie oben. Der Homomorphismus

$$\varphi^{\#} \colon \begin{cases} K[C] = K[x,y]/\left(y^2 - x^3\right) & \to & K[t] \\ \overline{x} & \mapsto & t^2 \\ \overline{y} & \mapsto & t^3 \end{cases}$$

ist injektiv aber nicht surjektiv und damit *kein* Isomorphismus. Die Injektivität prüft man direkt nach. Dass $\varphi^{\#}$ nicht surjektiv ist, sieht man daran, dass t nicht im Bild liegt. Tatsächlich gilt $\mathrm{Bild}(\varphi^{\#}) = K[t^2, t^3, \ldots] \subset K[t]$.

Damit ist φ auch kein Isomorphismus. Es gibt also keinen Morphismus $C \to \mathbb{A}^1$, der zu φ invers wäre, obwohl φ bijektiv ist. Geometrisch entspricht das der Tatsache, dass man die Singularität, die Spitze der Neil'schen Parabel, nicht einfach wieder ausbügeln kann. Das diskutieren wir später systematisch.   ◇

2.5.8 Proposition *Sei $\varphi \colon V \to W$ ein Morphismus von affinen Varietäten. Dann gilt $\mathrm{Kern}(\varphi^{\#}) = \mathcal{I}_W\left(\varphi(V)\right)$. Inbesondere ist $\varphi(V)$ genau dann Zariski-dicht in W, wenn $\varphi^{\#}$ injektiv ist.*

Beweis. Die erste Aussage ergibt sich unmittelbar aus der Definition von $\varphi^{\#}$. Außerdem ist $\varphi(V)$ genau dann Zariski-dicht in W, wenn $\mathcal{I}_W\left(\varphi(V)\right) = (0)$ in $K[W]$ gilt, und $\varphi^{\#}$ genau dann injektiv , wenn $\mathrm{Kern}(\varphi^{\#}) = (0)$ gilt. □

Unsere bisherigen Erkenntnisse in diesem Kapitel fassen wir wie folgt zusammen: Zwischen den affinen Varietäten und ihren Koordinatenringen (endlich erzeugten reduzierten K-Algebren) gibt es eine Korrespondenz, die bis auf Isomorphie ein-eindeutig ist. Alle Information über eine Varietät steckt auch in ihrem Koordinatenring. Diese Entsprechung zwischen Algebra und Geometrie wird auch *algebro-geometrische Korrespondenz* genannt.

Übungen

Übung 2.5.1 Es sei $\varphi\colon R \to S$ ein Ringhomomorphismus und seien $I \subset R, J \subset S$ Ideale. Zeigen Sie:

(a) $\varphi^{-1}(J)$ ist ein Ideal in R.

(b) Falls φ surjektiv ist, so ist $\varphi(I)$ ein Ideal von R.

(c) Zeigen Sie durch ein Beispiel, dass $\varphi(I)$ im Allgemeinen kein Ideal von R zu sein braucht.

Übung 2.5.2 (a) Sei C_1 die Parabel $\mathcal{V}(y - x^2)$. Zeigen Sie, dass $K[C_1]$ zum Polynomring in einer Variablen isomorph ist und damit C_1 zur affinen Geraden.

(b) Sei C_2 die Hyperbel $\mathcal{V}(1 - xy)$. Zeigen Sie, dass $K[C_2]$ nicht zum Polynomring in einer Variablen isomorph ist. (*Hinweis:* Welche Einheiten gibt es in $K[C_2]$?)

Übung 2.5.3 Beweisen Sie Prop. 2.5.5(1),(2).

Übung 2.5.4 Es sei $\varphi\colon \mathbb{A}^1 \to \mathbb{A}^2, t \mapsto \big(f(t), g(t)\big)$ ein Morphismus, gegeben durch $f, g \in K[t]$. Zeigen Sie:

(a) Es gibt eine Zahl $m \geqslant 0$ derart, dass die Familie von Polynomen

$$\big(f(t)^a g(t)^b \mid a, b \in \mathbb{N}_0, a + b \leqslant m\big)$$

in $K[t]$ linear abhängig ist.

(b) Es gibt ein Polynom $h \in K[x, y], h \neq 0$, mit $\varphi(\mathbb{A}^1) \subset \mathcal{V}(h)$.

Übung 2.5.5 Es sei $C \subset \mathbb{A}^3$ die verdrehte Kubik aus Beispiel 2.5.1(2), das Bild von

$$\varphi\colon \mathbb{A}^1 \to \mathbb{A}^3, t \mapsto (t, t^2, t^3).$$

Zeigen Sie, dass $\varphi\colon \mathbb{A}^1 \to C$ ein Isomorphismus ist.

Übung 2.5.6 Es sei $\varphi\colon V \to W$ ein Morphismus von affinen Varietäten. Zeigen Sie, dass V zum Graph Γ_φ von φ isomorph ist.

2.6 Funktionenkörper und rationale Abbildungen

Wir haben gesehen, dass eine affine Varietät V vollständig durch ihren Koordinatenring $K[V]$ bestimmt ist. Wenn V irreduzibel ist, dann ist $K[V]$ ein Integritätsring und besitzt einen Quotientenkörper $\mathrm{Quot}(K[V])$, dessen Bedeutung wir nun untersuchen.

Definition Es sei V eine irreduzible affine Varietät. Der Quotientenkörper

$$K(V) = \mathrm{Quot}(\mathrm{K[V]}) = \left\{ \frac{f}{g} \mid f, g \in K[V], g \neq 0 \right\}$$

heißt der **Funktionenkörper** von V und seine Elemente heißen **rationale Funktionen** auf V.

2.6.1 Beispiele (1) Der Funktionenkörper des affinen Raums $\mathbb{A}^n$ ist der **rationale Funktionenkörper** $K(x_1, \ldots, x_n)$ in n Variablen über K, der Quotientenkörper des Polynomrings.

(2) Die Parabel $C_1 = \mathcal{V}(y - x^2)$ ist zu $\mathbb{A}^1$ isomorph (Übung 2.5.2). Es gilt also $K[C_1] \cong K[t]$ und damit auch $K(C_1) \cong K(t)$. Dagegen ist die Hyperbel $C_2 = \mathcal{V}(xy - 1)$ nicht isomorph zu $\mathbb{A}^1$. Trotzdem gilt aber $K(C_2) \cong K(t)$. Denn die Abbildung

$$K[x, y] \to K(t), \ x \mapsto t, \ y \mapsto 1/t$$

ist ein Homomorphismus mit Kern $(xy - 1)$ und definiert eine Injektion $K[C_2] \to K(t)$ und damit auch eine Injektion $\alpha \colon K(C_2) \to K(t)$. Da K und t im Bild von α liegen, ist α auch surjektiv, und es folgt $K(C_2) \cong K(t)$. ◇

Ist V eine irreduzible affine Varietät und $h \in K(V)$ eine rationale Funktion, dann gibt es per Definition Elemente $f, g \in K[V]$, $g \neq 0$, mit $h = f/g$. Ist $p \in V$ ein Punkt mit $g(p) \neq 0$, dann können wir einen Funktionswert $h(p) = f(p)/g(p) \in K$ definieren.

Ist nun etwa $V = \mathbb{A}^1$ und damit $K(V) = K(t)$, dann hat eine rationale Funktion $h = f/g \in K(t)$ eine eindeutige Darstellung, in der f und g teilerfremd sind (und etwa g normiert ist). In diesem Fall sind die Punkte, in denen der Nenner g nicht verschwindet, in natürlicher Weise der Definitionsbereich von h. Für allgemeine Varietäten ist die Sache allerdings komplizierter, weil der Koordinatenring $K[V]$ kein faktorieller Ring sein muss. In diesem Fall gibt es keine eindeutige gekürzte Darstellung.

2.6.2 Beispiel Wir betrachten die Schleifenkubik $C = \mathcal{V}(y^2 - x^2(x + 1))$. In $K[C]$ gilt dann $y^2 = x^2(x + 1)$ und in $K(C)$ damit etwa

$$\frac{y}{x} = \frac{y^2}{xy} = \frac{x^2(x + 1)}{xy} = \frac{x(x + 1)}{y}.$$

Die linke Darstellung dieser rationalen Funktion ist nur im Punkt $(0, 0)$ undefiniert. In der rechten Darstellung verschwinden dagegen im Punkt $(-1, 0)$ sowohl der Nenner als auch der Zähler. Wir können diese gemeinsame Nullstelle aber nicht einfach »kürzen«. Erst die obige Umformung zeigt, dass die Funktion im Punkt $(-1, 0)$ sehr wohl definiert ist. ◇

Das führt zu folgender Definition:

Definition Es sei V eine irreduzible affine Varietät und $h \in K(V)$ eine rationale Funktion. Wir definieren

$$\mathrm{dom}(h) = \left\{ p \in V \mid \exists f, g \in K[V] \colon h = \frac{f}{g} \text{ und } g(p) \neq 0 \right\},$$

den **Definitionsbereich** von h.

Für jedes $h \in K(V)$ enthält $\mathrm{dom}(h)$ eine nicht-leere Zariski-offene Teilmenge, denn wenn wir eine Darstellung $h = f/g$ betrachten, dann gilt ja bereits $V \setminus \mathcal{V}(g) \subset \mathrm{dom}(h)$.

Definition Es sei V eine irreduzible affine Varietät. Jedes n-Tupel von rationalen Funktionen $h_1, \ldots, h_n \in K(V)$ definiert eine Abbildung

Warum ist U hier niemals die leere Menge? **?**

$$\varphi\colon U \to \mathbb{A}^n, p \mapsto (h_1(p), \ldots, h_n(p))$$

mit $U = \mathrm{dom}(h_1) \cap \cdots \cap \mathrm{dom}(h_n)$. Wir nennen φ eine **rationale Abbildung** von V nach $\mathbb{A}^m$ mit Definitionsbereich $\mathrm{dom}(\varphi) = U$. Ist $W \subset \mathbb{A}^m$ eine affine Varietät mit $\varphi(U) \subset W$, dann können wir φ auch als rationale Abbildung von V nach W auffassen und schreiben kurz

$$\varphi\colon V \dashrightarrow W.$$

Die rationale Abbildung φ heißt **dominant**, wenn $\varphi(\mathrm{dom}(\varphi))$ dicht in W ist.

Nicht-dominante rationale Abbildungen lassen sich im Allgemeinen nicht komponieren. (Zum Beispiel kann φ konstant auf einen Punkt abbilden, der nicht in $\mathrm{dom}(\psi)$ liegt.)

Ist φ dominant und $\psi\colon W \dashrightarrow Z$ eine weitere rationale Abbildung, dann ist die Komposition

$$\psi \circ \varphi\colon V \dashrightarrow Z$$

sinnvoll definiert, mit $\mathrm{dom}(\psi \circ \varphi) \supset \mathrm{dom}(\varphi) \cap \varphi^{-1}(\mathrm{dom}(\psi))$.

2.6.3 Proposition *Jede dominante rationale Abbildung $\varphi\colon V \dashrightarrow W$ zwischen zwei irreduziblen affinen Varietäten induziert eine Injektion*

$$\varphi^{\#}\colon K(W) \hookrightarrow K(V), \; h \mapsto h \circ \varphi$$

der Funktionenkörper. Jeder K-Homomorphismus $K(W) \hookrightarrow K(V)$ kommt in dieser Weise von einer dominanten rationalen Abbildung $V \dashrightarrow W$.

Beweis. Der Beweis ist ähnlich zu dem von Prop. 2.5.5: Da φ dominant ist, ist $\varphi^{\#}(h) = h \circ \varphi$ für jedes $h \in K(W)$ eine rationale Abbildung $V \dashrightarrow \mathbb{A}^1$ und damit ein Element von $K(V)$. Die Abbildung $\varphi^{\#}$ ist ein Ringhomomorphismus und bildet 1 auf 1 ab. Also ist $\varphi^{\#}$ ein K-Homomorphismus von Körpern und damit injektiv.

Sei umgekehrt $\alpha\colon K(W) \hookrightarrow K(V)$ ein K-Homomorphismus. Ist $W \subset \mathbb{A}^n$ und damit $K[W] = K[y_1, \ldots, y_n]/\mathcal{I}(W)$, dann setze $h_i = \alpha(\overline{y_i}) \in K(V)$. Dann ist $\varphi = (h_1, \ldots, h_n)\colon V \dashrightarrow \mathbb{A}^n$ eine rationale Abbildung mit $\varphi^{\#} = \alpha$. $\square$

Definition Eine rationale Abbildung $\varphi\colon V \dashrightarrow W$ heißt **birational**, wenn es eine rationale Abbildung $\psi\colon W \dashrightarrow V$ mit $\psi \circ \varphi = \mathrm{id}_V$ und $\varphi \circ \psi = \mathrm{id}_W$ gibt. Die irreduziblen Varietäten V und W heißen **birational äquivalent**, wenn es eine birationale Abbildung zwischen ihnen gibt.

2.6.4 Beispiel Die rationale Abbildung $\varphi\colon \mathbb{A}^1 \dashrightarrow \mathbb{A}^1$, $x \mapsto 1/x$ ist birational, denn es gilt $\varphi \circ \varphi = \mathrm{id}$. Dieses einfache Beispiel zeigt, dass die Komposition zweier rationaler Abbildungen überall definiert sein kann, auch wenn dies für keine der beiden Abbildungen allein der Fall ist. $\diamond$

2.6.5 Korollar *Genau dann sind zwei Varietäten V und W birational äquivalent, wenn ihre Funktionenkörper K-isomorph sind.* $\square$

Definition Eine irreduzible affine Varietät V heißt **rational**, wenn es ein $n \in \mathbb{N}$ und eine birationale Abbildung $\mathbb{A}^n \dashrightarrow V$ gibt.

Nach Prop. 2.6.3 ist eine Varietät also genau dann rational, wenn ihr Funktionenkörper zu einem rationalen Funktionenkörper isomorph ist.

2.6.6 Beispiele (1) Wir wir gesehen haben, sind die Parabel und die Hyperbel rationale Kurven in der Ebene.

(2) Unsere Definition einer rationalen ebenen Kurve im ersten Kapitel war etwas schwächer, nämlich eine Kurve C, die eine dominante rationale Abbildung $\mathbb{A}^1 \dashrightarrow C$ erlaubt. Man kann beweisen, dass dies für Kurven äquivalent zur Rationalität ist (*Satz von Lüroth*). In höheren Dimensionen macht dies einen Unterschied (Stichwort: *Unirationale Varietäten*). In jedem Fall folgt aus Satz 1.0.5, dass ebene kubische Kurven in der Regel nicht rational (und auch nicht unirational) sind.   ◇

Übungen

Übung 2.6.1 Geben Sie eine birationale Äquivalenz zwischen der Parabel $\mathcal{V}(y - x^2)$ und der Hyperbel $\mathcal{V}(xy - 1)$ an.

Übung 2.6.2 Zeigen Sie, dass durch $\varphi \colon \mathbb{A}^2 \dashrightarrow \mathbb{A}^2$, $(x, y) \mapsto (x, xy)$ eine birationale Abbildung gegeben ist. Bestimmen Sie das Bild von φ sowie die Umkehrabbildung und ihren Definitionsbereich.

Übung 2.6.3 Geben Sie ein Beispiel für eine rationale Abbildung $\mathbb{A}^2 \dashrightarrow \mathbb{A}^2$ an, die dominant ist, aber nicht birational. Bestimmen Sie auch die zugehörige Abbildung von $K(x_1, x_2)$ in sich selbst.

Übung 2.6.4 Es sei $M = \mathbb{A}^{n \times n}$ der Raum der $n \times n$-Matrizen über K. Zeigen Sie, dass die Abbildung

$$\iota \colon M \dashrightarrow M, \ A \mapsto A^{-1}$$

birational ist. (*Hinweis:* Drücken Sie A^{-1} mit Hilfe von Determinanten aus.)

Übung 2.6.5 (*Cayley-Transformation*) Es sei $\mathrm{char}(K) \neq 2$ und sei $M = \mathbb{A}^{n \times n}$ der affine Raum der $n \times n$-Matrizen. Betrachten Sie die Abbildung

$$\varphi \colon \begin{cases} M & \dashrightarrow & M \\ A & \mapsto & \frac{I - A}{I + A} \end{cases}$$

wobei I die Einheitsmatrix ist. (Die Notation als Bruch ist gerechtfertigt, denn ist $I + A$ invertierbar, dann gilt $(I + A)^{-1}(I - A) = (I - A)(I + A)^{-1}$.) Zeigen Sie:

(a) Die Abbildung φ ist eine rationale Abbildung mit $\varphi^2 = \mathrm{id}_M$.
(b) Die Einschränkung von φ auf den Raum $S \subset M$ der schiefsymmetrischen Matrizen in M induziert eine birationale Abbildung $S \dashrightarrow \mathrm{SO}_n(K)$. (*Hinweis:* Aus $A = -A^T$ folgt $\det(I + A) = \det(I - A)$.)

Übung 2.6.6 Es sei $\varphi \colon V \dashrightarrow W$ eine rationale Abbildung zwischen irreduziblen affinen Varietäten. Zeigen Sie, dass der Abschluss von $\varphi(\mathrm{dom}(\varphi))$ irreduzibel ist.

2.7 Lokale Ringe

Ist $V \subset \mathbb{A}^n$ eine irreduzible affine Varietät und $p \in V$ ein Punkt, dann ist

$$\left\{ \frac{g}{h} \in K(V) \;\middle|\; h(p) \neq 0 \right\}$$

ein Teilring des Funktionenkörpers. Dieser Ring enthält »lokale« Information über die Varietät V fokussiert auf den Punkt p. Diese sogenannte Lokalisierung ist ein wichtiges Werkzeug der kommutativen Algebra. Dazu brauchen wir etwas Vorbereitung. Im Folgenden sei immer R ein Ring.

Definition Eine Teilmenge $S \subset R$ heißt **multiplikativ**, wenn $1 \in S$ und für alle $s_1, s_2 \in S$ auch $s_1 s_2 \in S$ gilt.

Wir möchten die Elemente von S zu Einheiten machen, also multiplikative Inverse zu R hinzufügen. Allerdings können Nullteiler niemals Einheiten sein, denn ist $f \cdot s = 0$ für $f \in R$ und ist s eine Einheit, dann können wir mit s^{-1} multiplizieren und $f = 0$ folgern. Deshalb muss die Definition von Brüchen gegenüber dem Quotientenkörper eines Integritätsrings angepasst werden. Definiere dazu auf der Menge $R \times S$ die Relation

$$(f_1, s_1) \sim (f_2, s_2) \qquad \Longleftrightarrow \qquad \exists t \in S : t(f_1 s_2 - f_2 s_1) = 0.$$

2.7.1 Proposition *Sei R ein Ring und $S \subset R$ eine multiplikative Teilmenge. Die Relation $\sim$ ist eine Äquivalenzrelation. Wir schreiben $\frac{f}{s}$ oder auch f/s für die Äquivalenzklasse von (f, s) und $R[S^{-1}]$ für die Menge aller Äquivalenzklassen. Mit den üblichen Rechenregeln*

$$\frac{f}{s} \cdot \frac{g}{t} = \frac{fg}{st} \qquad und \qquad \frac{f}{s} + \frac{g}{t} = \frac{ft + gs}{st}$$

wird $R[S^{-1}]$ zu einem kommutativen Ring mit Eins $\frac{1}{1}$ und Null $\frac{0}{1}$.

Beweis. Übung 2.7.2 $\qquad\qquad\qquad\qquad\qquad\qquad\qquad\qquad\qquad\qquad$ □

Der Ring $R[S^{-1}]$ heißt die **Lokalisierung** von R nach S. Sie kommt zusammen mit einem Ringhomomorphismus

Üblich sind auch die Notationen R_S oder $S^{-1}R$ für die Lokalisierung von R nach S.

$$\lambda_S : R \to R[S^{-1}], \quad f \mapsto \frac{f}{1},$$

der **Lokalisierungsabbildung**. Nach Konstruktion werden die Elemente von S unter Lokalisierung zu Einheiten, das heißt es gilt $\lambda_S(S) \subset (R[S^{-1}])^*$: Für $s \in S$ gilt nämlich

$$\frac{s}{1} \cdot \frac{1}{s} = \frac{1}{1}$$

in $R[S^{-1}]$. Darin liegt der ganze Sinn der Konstruktion.

Wenn R ein Integritätsring ist, dann ist R_S einfach der Teilring des Quotientenkörpers $\mathrm{Quot}(R)$ aus allen Brüchen mit Nennern in S. Im Allgemeinen gilt $\lambda_S(f) = 0/1$ per Definition genau dann, wenn es $t \in S$ gibt mit $tf = 0$.

Also ist λ_S genau dann injektiv, wenn S keine Nullteiler von R enthält. (Auch $0 \in S$ haben wir nicht verboten. In diesem Fall ist dann $R[S^{-1}]$ der Nullring.) Obwohl R also im Allgemeinen kein Teilring von $R[S^{-1}]$ ist, unterscheidet man meist nicht zwischen f und $\frac{f}{1}$, und auch nicht zwischen s^{-1} und $\frac{1}{s}$.

2.7.2 Beispiel Es sei $R = K[x,y]/(xy)$ und $S = \{y^i \mid i \geqslant 0\}$. In R gilt $xy = 0$ und in $R[S^{-1}]$ deshalb

$$\frac{x}{1} = \frac{x}{1}\frac{y}{1}\frac{1}{y} = 0.$$

Es ist $\mathrm{Kern}(\lambda_S) = (x)$ und

$$R[S^{-1}] \cong K[y, y^{-1}] = \left\{ \frac{f(y)}{y^j} \;\middle|\; f \in K[y], j \geqslant 0 \right\}. \qquad \diamond$$

Als nächstes untersuchen wir die Beziehung zwischen Idealen in einem Ring und in einer Lokalisierung. Sei R ein Ring und S eine multiplikative Teilmenge. Ist J ein Ideal von $R[S^{-1}]$, so ist $\lambda_S^{-1}(J)$ ein Ideal von R. Ist J prim, so auch $\lambda_S^{-1}(J)$. Ist I ein Ideal von R, dann schreiben wir $I[S^{-1}]$ oder manchmal deutlicher $I \cdot R[S^{-1}]$ für das von $\lambda_S(I)$ in $R[S^{-1}]$ erzeugte Ideal

Erinnerung: Das Urbild eines Primideals unter einem Homomorphismus ist immer ein Primideal.

$$I[S^{-1}] = \left\{ \frac{f}{s} \;\middle|\; f \in I,\, s \in S \right\}.$$

2.7.3 Proposition *(1) Für jedes Ideal J in der Lokalisierung $R[S^{-1}]$ gilt $J = \left(\lambda_S^{-1}(J)\right)[S^{-1}]$. Die Abbildung $J \mapsto \lambda_S^{-1}(J)$ ist also eine Injektion von der Menge der Ideale in $R[S^{-1}]$ in die Ideale von R.*

(2) Die Abbildung $Q \mapsto \lambda_S^{-1}(Q)$ induziert eine Bijektion zwischen der Menge aller Primideale von $R[S^{-1}]$ und der Menge aller Primideale P von R mit $P \cap S = \emptyset$. Die Bijektion erhält Inklusionen und Durchschnitte. Die Umkehrabbildung ist gegeben durch $P \mapsto P[S^{-1}]$.

Beweis. (1) Es sei $J \subset R[S^{-1}]$ ein Ideal und $I = \lambda_S^{-1}(J) = \{f \in R : f/1 \in J\}$. Für jedes $f/s \in J$ gelten $s \cdot (f/s) = f/1 \in J$ und $f/s = (1/s) \cdot (f/1)$. Das zeigt, dass J von der Menge $\lambda_S(I)$ erzeugt wird.

(2) Sei $Q \subset R[S^{-1}]$ ein Primideal. Wegen $Q \neq R[S^{-1}]$ muss dann $Q \cap R[S^{-1}]^* = \emptyset$ und damit $\lambda^{-1}(Q) \cap S = \emptyset$ gelten. Ist andererseits $P \subset R$ ein Primideal mit $P \cap S = \emptyset$, so ist $P[S^{-1}]$ ein Primideal; denn ist $(f/s) \cdot (g/t) = h/u$ mit $h \in P$ und $u \in S$, so gibt es nach Definition der Gleichheit in $R[S^{-1}]$ ein $v \in S$ mit $v(fgu - hst) = 0$. Wegen $u, v \notin P$ folgt $f \in P$ oder $g \in P$, also $f/s \in P_S$ oder $g/t \in P[S^{-1}]$. Außerdem gilt $P = \lambda_S^{-1}(P[S^{-1}])$. Denn ist $f \in R$ mit $\lambda_S(f) \in P[S^{-1}]$, so heißt das $f/1 = g/s$ für ein $g \in P$ und ein $s \in S$. Also gibt es $t \in S$ mit

$$f s t = g t.$$

Die rechte Seite liegt in P, also auch fst. Wegen $st \notin P$ folgt $f \in P$, da P ein Primideal ist. $\qquad \square$

2.7.4 Beispiel Wir betrachten die Lokalisierung $R[S^{-1}]$ mit

$$R = K[x_1, \ldots, x_n] \text{ und } S = \{f \in R \mid f(p) \neq 0\},$$

für $p \in \mathbb{A}^n$. Nach Prop. 2.7.3 sind die Primideale von R_S genau die Primideale P von R mit $P \cap S = \emptyset$, was gerade $p \in \mathcal{V}(P)$ bedeutet. Die Primideale von R_S entsprechen also genau den irreduziblen affinen Varietäten in $\mathbb{A}^n$, die den Punkt p enthalten.

Wie sieht es mit reduziblen Untervarietäten aus? Sei dazu etwa $n = 2$ und $p = (0,0)$ und betrachte das Ideal $((x - 1)y)$. Wegen $(x - 1)(p) \neq 0$ gilt dann $x - 1 \in S$ und deshalb $((x - 1)y) = (y/1) = (y)$ in $R[S^{-1}]$. Die Varietät $\mathcal{V}((x-1)y) \subset \mathbb{A}^2$ ist die Vereinigung der beiden Geraden $x = 1$ und $y = 0$, aber nur eine enthält den Punkt p. Deshalb verschwindet die andere in der Lokalisierung. In diesem Sinn sieht die Lokalisierung nur noch die Geometrie *lokal* um den Punkt p.   ◇

2.7.5 Korollar *Sei R ein noetherscher Ring und $S \subset R$ eine multiplikative Teilmenge. Dann ist $R[S^{-1}]$ wieder noethersch.*

Es ist dagegen nicht wahr, dass eine Lokalisierung einer endlich erzeugten K-Algebra wieder eine endlich erzeugte K-Algebra ist; siehe Übung 2.7.4.

!

Beweis. Es sei J ein Ideal von $R[S^{-1}]$. Nach Prop. 2.7.3(1) gilt dann $J = \lambda_S^{-1}(J)[S^{-1}]$. Da R noethersch ist, ist $\lambda_S^{-1}(J)$ endlich erzeugt, und J wird von den Bildern dieser Erzeuger unter λ_S erzeugt.   □

Der wichtigste Typ von Lokalisierung überhaupt ist der folgende: Per Definition ist ein Ideal P von R genau dann ein Primideal, wenn $R \setminus P$ eine multiplikative Teilmenge ist. In diesem Fall schreibt man

$$R_P = R[(R \setminus P)^{-1}]$$

und nennt R_P die Lokalisierung von R nach P. Das ist genau die Situation in Beispiel 2.7.2, wo P das Verschwindungsideal eines Punkts ist.

Definition Ein Ring heißt **lokal**, wenn er nur ein einziges maximales Ideal besitzt.

2.7.6 Korollar *Ist $P \subset R$ ein Primideal, so sind die Primideale von R_P in Bijektion mit den Primidealen von R, die in P enthalten sind. Insbesondere ist R_P ein lokaler Ring mit maximalem Ideal PR_P.*

Beweis. Das folgt direkt aus Prop. 2.7.3(2) mit $S = R \setminus P$.   □

Haufig braucht man die folgende einfache Aussage über lokale Ringe.

2.7.7 Lemma *Es sei R ein lokaler Ring mit maximalem Ideal $\mathfrak{m}$. Dann gilt $R \setminus \mathfrak{m} = R^*$, das heißt, die Einheiten in R sind genau die Elemente, die nicht in $\mathfrak{m}$ enthalten sind.*

Beweis. Genau dann ist $a \in R$ eine Einheit, wenn $(a) = R$ gilt. Ist $(a) \neq R$, dann ist (a) nach dem Zornschen Lemma in einem maximalen Ideal von R enthalten, also in $\mathfrak{m}$, da R lokal ist.   □

Für nachher notieren wir auch noch:

2.7.8 Lemma *Es sei R ein Integritätsring. Für jedes Primideal P von R ist dann R_P ein Teilring von* $\text{Quot}(R)$ *und es gilt*

$$R = \bigcap_{\substack{\mathfrak{m} \subset R \\ \text{maximales Ideal}}} R_{\mathfrak{m}}.$$

Beweis. $R \subset \bigcap R_{\mathfrak{m}}$ ist klar. Sei umgekehrt $h \in \text{Quot}(R) \setminus R$ und betrachte $I = \{s \in R \mid sh \in R\}$. Dann ist I ein Ideal und nach Voraussetzung gilt $1 \notin I$. Also ist I nach dem Zornschen Lemma in einem maximalen Ideal $\mathfrak{m}$ enthalten. Es folgt $h \notin R_{\mathfrak{m}}$. Denn ist $h = f/s$ in $\text{Quot}(R)$ mit $f, s \in R$, dann folgt $sh = f \in R$, also $s \in I \subset \mathfrak{m}$. $\qquad\square$

Mit der abstrakten Algebra sind wir damit fürs Erste fertig; zurück zur algebraischen Geometrie. Zu jeder affinen Varietät haben wir den Koordinatenring als einen Ring von Polynomfunktionen definiert. Wir betrachten solche Funktionen nun lokal um einen einzelnen Punkt.

Definition Es sei V eine affine Varietät, $p \in V$ ein Punkt mit zugehörigem maximalen Ideal $\mathfrak{m} = \{f \in K[V] \mid f(p) = 0\}$ im Koordinatenring $K[V]$. Der **lokale Ring von** V **in** p ist die Lokalisierung

$$\mathcal{O}_{V,p} = K[V]_{\mathfrak{m}} = \left\{ \frac{f}{g} \; \middle| \; f, g \in K[V], \; g(p) \neq 0 \right\}.$$

Wenn man die Elemente von $\mathcal{O}_{V,p}$ als Funktionen $V \to K$ interpretieren möchte hat man, wie schon bei rationalen Funktionen, das Problem, dass die Nullstellenmenge des Nenners von der Wahl des Repräsentanten abhängen kann. Im Punkt p selbst ist der Wert aber jedenfalls wohldefiniert. Insbesondere können wir definieren:

! *Die Notation $\mathfrak{m}_{V,p}$ für das Verschwindungsideal eines Punktes $p \in V$ verwenden wir sowohl in $K[V]$ als auch in $\mathcal{O}_{V,p}$.*

$$\mathfrak{m}_{V,p} = \{f \in \mathcal{O}_{V,p} \mid f(p) = 0\}.$$

Dann ist $\mathcal{O}_{V,p}$ ein lokaler Ring mit maximalem Ideal $\mathfrak{m}_{V,p}$, nach Kor. 2.7.6.

2.7.9 Proposition *Für jede irreduzible affine Varietät V gilt*

$$K[V] = \bigcap_{p \in V} \mathcal{O}_{V,p},$$

wenn wir $K[V]$ und $\mathcal{O}_{V,p}$ als Teilringe von $K(V)$ verstehen.

Beweis. Nach Lemma 2.7.8 ist $K[V]$ der Durchschnitt aller seiner Lokalisierungen in maximalen Idealen. Andererseits wissen wir nach Kor. 2.3.9, dass alle maximalen Ideale von $K[V]$ von der Form $\mathfrak{m}_{V,p}$ für $p \in V$ sind. $\qquad\square$

Weil wir die Idealstruktur von $\mathcal{O}_{V,p}$ kennen, überträgt sich die Korrespondenz zwischen Idealen und Untervarietäten auch auf die lokalen Ringe.

2.7.10 Korollar *Es sei V eine affine Varietät, und sei $p \in V$ ein Punkt. Dann entsprechen die Primideale des lokalen Rings $\mathcal{O}_{V,p}$ genau den irreduziblen Untervarietäten von V, die p enthalten.*

Beweis. Eine irreduzible Untervarietät W von V entspricht dem Primideal $\mathcal{I}(W)$ in $K[V]$. Dabei bedeutet $p \in W$ gerade $\mathcal{I}(W) \subset \mathfrak{m}_{V,p}$. Nach Prop. 2.7.3 entsprechen diese Primideale den Primidealen von $\mathcal{O}_{V,p}$. $\qquad\square$

Für später halten wir noch die folgende Aussage fest, ein Beispiel für das Zusammenspiel zwischen lokalen und globalen Eigenschaften.

2.7.11 Satz *Es sei $\varphi\colon V \dashrightarrow W$ eine rationale Abbildung zwischen irreduziblen affinen Varietäten. In jedem Punkt $p \in \mathrm{dom}(\varphi)$ induziert φ einen Homomorphismus der lokalen Ringe $\varphi_p^{\#}\colon \mathcal{O}_{W,\varphi(p)} \to \mathcal{O}_{V,p}$, $h \mapsto h \circ \varphi$. Genau dann ist φ birational, wenn es eine nicht-leere offene Teilmenge $U \subset \mathrm{dom}(\varphi)$ gibt derart, dass $\varphi_p^{\#}$ für alle $p \in U$ ein Isomorphismus ist.*

Beweis. Sei $p \in \mathrm{dom}(\varphi)$. Für $h \in \mathcal{O}_{W,\varphi(p)}$ liefert die Komposition $h \circ \varphi$ ein Element von $K(V)$ (vgl. Prop. 2.6.3), mit $p \in \mathrm{dom}(h \circ \varphi)$ und damit $h \circ \varphi \in \mathcal{O}_{V,p}$. Diese Zuordnung ist außerdem ein Homomorphismus.

Wenn φ birational ist, dann gibt es eine nicht-leere offene Teilmenge $U \subset V$ derart, dass $\varphi\colon U \to \varphi(U)$ bijektiv ist. (Jede nicht-leere offene Teilmenge von $\varphi^{-1}(\mathrm{dom}(\varphi^{-1})) \cap \mathrm{dom}(\varphi)$.) Außerdem ist $\varphi^{\#}\colon K(W) \to K(V)$ ein Isomorphismus. Es gilt dann $\varphi^{\#}(\mathcal{O}_{W,\varphi(p)}) = \mathcal{O}_{V,p}$ für jedes $p \in U$.

Sei umgekehrt $p \in \mathrm{dom}(\varphi)$ ein Punkt, in dem $\varphi_p^{\#}$ ein Isomorphismus ist. Da V und W irreduzibel sind, gelten $K(V) = \mathrm{Quot}(\mathcal{O}_{V,p})$ und $K(W) = \mathrm{Quot}(\mathcal{O}_{W,\varphi(p)})$. Also ist auch $\varphi^{\#}\colon K(W) \to K(V)$ ein Isomorphismus. $\qquad\square$

2.7.12 Bemerkung Die entsprechende Aussage gilt auch für Morphismen. Genau dann ist ein Morphismus $\varphi\colon V \to W$ ein Isomorphismus, wenn $\varphi_p^{\#}$ in jedem Punkt $p \in V$ ein Isomorphismus ist (siehe Übung 2.7.10). Für rationale Abbildungen hat der Beweis von Satz 2.7.11 gezeigt, dass φ bereits birational ist, sobald φ_p^{*} ein Isomorphismus in einem einzigen Punkt p ist.

Übungen

Wenn nicht anders angegeben, bezeichnet R immer einen beliebigen Ring.

Übung 2.7.1 Bestimmen Sie für $R = \mathbb{Z}/(6)$ und $P = \left(\overline{2}\right)$ die Lokalisierung R_P.

Übung 2.7.2 Beweisen Sie Prop. 2.7.1.

Übung 2.7.3 Sei $s \in R$, dann ist $S = \{1, s, s^2, \dots\}$ eine multiplikative Menge und wir schreiben kurz $R[s^{-1}]$ für $R[S^{-1}]$.

(a) Finden Sie einen Isomorphismus $R[s^{-1}] \cong R[t]/(st - 1)$.

(b) Sei $R = K[x_1, \dots, x_n]$. Was sagt Prop. 2.7.3 in diesem Fall? Interpretieren Sie das Ergebnis geometrisch im Fall $n = 1$ und $s = x$.

Übung 2.7.4 Es sei A eine nullteilerfreie endlich erzeugte K-Algebra und $S \subset A$ eine multiplikative Menge. Zeigen Sie: Falls $A[S^{-1}]$ eine endlich erzeugte K-Algebra ist, so gibt es $f \in A$ mit $A[S^{-1}] = A[f^{-1}]$. (*Zusatz:* Können Sie das auch beweisen, wenn A nicht nullteilerfrei ist?)

Übung 2.7.5 Die Lokalisierung ist durch eine *universelle Eigenschaft* bestimmt. Es sei $\psi: R_1 \to R_2$ ein Ringhomomorphismus, $R_2 \neq \{0\}$, und $S \subset R_1$ eine multiplikative Menge. Zeigen Sie: Genau dann existiert ein Homomorphismus $\psi': R_1[S^{-1}] \to R_2$ mit $\psi = \psi' \circ \varphi_S$, wenn $\psi(S) \subset R_2^*$ gilt. In diesem Fall ist ψ' eindeutig bestimmt.

Übung 2.7.6 Es sei I ein Ideal und S eine multiplikative Teilmenge in R. Beweisen Sie die Isomorphie

$$R[S^{-1}]/I[S^{-1}] \cong (R/I)\left[\overline{S}^{-1}\right]$$

Übung 2.7.7 (a) Sei $R \neq \{0\}$. Ein Element $a \in R$ heißt *nilpotent*, wenn es $n \in \mathbb{N}$ gibt mit $a^n = 0$. Zeigen Sie: Genau dann ist $a \in R$ nilpotent, wenn es in jedem Primideal von R enthalten ist. (*Hinweis:* Ist $s \in R$ nicht nilpotent, dann betrachten Sie die Lokalisierung $R[s^{-1}]$ (definiert wie in der vorangehenden Aufgabe).)

(b) Sei $I \subset R$ ein Ideal, $R \neq \{0\}$. Zeigen Sie: Das Radikal $\sqrt{I}$ ist der Durchschnitt aller Primideale von R, die I enthalten. (*Hinweis:* Betrachten Sie R/I.)

Die folgenden Aufgaben führen die Lokalisierung von R-Moduln ein.

Übung 2.7.8 Es sei $S \subset R$ eine multiplikative Teilmenge und sei M ein R-Modul.

(1) Konstruieren Sie analog zur Lokalisierung $R[S^{-1}]$ auch die Lokalisierung

$$S^{-1}M = \left\{ \frac{m}{s} \mid s \in S \right\}$$

von M nach S und zeigen Sie, dass $S^{-1}M$ ein $R[S^{-1}]$-Modul ist. Ist $P \subset R$ ein Primideal, dann schreiben wir wie bei Ringen auch M_P statt $(R \setminus P)^{-1}M$.

(2) Zeigen Sie, dass die Abbildung $\lambda_S: M \to S^{-1}M$, $m \mapsto m/1$ ein Homomorphismus von R-Moduln ist.

(3) Zeigen Sie: Für $m \in M$ gilt $m = 0$ genau dann, wenn $m/1 = 0$ in der Lokalisierung $M_{\mathfrak{m}}$ für jedes maximale Ideal $\mathfrak{m}$ von R gilt.

(4) Folgern Sie, dass $M = \{0\}$ genau dann der Nullmodul ist, wenn $M_{\mathfrak{m}} = \{0/1\}$ für jedes maximale Ideal $\mathfrak{m}$ von R gilt.

Übung 2.7.9 (Fortsetzung) Es sei $\varphi: M \to N$ ein Homomorphismus von R-Moduln.

(1) Sei $S \subset R$ eine multiplikative Teilmenge. Zeigen Sie, dass φ einen Homomorphismus $\varphi_S: S^{-1}M \to S^{1-}N$ von $R[S^{-1}]$-Moduln induziert.

(2) Zeigen Sie: Genau dann ist φ injektiv/surjektiv/bijektiv, wenn der lokalisierte Homomorphismus $\varphi_{\mathfrak{m}}: M_{\mathfrak{m}} \to N_{\mathfrak{m}}$ für jedes maximale Ideal $\mathfrak{m}$ von R injektiv/surjektiv/bijektiv ist.

Übung 2.7.10 (Fortsetzung) Es sei $\varphi: V \to W$ ein Morphismus zwischen affinen Varietäten. Zeigen Sie: Genau dann ist φ ein Isomorphismus, wenn φ bijektiv ist und der Homomorphismus $\varphi_p^{\#}: \mathcal{O}_{W,\varphi(p)} \to \mathcal{O}_{V,p}$ zwischen den lokalen Ringen für jeden Punkt $p \in V$ ein Isomorphismus ist.

2.8 Dimension

»Dimension« ist ein sehr anschaulicher Begriff, der außerdem formal aus der linearen Algebra bekannt ist. In der algebraischen Geometrie gibt es allerdings verschiedene Möglichkeiten, die Dimension von Varietäten algebraisch zu erfassen und jede hat ihre eigenen technischen Schwierigkeiten. In jedem Fall setzt die Dimensionstheorie vergleichsweise viel Technik aus der Algebra voraus. Wir definieren die Dimension zunächst durch den Begriff der algebraischen Unabhängigkeit.

Was immer die Dimension einer Varietät ist, der affine Raum $\mathbb{A}^n$ sollte auf jeden Fall die Dimension n haben. Algebraisch können wir das daran festmachen, dass der Polynomring $K[x_1,\ldots,x_n]$ von n voneinander unabhängigen Variablen erzeugt wird. Das formalisieren wir folgendermaßen.

Definition Es sei A eine K-Algebra. Eine endliche Familie von Elementen $y_1,\ldots,y_d \in A$ heißt **algebraisch abhängig** (über K), wenn es ein Polynom $R \in K[t_1,\ldots,t_d]$ gibt, das nicht das Nullpolynom ist, und $R(y_1,\ldots,y_d) = 0$ in A erfüllt. Wenn ein solches Polynom nicht existiert, dann heißen $y_1,\ldots,y_d$ **algebraisch unabhängig**.

Beachten Sie die Analogie mit der linearen Unabhängigkeit von Vektoren.

Etwas formaler können wir das so sagen: Für jede Wahl von Elementen $y_1,\ldots,y_d \in A$ gibt es einen Einsetzungshomomorphismus

$$\varphi \colon K[t_1,\ldots,t_d] \to A, \ t_i \mapsto y_i.$$

Genau dann sind $y_1,\ldots,y_d$ algebraisch unabhängig, wenn φ injektiv ist. In diesem Fall ist das Bild von φ nach dem Isomorphiesatz isomorph zu $K[t_1,\ldots,t_d]$. Der Teilring $K[y_1,\ldots,y_d] = \text{Bild}(\varphi)$ von A ist also (bis auf Isomorphie) ein Polynomring, in dem die Elemente $y_1,\ldots,y_d$ die Rolle der Variablen spielen.

2.8.1 Beispiel Wir betrachten den Kreis $C = \mathcal{V}(x^2 + y^2 - 1)$ in der affinen Ebene. Im Koordinatenring $K[C] = K[x,y]/(x^2 + y^2 - 1)$ ist $\overline{x}$ allein algebraisch unabhängig. (Denn $R(\overline{x}) = 0$ in $K[C]$ bedeutet gerade $R(x) \in (x^2 + y^2 - 1)$, also $(x^2 + y^2 - 1)|R(x)$, was nur für $R = 0$ möglich ist.) Andererseits sind $\overline{x}$ und $\overline{y}$ in $K[C]$ offensichtlich algebraisch abhängig, denn es gilt ja $\overline{x}^2 + \overline{y}^2 = \overline{1}$ in $K[C]$, das heißt, das definierende Polynom $R = s^2 + t^2 - 1 \in K[s,t]$ von C definiert eine algebraische Abhängigkeit $R(\overline{x},\overline{y}) = 0$.

Dass C eindimensional ist (was wir noch nicht definiert haben), können wir geometrisch folgendermaßen einsehen: Der Teilring $K[\overline{x}] \subset K[C]$ ist isomorph zu einem Polynomring in einer Variablen, gehört also zu einer Geraden. Für jeden Wert $a \in K$ gibt es nur endlich viele Punkte $p \in C$ mit $\overline{x}(p) = a$, die nämlich den beiden Lösungen der quadratischen Gleichung $a^2 + \overline{y}(p)^2 = 1$ entsprechen, also $\overline{y}(p) = \pm\sqrt{1 - a^2}$.

Algebraisch können wir das so sagen: Der Funktionenkörper $K(C) = \text{Quot}(K[C])$ entsteht aus dem rationalen Funktionenkörper $F = K(\overline{x})$ durch Adjunktion des Elements $\overline{y} = \sqrt{1 - \overline{x}^2}$. Das ist also eine quadratische (und damit insbesondere endliche) Körpererweiterung $K(C) = F(\sqrt{1 - \overline{x}^2})$. $\diamond$

Definition Es sei L/K eine Körpererweiterung. Der **Transzendenzgrad** von L über K ist die größte Zahl $d \in \mathbb{N}_0$, für die eine über K algebraisch unabhängige Familie $y_1, \ldots, y_d \in L$ der Länge d existiert und wird mit trdeg(L/K) bezeichnet. Jede solche algebraisch unabhängige Familie heißt eine **Transzendenzbasis** von L über K.

Die algebraischen Grundlagen hierzu sind im Anhang in §A.3 kurz dargestellt.

Transzendenzgrad und -basen von Körpererweiterungen verhalten sich in vieler Hinsicht ähnlich wie Dimension und Basen in Vektorräumen: Ist $d = \text{trdeg}(L/K)$, dann sind die Transzendenzbasen gerade die bezüglich Inklusion maximalen algebraisch unabhängigen Familien in L, und diese haben alle dieselbe Länge d. Ist $y_1, \ldots, y_d$ eine Transzendenzbasis, dann ist die Körpererweiterung $L/K(y_1, \ldots, y_d)$ über dem rationalen Funktionenkörper algebraisch, das heißt, jedes Element $z \in L$ erfüllt eine Polynomgleichung $r(z) = 0$ mit $r \in K(y_1, \ldots, y_d)[t]$, $r \neq 0$.

Definition Es sei V eine irreduzible affine Varietät. Die **Dimension** von V ist der Transzendenzgrad des Funktionenkörpers $K(V)$ über K, in Zeichen

$$\dim(V) = \text{trdeg}\big(K(V)/K\big).$$

Ist allgemeiner $V \neq \emptyset$ eine beliebige affine Varietät, dann ist die Dimension von V die größte Dimension einer irreduziblen Komponente von V. Für die leere Menge definieren wir $\dim(\emptyset) = -\infty$.

Diese Definition hat einige gute Eigenschaften. Zum Beispiel erfüllt sie direkt unsere Minimalforderung $\dim(\mathbb{A}^n) = n$, denn der rationale Funktionenkörper $K(x_1, \ldots, x_n)$ hat den Transzendenzgrad n über K. Auch einige weitere grundlegende Tatsachen können wir leicht beweisen.

2.8.2 Proposition *Eine affine Varietät hat genau dann die Dimension 0, wenn sie aus endlich vielen Punkten besteht.*

Beweis. Es genügt zu zeigen, dass eine irreduzible Varietät genau dann nulldimensional ist, wenn sie aus einem einzelnen Punkt besteht. Ist $V = \{p\}$ ein Punkt, so folgt $K[V] = K$ und damit $\dim(V) = 0$. Ist umgekehrt V irreduzibel, dann bedeutet $\dim(V) = 0$, dass $K(V)$ über K algebraisch ist. Da K algebraisch abgeschlossen ist, folgt $K(V) = K$ und damit $K[V] = K$. Also ist jede Polynomfunktion auf V konstant und damit V ein Punkt. $\square$

Definition Eine affine Varietät $V \subset \mathbb{A}^n$, deren irreduzible Komponenten alle dieselbe Dimension d haben, hat **reine Dimension** d. Für $d = 1$ heißt sie eine **Kurve**, für $d = 2$ eine **Fläche** und für $d = n - 1$ eine **Hyperfläche**.

Den Begriff »Hyperfläche« haben wir bereits verwendet. Prop. 2.8.3 und Kor. 2.8.14 zeigen, dass die neue und die alte Definition übereinstimmen.

2.8.3 Proposition *Für jedes nicht-konstante Polynom $f \in K[x_1, \ldots, x_n]$ hat die Varietät $\mathcal{V}(f) \subset \mathbb{A}^n$ die reine Dimension $n - 1$.*

Beweis. Ist $f = f_1^{r_1} \cdots f_k^{r_k}$ die Zerlegung in verschiedene irreduzible Faktoren, dann ist $\mathcal{V}(f) = \mathcal{V}(f_1) \cup \cdots \cup \mathcal{V}(f_k)$ die Zerlegung von $\mathcal{V}(f)$ in irreduzible Komponenten (Übung 2.3.2). Wir können daher ohne Einschränkung annehmen, dass f irreduzibel ist. Sei $V = \mathcal{V}(f)$, dann ist also $K[V] = K[x_1, \ldots, x_n]/(f)$ und $K(V) = \text{Quot}(K(V))$. Wegen $\overline{f} = 0$ in $K[V]$ sind

$\overline{x_1}, \ldots, \overline{x_n}$ in $K(V)$ algebraisch abhängig, woraus $\operatorname{trdeg}(K(V)/K) \leqslant n - 1$ folgt (Kor. A.3.5). Umgekehrt kommt mindestens eine Variable in f vor, ohne Einschränkung etwa x_n. Dann sind $\overline{x_1}, \ldots, \overline{x_{n-1}}$ algebraisch unabhängig in $K(V)$. Denn ist $R \in K[t_1, \ldots, t_{n-1}]$ mit $R(\overline{x_1}, \ldots, \overline{x_{n-1}}) = 0$ in $K[V]$, so folgt $f \mid R(x_1, \ldots, x_{n-1})$ und damit $R = 0$. Also ist $\operatorname{trdeg}(K(V)/K) \geqslant n - 1$. $\qquad \square$

Damit haben wir beispielsweise bewiesen, dass ebene Kurven tatsächlich die Dimension 1 haben, also Kurven im Sinn der obigen Definition sind.

Um den Dimensionsbegriff weiter zu entwickeln, brauchen wir ein technisches Hilfsmittel, die Noether-Normalisierung. Dazu klären wir als erstes die folgende begriffliche Unterscheidung aus der Algebra: Es sei A ein Ring und $R \subset A$ ein Teilring.

(1) Wir nennen A eine **endlich erzeugte R-Algebra**, wenn es $y_1, \ldots, y_n \in A$ gibt derart, dass jedes Element $f \in A$ eine Darstellung als endliche Summe der Form

$$f = \sum_{\alpha \in \mathbb{N}_0^n} c_\alpha y_1^{\alpha_1} \cdots y_n^{\alpha_n}$$

besitzt, also als Polynom in $y_1, \ldots, y_n$ mit Koeffizienten in R.

(2) Wir nennen A einen **endlichen R-Modul**, wenn es $y_1, \ldots, y_n \in A$ gibt derart, dass jedes Element $f \in A$ eine Darstellung der Form

$$f = c_1 y_1 + \cdots + c_n y_n$$

mit $c_1, \ldots, c_n \in R$ besitzt, also als Linearkombination von $y_1, \ldots, y_n$ mit Koeffizienten in R.

2.8.4 Satz (Noether'sches Normalisierungslemma)
Es sei A eine K-Algebra, die von n Elementen erzeugt wird. Dann gibt es eine Zahl d mit $0 \leqslant d \leqslant n$ und algebraisch unabhängige Elemente $y_1, \ldots, y_d$ in A derart, dass A ein endlicher $K[y_1, \ldots, y_d]$-Modul ist.

Jede Wahl von solchen algebraisch unabhängigen Elementen heißt eine **Noether-Normalisierung** von A über K.

Beweis. Seien $z_1, \ldots, z_n \in A$ Erzeuger von A als K-Algebra. Wir zeigen die Behauptung durch Induktion nach n. Für $n = 0$ ist nichts zu zeigen. Sei $n > 0$, dann betrachten wir den surjektiven Homomorphismus

$$\varphi \colon K[t_1, \ldots, t_n] \to A, \; t_i \mapsto z_i.$$

Sei $I = \operatorname{Kern}(\varphi)$. Ist $I = (0)$, dann sind $z_1, \ldots, z_n$ selbst algebraisch unabhängig und wir sind fertig. Andernfalls sei $r \in I$, $r \neq 0$. Nach Lemma 2.2.5 gibt es $a_1, \ldots, a_{n-1} \in K$ und $c \in K^*$ derart, dass das Polynom $c \cdot r(t_1 + a_1 t_n, \ldots, t_{n-1} + a_{n-1} t_n, t_n)$ in t_n normiert vom Grad d ist. Setze $z_i' = z_i - a_i z_n$ für $i = 1, \ldots, n-1$ und sei B die von $z_1', \ldots, z_{n-1}'$ in A erzeugte Teilalgebra. Nun ist

$$s = cr(z_1' + a_1 t_n, \ldots, z_{n-1}' + a_{n-1} t_n, t_n)$$

ein normiertes Polynom vom Grad d in $B[t_n]$ mit $s(z_n) = 0$. Das ergibt eine Gleichung der Form

$$z_n^d = \sum_{i=0}^{d-1} s_i z_n^i$$

Der Beweis hat nicht verwendet, dass der Körper K algebraisch abgeschlossen ist, sondern nur, dass er unendlich ist. Die Aussage stimmt aber sogar über endlichen Körpern.

mit $s_i \in B$ für $i = 0, \ldots, d-1$. Da A als Modul über B von allen Potenzen von z_n erzeugt wird, folgt aus dieser Darstellung, dass A ein endlicher B-Modul ist, erzeugt von $1, z_n, z_n^2, \ldots, z_n^{d-1}$. Nach Induktionsvoraussetzung gibt es nun algebraisch unabhängige Elemente $y_1, \ldots, y_m \in B$ mit $m \leq n-1$ derart, dass B ein endlicher $K[y_1, \ldots, y_m]$-Modul ist. Also ist auch A ein endlicher $K[y_1, \ldots, y_m]$-Modul, wie man sich leicht überzeugt (Lemma A.1.3). $\square$

Erinnerung: Eine Körpererweiterung L/F ist endlich, wenn L als K-Vektorraum endlichdimensional ist.

2.8.5 Lemma *Es seien $R \subset A$ noethersche Ringe. Ist A ein endlicher R-Modul, dann existiert zu jedem $x \in A$ ein normiertes Polynom $f \in R[t]$ mit $f(x) = 0$. Ist A zusätzlich nullteilerfrei, dann ist $\mathrm{Quot}(A)/\mathrm{Quot}(R)$ eine endliche Körpererweiterung.*

Beweis. Da R noethersch ist und A ein endlicher R-Modul, ist auch jeder R-Untermodul von A endlich erzeugt (Prop. A.2.2). Insbesondere ist der Untermodul $\{g(x) \mid g \in R[t]\}$, der von allen Potenzen von x erzeugt wird, endlich erzeugt, etwa von $1, x, \ldots, x^{n-1}$ für ein $n \in \mathbb{N}$. Dann gibt es $a_0, \ldots, a_{n-1} \in R$ mit $x^n = \sum_{i=0}^{n-1} a_i x^i$, also $f(x) = 0$ für $f(t) = t^n - \sum_{i=0}^{n-1} a_i t^i$.

Eine genauere Version dieses Lemmas kann man mit dem Satz von Cayley-Hamilton beweisen (sogar für nicht-noethersche Ringe).

Ist A nullteilerfrei, dann ist die Körpererweiterung $\mathrm{Quot}(A)/\mathrm{Quot}(R)$ endlich erzeugt (von den Erzeugern von A als R-Modul). Nach der ersten Aussage ist sie außerdem algebraisch und damit endlich. $\square$

2.8.6 Korollar *Jede nullteilerfreie endlich erzeugte K-Algebra enthält eine Transzendenzbasis ihres Quotientenkörpers.*

Beweis. Es sei $K[y_1, \ldots, y_d] \subset A$ eine Noether-Normalisierung von K. Dann ist $\mathrm{Quot}(A)$ eine endliche Körpererweiterung von $K(y_1, \ldots, y_d)$ nach Lemma 2.8.5 und damit $\mathrm{trdeg}(\mathrm{Quot}(A)/K) = d$ (siehe Kor. A.3.7). Also ist $y_1, \ldots, y_d$ eine Transzendenzbasis von $\mathrm{Quot}(A)$ über K. $\square$

Wir setzen nun unsere Untersuchung des Dimensionsbegriffs für affine Varietäten fort. Als erstes stellen wir den Zusammenhang mit der Noether-Normalisierung her.

2.8.7 Lemma *Ist V eine affine Varietät und ist $K[y_1, \ldots, y_d] \subset K[V]$ eine Noether-Normalisierung von $K[V]$, dann ist $\dim(V) = d$.*

Beweis. Ist V irreduzibel, dann folgt sofort $\dim(V) = \mathrm{trdeg}(K(V)/K) = d$, wie wir gerade gesehen haben. Sei V beliebig und seien $V_1, \ldots, V_m$ die irreduziblen Komponenten von V. Es ist klar, dass $\dim(V_i) \leq d$ für alle i gilt, denn algebraisch unabhängige Elemente in $K[V_i]$ sind die Restklassen von algebraisch unabhängigen Elementen in $K[V]$. Wir müssen zeigen, dass mindestens eine irreduzible Komponente die Dimension d hat. Dazu zeigen wir, dass es einen Index j gibt derart, dass die Restklassen von $y_1, \ldots, y_d$ in $K[V_i] = K[V]/\mathcal{I}(V_i)$ algebraisch unabhängig sind. Andernfalls existiert zu jedem i ein Polynom $R_i \in K[t_1, \ldots, t_d]$, $R_i \neq 0$, mit $R_i(y_1, \ldots, y_d) \in \mathcal{I}(V_i)$.

Setze $R = R_1 \cdots R_m$, dann verschwindet $R(y_1, \ldots, y_d)$ auf jeder Komponenten, also auf ganz V, was $R(y_1, \ldots, y_d) = 0$ bedeutet, im Widerspruch zur Unabhängigkeit von $y_1, \ldots, y_d$. Damit ist $K[\overline{y_1}, \ldots, \overline{y_d}] \subset K[V_j]$ eine Noether-Normalisierung von $K[V_j]$, und es folgt $\dim(V_j) = d$. □

2.8.8 Korollar *Es sei V eine affine Varietät, deren Koordinatenring $K[V]$ als K-Algebra von m Elementen erzeugt wird. Dann gilt $\dim(V) \leqslant m$.*

Beweis. Das ist klar aus dem vorangehenden Lemma und der Existenz einer Noether-Normalisierung mit höchstens m Variablen. □

Wenn $K[V]$ als K-Algebra von m Elementen erzeugt wird, dann können wir V in einen affinen Raum $\mathbb{A}^m$ einbetten. Das vorangehende Korollar macht dann die äußerst plausible Aussage, dass dazu $\dim(V) \leqslant m$ gelten muss. Deutlich allgemeiner gilt das Folgende.

2.8.9 Satz *Ist V eine irreduzible affine Varietät und $W \subsetneq V$ eine abgeschlossene Untervarietät von V, dann gilt $\dim(W) < \dim(V)$.*

Beweis. Es seien $g_1, \ldots, g_m \in K[V]$ derart, dass $\overline{g_1}, \ldots, \overline{g_m}$ in $K[W]$ algebraisch unabhängig sind, und sei $f \in \mathcal{I}(W)$ beliebig. Wir behaupten, dass dann $g_1, \ldots, g_m, f$ in $K[V]$ algebraisch unabhängig sind, woraus die Behauptung folgt (beachte Kor. 2.8.6). Um das einzusehen, sei $R \in K[t_1, \ldots, t_m, u]$ mit $R(g_1, \ldots, g_m, f) = 0$ und schreibe $R = \sum_{i=0}^d r_i(t_1, \ldots, t_m)u^i$. Aus

$$\sum_{i=0}^{d} r_i(g_1, \ldots, g_m)f^i = 0 \qquad (*)$$

folgt wegen $f \in \mathcal{I}(W)$ dann $r_0(g_1, \ldots, g_m) \in \mathcal{I}(W)$, also $r_0(\overline{g_1}, \ldots, \overline{g_m}) = 0$ und damit $r_0 = 0$, da $\overline{g_1}, \ldots, \overline{g_m}$ algebraisch unabhängig sind. Teilen der Gleichung $(*)$ durch f und Induktion nach d zeigen $R = 0$. □

2.8.10 Satz *Es seien V und W affine Varietäten. Dann gilt*

$$\dim(V \times W) = \dim(V) + \dim(W).$$

Beweis. Da das Produkt von zwei irreduziblen Varietäten wieder irreduzibel ist (Übung 2.3.7), können wir ohne Einschränkung annehmen, dass V und W irreduzibel sind. Sei $d = \dim(V)$ und $e = \dim(W)$ und seien $f_1, \ldots, f_d \in K[V]$ und $g_1, \ldots, g_e \in K[W]$ Transzendenzbasen von $K(V)$ bzw. $K(W)$. Wir zeigen, dass $f_1, \ldots, f_d, g_1, \ldots, g_e$ in $K[V \times W]$ algebraisch unabhängig sind. Gegeben sei ein Polynom $R \in K[t_1, \ldots, t_d, u_1, \ldots, u_e]$ derart, dass $R(f_1, \ldots, f_d, g_1, \ldots, g_e) = 0$ gilt. Für jeden Punkt $p \in V$ gilt dann auch $R(f_1(p), \ldots, f_d(p), g_1, \ldots, g_e) = 0$ in $K[W]$. Da $g_1, \ldots, g_e$ algebraisch unabhängig sind, folgt daraus, dass $R(f_1(p), \ldots, f_d(p), u_1, \ldots, u_e) \in K[u_1, \ldots, u_e]$ das Nullpolynom ist. Ist also $r_\alpha \in K[t_1, \ldots, t_d]$ der Koeffizient von u^α in R, dann gilt $r_\alpha(f_1(p), \ldots, f_d(p)) = 0$ für alle $p \in V$ und damit $r_\alpha(f_1, \ldots, f_d) = 0$ in $K[V]$. Da $f_1, \ldots, f_d$ algebraisch unabhängig sind, folgt $r_\alpha = 0$. Dies gilt für alle Exponenten α, so dass R insgesamt das Nullpolynom ist.

Damit ist $\dim(V \times W) \geq d + e$ gezeigt. Da die Körpererweiterungen $K(V)/K(f_1, \ldots, f_d)$ und $K(W)/K(g_1, \ldots, g_e)$ algebraisch sind, folgt aus Prop. 2.4.2 andererseits, dass auch der Funktionenkörper $K(V \times W)$ algebraisch über $K(f_1, \ldots, f_d, g_1, \ldots, g_e)$ ist. Damit folgt $\dim(V \times W) \leq d + e$. □

Für später halten wir noch den folgenden Satz fest:

2.8.11 Satz *Jede irreduzible affine Varietät ist birational äquivalent zu einer affinen Hyperfläche.*

Beweis. Wir beschränken uns im Beweis auf den Fall $\mathrm{char}(K) = 0$. Es sei $K[y_1, \ldots, y_n] \subset K[V]$ eine Noether-Normalisierung. Die Körpererweiterung $K(V)/K(y_1, \ldots, y_n)$ ist dann endlich und algebraisch. Weil K die Charakteristik 0 hat, ist sie außerdem separabel und es greift der Satz vom primitiven Element (Bosch [3], §3.6, Satz 12): Es gibt also ein Element $y_{n+1} \in K(V)$ mit $K(V) = K(y_1, \ldots, y_n)(y_{n+1})$, das eine irreduzible Polynomgleichung

$$a_d y_{n+1}^d + a_{d-1} y_{n+1}^{d-1} + \cdots + a_0 = 0$$

mit $a_0, \ldots, a_d \in K(y_1, \ldots, y_n)$ erfüllt. Bereinigen der Nenner liefert ein irreduzibles Polynom $f \in K[t_1, \ldots, t_{n+1}]$ mit $f(y_1, \ldots, y_{n+1}) = 0$. Es gilt dann $K(V) = K(\mathcal{V}(f))$, so dass V nach Kor. 2.6.5 zur Hyperfläche $\mathcal{V}(f)$ birational äquivalent ist.

Falls K positive Charakteristik hat, geht der Beweis im Prinzip genauso. Man muss aber $y_1, \ldots, y_n$ in geschickter Weise so wählen, dass die Körpererweiterung $K(V)/K(y_1, \ldots, y_n)$ separabel ist. (Siehe dazu zum Beispiel Hulek [16], §1.1.5.)   □

2.8.12 Beispiel Wir betrachten die Varietät

$$C = \mathcal{V}(x - xy - z^2, x^2 + y - 2) \subset \mathbb{A}^3.$$

Als erstes kann man sich überlegen, dass $I = \left(x - xy - z^2, x^2 + y - 2\right)$ ein Primideal in $K[x, y, z]$ (Übung 2.8.1) und damit C irreduzibel ist.

Im Koordinatenring $K[C] = K[x, y, z]/I$ ist $\overline{z}$ allein algebraisch unabhängig über K. Denn andernfalls wäre $I \cap K[z] \neq \{0\}$. Es ist aber leicht direkt zu sehen, dass z auf C unendlich viele Werte annimmt.

Tatsächlich ist C eine Kurve, also eindimensional. Denn die irreduzible quadratische Fläche $V = \mathcal{V}(x - xy - z^2)$ hat nach Prop. 2.8.3 die Dimension 2 und C ist echt in V enthalten (da $x^2 + y - 2$ nicht durch $x - xy - z^2$ teilbar ist). Nach Satz 2.8.9 hat C damit höchstens die Dimension 1. Wäre die Dimension 0, dann wäre C endlich nach Prop. 2.8.2. Wie wir gerade bemerkt haben, ist das nicht der Fall.

Nach Satz 2.8.11 ist C birational zu einer irreduziblen ebenen Kurve. Wir bestimmen eine solche Kurve entlang der Methode im Beweis. Die Körpererweiterung $K(C)/K(\overline{z})$ wird von $\overline{x}$ und $\overline{y}$ erzeugt. In $K(C)$ gilt allerdings $\overline{y} = 2 - \overline{x}^2$, also ist bereits $\overline{x}$ ein primitives Element. Einsetzen in die Gleichung $\overline{x} - \overline{xy} - \overline{z}^2 = 0$ ergibt $\overline{x}^3 - \overline{x} - \overline{z}^2 = 0$. Das Polynom $t^3 - t - \overline{z}^2 \in K(\overline{z})[t]$ ist irreduzibel und ist damit das Minimalpolynom von $\overline{x}$

Später werden wir beweisen, dass zwei Gleichungen in drei Variablen grundsätzlich keine endliche, nicht-leere Menge definieren können (Kor. 2.9.5).

?

Wie kann man überprüfen, dass $t^3 - t - \overline{z}^2$ in $K(\overline{z})[t]$ irreduzibel ist?

über $K(\overline{z})$. Deshalb gilt $K(C) \cong \text{Quot}\big(K[u,v]/(f)\big)$ mit $f = u^3 - u - v^2$, was zeigt, dass C birational zur ebenen Kubik $\mathcal{V}(f) \subset \mathbb{A}^2$ ist.

Im ersten Kapitel haben wir auch gezeigt, dass diese ebene Kubik nicht rational ist, sofern $\text{char}(K) \neq 2$ gilt (Satz 1.0.5). Nebenbei haben wir also auch bewiesen, dass die Raumkurve C keine rationale Kurve ist, im Unterschied etwa zur verdrehten Kubik $\mathcal{V}(y - x^2, z - x^3)$. $\diamond$

Wir erwähnen noch kurz eine geometrische Interpretation der Noether-Normalisierung. Ist V eine affine Varietät mit Koordinatenring $K[V]$ und ist $K[y_1, \ldots, y_d] \subset K[V]$ eine Noether-Normalisierung, dann können wir die Inklusion der beiden Ringe als K-Homomorphismus auffassen. Dazu gehört dann ein Morphismus $V \to \mathbb{A}^d$, nämlich

$$\varphi \colon V \to \mathbb{A}^d, \; p \mapsto \big(y_1(p), \ldots, y_d(p)\big).$$

Die Tatsache, dass $K[V]$ ein endlicher Modul über dem Teilring $K[y_1, \ldots, y_d]$ ist, impliziert, dass φ surjektiv ist und endliche Fasern besitzt, das heißt für jedes $q \in \mathbb{A}^d$ besteht $\varphi^{-1}(\{q\})$ aus endlich vielen Punkten; vgl. auch Beispiel 2.8.1. Die Endlichkeit der Fasern zeigen wir in den Übungen (2.8.4 und 2.8.4); für die Surjektivität siehe etwa Schafarewitsch [23], Kap. I, §5.3.

Die wichtigsten Eigenschaften der Dimension affiner Varietäten als Transzendenzgrad des Funktionenkörpers haben wir damit etabliert. Es gibt aber noch eine ganz andere Charakterisierung der Dimension, die oft hilfreicher ist als die über den Transzendenzgrad.

2.8.13 Satz *Es sei V eine affine Varietät, $V \neq \emptyset$. Die Dimension von V ist die größte Zahl $d \in \mathbb{N}_0$, für die eine Kette*

$$\emptyset \subsetneq V_0 \subsetneq V_1 \subsetneq \cdots \subsetneq V_d \subset V$$

von irreduziblen abgeschlossenen Untervarietäten von V existiert.

Beweis. Gegeben eine solche Kette, dann gilt nach Satz 2.8.9 $\dim(V_i) \geqslant i$ für $i = 0, \ldots, d$, also $\dim(V) \geqslant d$. Für die umgekehrte Ungleichung müssen wir zeigen, dass in V eine Kette der Länge $\dim(V)$ von irreduziblen abgeschlossenen Untervarietäten existiert. Dafür genügt es zu zeigen, dass V eine irreduzible abgeschlossene Untervarietät der Dimension $\dim(V) - 1$ enthält, dann folgt der allgemeine Fall per Induktion. Betrachte dazu eine Noether-Normalisierung $K[y_1, \ldots, y_d] \subset K[V]$, wobei $d = \dim(V)$ gilt, nach Lemma 2.8.7. Setze $W = \mathcal{V}(y_d)$, dann ist $K[\overline{y_1}, \ldots, \overline{y_{d-1}}]$ eine Noether-Normalisierung von $K[W]$. Denn wegen $\overline{y_d} = 0$ folgt direkt, dass $K[W]$ ein endlicher Modul über $K[\overline{y_1}, \ldots, \overline{y_{d-1}}]$ ist. Ist außerdem $R \in K[t_1, \ldots, t_{d-1}]$ mit $R(\overline{y_1}, \ldots, \overline{y_{d-1}}) = 0$ in $K[W]$, dann folgt $R(y_1, \ldots, y_{d-1}) \in \mathcal{I}(W) = \sqrt{(y_d)}$ nach dem Nullstellensatz, was $R = 0$ impliziert, da $y_1, \ldots, y_d$ algebraisch unabhängig sind. Nach Lemma 2.8.7 folgt $\dim(W) = d - 1$. Also besitzt W eine irreduzible Komponente der Dimension $d - 1$. $\square$

Mit dieser Charakterisierung der Dimension können wir beispielsweise die folgende Aussage beweisen, die Umkehrung von Prop. 2.8.3 für Varietäten mit faktoriellem Koordinatenring, wie etwa den affinen Raum.

Machen Sie sich klar, dass man die Dimension eines Vektorraums in analoger Weise durch Ketten von linearen Unterräumen charakterisieren kann.

2.8.14 Korollar *Es sei V eine irreduzible affine Varietät. Falls $K[V]$ ein faktorieller Ring ist und $Z \subset V$ eine irreduzible abgeschlossene Untervarietät mit $\dim(Z) = \dim(V) - 1$, dann gibt es $h \in K[V]$ mit $Z = \mathcal{V}(h)$.*

Beweis. Es sei $g \in \mathcal{I}(Z)$, $g \neq 0$. Da $\mathcal{I}(Z)$ prim ist, enthält es einen der irreduziblen Faktoren von g, etwa h. Da $K[V]$ faktoriell ist, ist das Hauptideal (h) prim und $\mathcal{V}(h)$ damit irreduzibel. Nun gilt $\{0\} \subsetneq (h) \subset \mathcal{I}(Z)$, also $Z \subset \mathcal{V}(h) \subsetneq V$. Wegen $\dim(Z) = \dim(V) - 1$ folgt daraus $Z = \mathcal{V}(h)$. $\qquad\square$

Einer Kette $\emptyset \subsetneq V_0 \subsetneq V_1 \subsetneq \cdots \subsetneq V_d = V$ von irreduziblen abgeschlossenen Untervarietäten wie in Satz 2.8.13 entspricht eine umgedrehte Kette $K[V] \supsetneq \mathcal{I}(V_0) \supsetneq \mathcal{I}(V_1) \supsetneq \cdots \supsetneq \mathcal{I}(V_d) = \{\overline{0}\}$ von Primidealen in $K[V]$. Solche Primidealketten in Ringen kann man mit algebraischen Methoden untersuchen und damit für bestimmte Klassen von Ringen eine vernünftige Dimensionstheorie bekommen. Das überlassen wir der Literatur über kommutative Algebra (siehe dazu aber Bemerkung 2.9.8).

Übungen

Übung 2.8.1 Zeigen Sie, dass das Ideal $\left(x - xy - z^2, x^2 + y - 2\right)$ in $K[x, y, z]$ aus Beispiel 2.8.12 ein Primideal ist.

Übung 2.8.2 Bestimmen Sie die irreduziblen Komponenten von $V = \mathcal{V}(xz - y^2, y - z^2) \subset \mathbb{A}^3$ und ihre Dimension. Was können Sie über die Varietät V noch sagen?

Übung 2.8.3 Zeigen Sie: Ist $\varphi \colon V \to W$ ein Morphismus affiner Varietäten, dann gilt
$$\dim(\overline{\varphi(V)}) \leqslant \dim(V).$$

Übung 2.8.4 Ein Morphismus $\varphi \colon V \to W$ zwischen affinen Varietäten heißt **endlich**, wenn $K[V]$ über dem Teilring $\varphi^{\#}(K[W])$ ein endlicher Modul ist.

(a) Zeigen Sie, dass ein endlicher Morphismus endliche Fasern besitzt, das heißt $\varphi^{-1}(y)$ ist eine endliche Menge für jedes $y \in W$. (*Vorschlag:* Sei $V \subset \mathbb{A}^n$ mit Koordinaten $x_1, \ldots, x_n$. Wenden Sie Lemma 2.8.5 auf $\overline{x_1}, \ldots, \overline{x_n}$ an.)
(b) Finden Sie ein Beispiel für einen Morphismus mit endlichen Fasern, der aber nicht endlich ist.
(c) Setzen Sie die Aussage in (a) mit der Noether-Normalisierung in Beziehung.

Die letzten drei Aufgaben beinhalten einen alternativen Beweis des Nullstellensatzes.

Übung 2.8.5 Es sei A ein Integritätsring und $R \subset A$ ein Teilring. Beweisen Sie: Ist A ein endlicher R-Modul, dann ist A genau dann ein Körper, wenn R ein Körper ist.

Übung 2.8.6 Es sei L/F eine Körpererweiterung. Zeigen Sie: Falls L eine endlich erzeugte F-Algebra ist, dann ist L/F endlich (und damit algebraisch). *Hinweis:* Betrachten Sie eine Noether-Normalisierung von L über F.

Übung 2.8.7 Verwenden Sie die vorangehende Aufgabe, um den schwachen Nullstellensatz (Satz 2.1.6) zu beweisen. *Hinweis:* Jedes echte Ideal $I \subset K[x_1, \ldots, x_n]$ ist in einem maximalen Ideal enthalten.

2.9 Weitere Dimensionsaussagen

In Prop. 2.8.3 haben wir bereits bewiesen, dass Untervarietäten von $\mathbb{A}^n$, die durch eine einzige nicht-triviale Gleichung beschrieben sind, immer die Dimension $n - 1$ haben. Unser Ziel ist die folgende wichtige Verallgemeinerung dieser Aussage, deren Beweis noch etwas Vorbereitung brauchen wird.

2.9.1 Satz *Es sei V eine irreduzible affine Varietät. Ist $f \in K[V]$ ungleich 0 und keine Einheit, dann hat $\mathcal{V}(f) \subset V$ die reine Dimension $\dim(V) - 1$.*

Für eine abgeschlossene Untervarietät $W \subset V$ wird $\dim(V) - \dim(W)$ die **Codimension** von W in V genannt. Die Aussage des Satzes ist, dass eine Untervarietät $\mathcal{V}(f)$, die von einer Gleichung aus V ausgeschnitten wird, die **reine Codimension** 1 hat.

Für $V = \mathbb{A}^n$ ist das gerade Prop. 2.8.3. Wir folgen Mumford ([20], I.§7), der die Beweisidee John Tate zuschreibt, und führen den allgemeinen Fall mit Hilfe der Noether-Normalisierung auf Prop. 2.8.3 zurück. Wir brauchen dazu noch ein einfaches Hilfsmittel aus der Körpertheorie.

David Mumford (1937–) ist einer der berühmtesten algebraischen Geometer der Gegenwart.

Definition Es sei L/F eine endliche Körpererweiterung. Für $\alpha \in L$ ist die **Norm** von α die Determinante der Multiplikation mit α, aufgefasst als F-lineare Abbildung $L \to L$, das heißt

$$N_{L/F}(\alpha) = \det(\lambda_\alpha) \quad \text{mit } \lambda_\alpha \colon L \to L, \ x \mapsto \alpha x.$$

Wir benötigen die folgenden Eigenschaften der Norm:

2.9.2 Proposition *Sei L/F eine Körpererweiterung vom Grad $n < \infty$.*

(1) Für alle $\alpha, \beta \in L$ gilt $N_{L/F}(\alpha\beta) = N_{L/F}(\alpha) \cdot N_{L/F}(\beta)$.

(2) Für $a \in F$ gilt $N_{L/F}(a) = a^n$.

(3) Ist $\mu_\alpha \in F[t]$ das Minimalpolynom von $\alpha \in L$ über F und ist $d = \deg(\mu_\alpha)$, dann gilt $N_{L/F}(\alpha) = (-1)^n \cdot \mu_\alpha(0)^{\frac{n}{d}}$.

Erinnnerung: Der Grad von L/F ist die Dimension von L als F-Vektorraum.

Beweis. (1) ist klar, da die Determinante multiplikativ ist. (2) folgt aus (3) oder direkt, denn die Multiplikation mit a wird durch die Diagonalmatrix $a \cdot I_n$ dargestellt. (3) Die Körpererweiterung $L/F(\alpha)$ hat den Grad $m = n/d$. Wenn wir eine Basis $\beta_1, \ldots, \beta_m$ von L über $F(\alpha)$ wählen, dann bilden die Produkte $\alpha^i \beta_j$ für $i = 0, \ldots, d-1$, $j = 1, \ldots, m$ eine Basis von L über F. Die darstellende Matrix von λ_α in dieser Basis hat eine Blockstruktur aus m identischen Blöcken, und eine direkte Rechnung zeigt, dass jeder Block die Determinante $(-1)^d \cdot \mu_\alpha(0)$ hat (Übung 2.9.1). $\qquad \square$

2.9.3 Lemma *Es sei A ein Integritätsring und $R \subset A$ ein faktorieller Teilring, über dem A ein endlicher R-Modul ist. Für jedes $x \in A$ hat das Minimalpolynom von x über $\mathrm{Quot}(R)$ Koeffizienten aus R.*

Beweis. Es sei $x \in A$ und sei $F = \mathrm{Quot}(R)$. Nach Lemma 2.8.5 ist x Nullstelle eines normierten Polynoms $f \in R[t]$. Wir können ohne Einschränkung annehmen, dass f irreduzibel in $R[t]$ ist, indem wir falls nötig einen Faktor von f auswählen, der in x verschwindet. Sei andererseits $g \in F[t]$ das (normierte) Minimalpolynom von x über F, dann gilt $g \mid f$ in $F[x]$. Aber da f irreduzibel und R faktoriell ist, ist f auch irreduzibel in $F[x]$, nach dem Gauß'schen Lemma (A.2.6). Es folgt $f = g$ und damit die Behauptung. □

Beweis von Satz 2.9.1. Es sei $f \in K[V]$, $f \neq 0$, und keine Einheit (sonst ist $\mathcal{V}(f) = \emptyset$). Das Verschwindungsideal von $\mathcal{V}(f)$ in $K[V]$ ist $\sqrt{(f)}$. Wir reduzieren zunächst auf den Fall, dass dieses Ideal prim ist, $\mathcal{V}(f)$ also irreduzibel. Sind nämlich $W_1, \ldots, W_k$ die irreduziblen Komponenten von $\mathcal{V}(f)$, so dass $\sqrt{(f)} = \mathcal{I}(W_1) \cap \cdots \cap \mathcal{I}(W_k)$, dann wählen wir $g_2, \ldots, g_k \in K[V]$ mit $g_i \in \mathcal{I}_V(W_i) \setminus \mathcal{I}_V(W_1)$. Wir können die Komponenten $W_2, \ldots, W_k$ loswerden, indem wir $K[V]$ nach dem Produkt $g = g_2 \cdots g_k$ lokalisieren: Wir bilden $K[V][g^{-1}] \cong K[V][y]/(yg - 1)$ (siehe auch Übung 2.7.3). Der Ring $K[V][g^{-1}]$ ist dann gerade der Koordinatenring der Varietät $V' = \mathcal{V}(yg-1) \subset V \times \mathbb{A}^1$. Im Ring $K[V][g^{-1}]$ entsprechen die Primideale, die $\sqrt{(f)}$ enthalten, nach Prop. 2.7.3 den Primidealen von $K[V]$, die $\sqrt{(f)}$ enthalten und die multiplikative Menge $\{1, g, g^2, \ldots,\}$ nicht schneiden, und alle solchen Ideale enthalten $\mathcal{I}(W_1)$. Wir ersetzen nun V durch V', wobei die beteiligten Dimensionen gleich bleiben, und erreichen so $k = 1$.

> *Der Trick, $K[V]$ durch $K[V][g^{-1}]$ zu ersetzen, wird häufig verwendet, ist hier aber noch nicht sehr systematisch erklärt; siehe dazu Beispiel 4.3.7(3).*

Wir können also annehmen, dass $P = \sqrt{(f)}$ ein Primideal ist. Es sei nun $R = K[y_1, \ldots, y_d] \subset K[V]$ eine Noether-Normalisierung, wobei $d = \dim(V)$, und sei $F = \mathrm{Quot}(R) = K(y_1, \ldots, y_d)$. Dann ist $K(V)/F$ eine endliche Körpererweiterung. Setze $f_0 = N_{K(V)/F}(f)$. Wir behaupten, dass dann

$$P \cap R = \sqrt{(f_0)}$$

gilt. Daraus folgt die Aussage des Satzes: Die Ringerweiterung $R \subset K[V]$ induziert eine Erweiterung $R/(P \cap R) \subset K[V]/P$ der Restklassenringe. Diese ist endlich als Modul, also ist die Erweiterung der Quotientenkörper algebraisch nach Lemma 2.8.5. Daraus folgt $\dim(\mathcal{V}(f)) = \dim(\mathcal{V}(P)) = \dim(\mathcal{V}(P \cap R))$. Für $P \cap R$ im Polynomring R ist die Sache aber klar: Es gilt $\dim(\mathcal{V}(P \cap R)) = \dim(\mathcal{V}(f_0)) = d - 1$ nach Prop. 2.8.3.

Um $P \cap R = \sqrt{(f_0)}$ zu beweisen, zeigen wir als erstes $f_0 \in P \cap R$. Das Element $f \in K(V)$ hat ein Minimalpolynom μ über dem Körper F, etwa $\mu(t) = t^n + a_{n-1}t^{n-1} + \cdots + a_0$ mit $a_i \in F$. Dann ist f_0 eine Potenz von a_0, etwa $f_0 = a_0^m$ (nach Prop. 2.9.2(3)). Außerdem liegen die a_i tatsächlich in R, nach Lemma 2.9.3. Wir multiplizieren $\mu(f) = 0$ mit a_0^{m-1} und erhalten

$$f \cdot (a_0^{m-1} f^{n-1} + a_0^{m-1} a_{n-1} f^{n-2} + \cdots + a_0^{m-1} a_1) + f_0 = 0$$

woraus wegen $f \in P$ auch $f_0 \in P$ folgt, und damit $\sqrt{(f_0)} \subset P \cap R$.

Sei umgekehrt $g \in P \cap R$, dann gibt es also $k \in \mathbb{N}$ und $h \in K[V]$ mit $g^k = f \cdot h$. Anwenden der Norm zeigt

$$g^{k \cdot [K(V) : F]} = N_{K(V)/F}(g^k) = f_0 \cdot N_{K(V)/F}(h) \in (f_0)$$

denn es gilt $N_{K(V)/F}(h) \in R$ nach Prop. 2.9.2(3) und wiederum Lemma 2.9.3. Es folgt $g \in \sqrt{(f_0)}$ und die Behauptung ist bewiesen. □

2.9.4 Korollar *Es sei V eine irreduzible affine Varietät. Jede maximale Kette $\emptyset \subsetneq V_0 \subsetneq V_1 \subsetneq \cdots \subsetneq V_m = V$ von irreduziblen abgeschlossenen Untervarietäten von V hat die Länge $m = \dim(V)$.*

Beweis. Das beweisen wir durch Induktion nach $d = \dim(V)$. Für $d = 0$ ist die Behauptung klar, da V dann ein Punkt ist und es daher nur eine einzige maximale Kette gibt. Es sei $d > 0$ und sei $\emptyset \subsetneq V_0 \subsetneq V_1 \subsetneq \cdots \subsetneq V_m = V$ eine maximale Kette von irreduziblen abgeschlossenen Teilmengen. Dann ist V_0 ein Punkt und wegen $d > 0$ muss $m \geqslant 1$ gelten. Es gibt dann $f \in \mathcal{I}_V(V_{m-1})$, $f \neq 0$, und ein solches f kann keine Einheit in $K[V]$ sein, da es auf $V_{m-1} \neq \emptyset$ verschwindet. Da V_{m-1} irreduzibel ist und f darauf verschwindet, muss es eine irreduzible Komponente Z von $\mathcal{V}(f)$ mit $V_{m-1} \subset Z$ geben. Aufgrund der Maximalität der Kette muss dann sogar $V_{m-1} = Z$ gelten. Wir haben also $\emptyset \subsetneq V_0 \subsetneq V_1 \subsetneq \cdots \subsetneq V_{m-1} = Z$. Nach Satz 2.9.1 hat Z die Dimension $d - 1$ und nach Induktionsvoraussetzung folgt $d - 1 = m - 1$, also $d = m$. $\square$

Durch induktive Anwendung von Satz 2.9.1 bekommt man folgende Aussage.

2.9.5 Korollar *Sei V eine irreduzible affine Varietät und seien $f_1, \ldots, f_r \in K[V]$. Dann hat jede irreduzible Komponente von $\mathcal{V}(f_1, \ldots, f_r)$ höchstens die Codimension r.*

Beweis. Der Fall $r = 1$ folgt aus Satz 2.9.1. Ist $r \geqslant 2$ und W eine irreduzible Komponente von $\mathcal{V}(f_1, \ldots, f_{r-1})$, dann hat W nach Induktionsvoraussetzung höchstens die Codimension $r - 1$. Ist f_r eingeschränkt auf W nicht 0 und keine Einheit in $K[W]$, dann hat jede irreduzible Komponente von $\mathcal{V}(f_r) \cap W$ die Dimension $\dim(W) - 1$ nach Satz 2.9.1 und damit Codimension höchstens r in V. Ist $f_r = 0$ in $K[W]$, dann ist $\mathcal{V}(f_r) \cap W = W$ und die Codimension damit sogar höchstens $r - 1$. Ist f_r eine Einheit in $K[W]$, dann ist $\mathcal{V}(f_r) \cap W = \emptyset$, so dass W zu $\mathcal{V}(f_1, \ldots, f_r)$ nichts beisteuert. $\square$

Gleichheit kann hier für $r \geqslant 2$ schon deshalb nicht immer gelten, weil wir $f_1 = f_2$ nicht verboten haben. Der Beweis suggeriert aber auch schon, welche anderen Fälle auftreten können, wie etwa in folgendem Beispiel.

2.9.6 Beispiel Die Raumkurve $C = \{(t^3, t^4, t^5) \mid t \in K\}$ aus Beispiel 2.1.5(2) wird durch drei Gleichungen beschrieben, nämlich $C = \mathcal{V}(f_1, f_2, f_3)$ mit $f_1 = y^2 - xz$, $f_2 = x^2 y - z^2$, $f_3 = x^3 - yz$. In der Kette $\emptyset \subsetneq C \subsetneq \mathcal{V}(f_1, f_2) \subsetneq \mathcal{V}(f_1) \subsetneq \mathbb{A}^3$ kann die Dimension nicht in jedem Schritt sinken (sonst wäre $\mathbb{A}^3$ ja vierdimensional). Tatsächlich hat $\mathcal{V}(f_1, f_2)$ die Dimension 1 und ist die Vereinigung von C und der Geraden $\mathcal{V}(y, z)$. Die Hinzunahme von f_3 beseitigt nur diese Gerade, ohne aber die Dimension zu verändern. $\diamond$

Von Kor. 2.9.5 gilt in gewisser Weise auch die Umkehrung:

2.9.7 Korollar *Es sei V eine irreduzible affine Varietät und $W \subset V$ eine irreduzible abgeschlossene Untervarietät der Codimension r. Dann gibt es $f_1, \ldots, f_r \in K[V]$ derart, dass W eine irreduzible Komponente von $\mathcal{V}(f_1, \ldots, f_r)$ ist.*

Beweis. Übung 2.9.2. $\square$

Eine Kette ist maximal, wenn sie nicht durch Einfügen oder Anhängen weiterer Glieder verlängert werden kann.

Was würde es geometrisch bedeuten, wenn es maximale Ketten verschiedener Länge gäbe? **?**

Die Varietät $\mathcal{V}(f_1, \ldots, f_r)$ kann auch leer sein, dann macht das Korollar keine Aussage. **!**

Es stellt sich die naheliegende Frage, ob jede irreduzible abgeschlossene Untervarietät der Codimension r immer durch r Gleichungen beschrieben wird, ob man in Kor. 2.9.7 also sogar $W = \mathcal{V}(f_1, \ldots, f_r)$ erreichen kann. Im Allgemeinen ist das nicht der Fall, es ist aber nicht leicht, dafür Beispiele zu geben. Einfacher ist es zu zeigen, dass das Verschwindungsideal $\mathcal{I}(W) \subset K[V]$ von W im Allgemeinen nicht durch r Elemente erzeugt werden kann (siehe Übung 2.1.8). Auf diese Unterscheidung kommen wir in der projektiven Geometrie (§3.4) noch einmal zurück.

2.9.8 Bemerkung Wir diskutieren noch kurz die Frage, inwieweit sich die Aussagen in diesem Abschnitt auf beliebige noethersche Ringe übertragen. Die **Krull-Dimension** $\dim(R)$ eines Rings R ist die maximale Länge d einer Kette $P_0 \subsetneq \cdots \subsetneq P_d \subsetneq R$ von Primidealen in R. (Selbst noethersche Ringe können allerdings unendliche Dimension haben.) Die **Höhe** $\mathrm{ht}(P)$ eines Primideals P von R ist die maximale Länge einer solchen Kette mit $P_d = P$. Für ein Element $f \in R$ sagt der **Krull'sche Hauptidealsatz**, dass jedes Primideal, welches minimal ist mit der Eigenschaft $f \in P$, höchstens die Höhe 1 hat. Dieser Satz gilt in jedem noetherschen Ring und lässt sich entsprechend auch rein ringtheoretisch beweisen.

Ist V eine irreduzible affine Varietät, dann folgt Satz 2.9.1 aus dem Krull'schen Hauptidealsatz für $R = K[V]$, wenn man zusätzlich weiß, dass die Höhe eines Primideals $P \subset K[V]$ mit der Codimension von $\mathcal{V}(P)$ in V übereinstimmt. Das bedeutet gerade die Gleichheit

$$\mathrm{ht}(P) + \dim(R/P) = \dim(R)$$

die für $R = K[V]$ (bzw. jede nullteilerfreie endlich erzeugte K-Algebra) leicht aus Kor. 2.9.4 folgt. Diese Aussage stimmt *nicht* in allen noetherschen Integritätsringen. Ebensowenig gilt das Analogon von Kor. 2.9.4: Im Allgemeinen kann es maximale Primidealketten unterschiedlicher Länge geben (siehe Übung 2.9.3 für ein Beispiel).

Übungen

Übung 2.9.1 Vervollständigen Sie den Beweis von Prop. 2.9.2.

Übung 2.9.2 Beweisen Sie die folgende verschärfte Form von Kor. 2.9.5: Sei V eine irreduzible affine Varietät und $Z = Z_r \subset \cdots \subset Z_2 \subset Z_1$ eine Kette von irreduziblen abgeschlossenen Untervarietäten mit $\mathrm{codim}_V(Z_i) = i$. Dann gibt es $f_1, \ldots, f_r \in K[V]$ derart, dass Z_i eine irreduzible Komponente von $\mathcal{V}(f_1, \ldots, f_i)$ ist und alle Komponenten von $\mathcal{V}(f_1, \ldots, f_i)$ die Codimension i haben.

(*Hinweis:* Führen Sie Induktion nach i. An einer Stelle brauchen Sie vermutlich Übung 2.3.8.)

Übung 2.9.3 Sei $\mathfrak{m} = \{f \in K[t] \mid f(0) = 0\}$ und $K[t]_{\mathfrak{m}} = \{f/g \in K(t) \mid g(0) \neq 0\}$ die Lokalisierung von $K[t]$ im Nullpunkt. Es sei $R = K[t]_{\mathfrak{m}}[x]$ der Polynomring in einer Variablen x über $K[t]_{\mathfrak{m}}$. Zeigen Sie, dass

$$(0) \subsetneq (x) \subsetneq (t, x) \quad \text{und} \quad (0) \subsetneq (tx - 1)$$

zwei maximale Ketten von Primidealen unterschiedlicher Länge in R sind.

2.10 Tangentialraum und Singularitäten

Der Tangentialraum an eine Varietät verallgemeinert das Konzept der Tangente an eine ebene Kurve aus dem ersten Kapitel.

Definition Es sei $f \in K[x_1, \ldots, x_n]$ ein irreduzibles Polynom und $V = \mathcal{V}(f)$ die dadurch bestimmte Hyperfläche. Ein Punkt $p \in V$ ist **regulär**, wenn der Gradient $\nabla f(p)$ nicht der Nullvektor ist. Der **Tangentialraum** an V in einem regulären Punkt p ist die Hyperebene

$$(\nabla f(p))^{\perp} = \left\{ v \in K^n \mid \sum_{i=1}^{n} v_i \frac{\partial f}{\partial x_i}(p) = 0 \right\}.$$

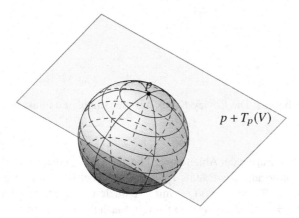

Abb. 2.2: Tangentialraum an eine Sphäre

2.10.1 Beispiel Wir betrachten die Fläche

$$S = \mathcal{V}(2xyz - x^2 - y^2 - z^2 + 1) \subset \mathbb{A}^3$$

die sogenannte **Cayley-Kubik**. Der Gradient $(2yz - 2x, 2xz - 2y, 2xy - 2z)$ verschwindet genau in den vier Punkten

$$(1, 1, 1), \ (1, -1, -1), \ (-1, 1, -1), \ (-1, -1, 1)$$

(siehe Abb. 2.3). In diesen Punkten ist der Tangentialraum also der ganze Raum K^3. In den übrigen Punkten ist der Tangentialraum die Ebene, auf der der Gradient senkrecht steht. ◇

Definition Es sei $V \subset \mathbb{A}^n$ eine affine Varietät mit Verschwindungsideal $\mathcal{I}(V) \subset K[x_1, \ldots, x_n]$. Für $v \in K^n$, betrachten wir den Richtungsableitungs-Operator

$$D_v = \sum_{i=1}^{n} v_i \frac{\partial}{\partial x_i}.$$

Der **Tangentialraum an** V in einem Punkt $p \in V$ ist der lineare Raum

$$T_p(V) = \left\{ v \in K^n \mid D_v f(p) = 0 \text{ für alle } f \in \mathcal{I}(V) \right\}.$$

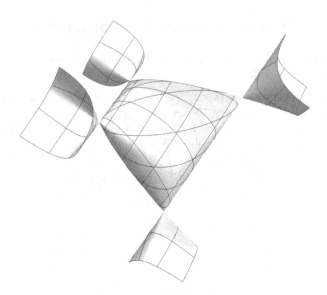

Abb. 2.3: Die Cayley-Kubik mit vier singulären Punkten

Aus der Linearität der Ableitung ist klar, dass $T_p(V)$ ein linearer Raum ist, ein Untervektorraum des Raums $T_p(\mathbb{A}^n) = K^n$ aller Richtungsableitungen. Für eine Hyperfläche $V = \mathcal{V}(f)$, mit f reduziert, stimmt diese Definition wegen $\mathcal{I}(V) = (f)$ mit der vorigen überein (nach der Produktregel):

$$T_p(V) = \left\{v \in K^n \mid D_v(f)(p) = 0\right\} = \left\{v \in K^n \mid \sum_{i=1}^{n} \frac{\partial f}{\partial x_i}(p) \cdot v_i = 0\right\}$$
$$= \left(\nabla f(p)\right)^{\perp}.$$

Per Definition geht der Tangentialraum durch den Ursprung. Wenn wir stattdessen den Punkt p zum Aufpunkt machen wollen, dann betrachten wir den **affinen Tangentialraum** $p + T_p(V)$ (wie oben im Bild). Für die Hyperfläche $V = \mathcal{V}(f)$ bedeutet das explizit

$$p + T_p(V) = \left\{v \in K^n \mid \sum_{i=1}^{n} \frac{\partial f}{\partial x_i}(p) \cdot (v_i - p_i) = 0\right\},$$

genauso wie für ebene Kurven im ersten Kapitel.

Als nächstes verallgemeinern wir die Beschreibung über den Gradienten auf Varietäten, die durch mehrere Gleichungen beschrieben sind.

! *Es ist wichtig, dass $f_1, \dots, f_\ell$ nicht nur V beschreiben, sondern auch wirklich $\mathcal{I}(V)$ erzeugen. Das zeigt schon der Fall $\ell = 1$ und etwa $V = \mathcal{V}(f^2)$.*

2.10.2 Proposition *Es sei $V \subset \mathbb{A}^n$ eine affine Varietät. Seien $f_1, \dots, f_\ell \in K[x_1, \dots, x_n]$ Erzeuger des Ideals $\mathcal{I}(V)$ und sei J die $\ell \times n$-Matrix mit Einträgen*

$$J_{ij} = (\partial f_i / \partial x_j).$$

Dann ist $T_p(V)$ der Kern von $J(p)$, für jeden Punkt $p \in V$.

Beweis. Gegeben $f \in \mathcal{I}(V)$, schreibe $f = \sum_{j=1}^{\ell} g_j f_j$. Dann gilt

$$D_v(f)(p) = \sum_{j=1}^{\ell} g_j(p) D_v(f_j)(p)$$

nach der Produktregel und wegen $f_j(p) = 0$. Ist also v im Kern von $J(p)$, so folgt $D_v(f)(p) = \sum_{j=1}^{\ell} g_j(p)\left(\sum_{i=1}^{n} v_i(\partial f_j/\partial x_i)(p)\right) = 0$. Also enthält $T_p(V)$ den Kern von $J(p)$. Ist umgekehrt $v \in T_p(V)$, so gilt $D_v(f_j)(p) = 0$ für alle $j = 1, \ldots, \ell$ und damit $v \in \mathrm{Kern}(J(p))$. $\qquad\square$

2.10.3 Beispiel Wir betrachten die Raumkurve $C = \{(t^3, t^4, t^5) \mid t \in K\} = \mathcal{V}(I)$ mit $I = (y^2 - xz, x^2 y - z^2, x^3 - yz)$ aus Beispiel 2.1.5(2). Das Ideal I ist prim, so dass $\mathcal{I}(C) = I$ gilt. Die zugehörige Jacobi-Matrix ist

$$J = \begin{pmatrix} -z & 2y & -x \\ 2xy & x^2 & -2z \\ 3x^2 & -z & -y \end{pmatrix}.$$

Über die Parametrisierung können wir J leicht auswerten und bekommen

$$J(t^3, t^4, t^5) = t^3 \begin{pmatrix} -t^2 & 2t & -1 \\ 2t^4 & t^3 & -2t^2 \\ 3t^3 & -t^2 & -t \end{pmatrix}.$$

Für $t = 0$ ist das die Nullmatrix und der Tangentialraum damit dreidimensional. Für $t \neq 0$ hat diese Matrix dagegen immer den Rang 2 und der Tangentialraum ist dann eindimensional, nämlich $T_{(t^3, t^4, t^5)}(C) = K \cdot (3t^2, 4t^3, 5t^4)$. $\quad\diamond$

Natürlich kann man den Tangentialraum hier auch durch Ableiten der Parametrisierung bestimmen.

Die Definition des Tangentialraums über Richtungsableitungen hängt zunächst an der gewählten Einbettung der Varietät und ist technisch nicht immer bequem. Um diese Probleme zu beheben, verwenden wir eine abstraktere Beschreibung des Tangentialraums. Dazu bemerken wir, dass die Zuordnung $(f, v) \mapsto D_v(f)$ sowohl in f als auch in v linear und damit bilinear ist. Um sie besser zu verstehen, brauchen wir etwas lineare Algebra: Seien A und B zwei endlichdimensionale K-Vektorräume und sei

$$\alpha \colon A \times B \to K$$

eine bilineare Abbildung. Für festes $v \in A$ ist dann $\alpha(v, -)\colon B \to K$, $w \mapsto \alpha(v, w)$ eine lineare Abbildung und entsprechend $\alpha(-, w)\colon A \to K$ für $w \in B$. Dadurch induziert α die beiden linearen Abbildungen

$$\alpha_1 \colon \begin{cases} A & \to & B^* \\ v & \mapsto & \alpha(v, -) \end{cases} \quad \text{und} \quad \alpha_2 \colon \begin{cases} B & \to & A^* \\ w & \mapsto & \alpha(-, w) \end{cases}.$$

(Dabei bezeichnet $V^* = \mathrm{Hom}(V, K)$ den Dualraum eines K-Vektorraums V.) Wenn α_1 und α_2 injektiv sind, dann sind sie auch surjektiv. Denn ist α_1 injektiv, so impliziert das $\dim(A) \leqslant \dim(B^*) = \dim(B)$ und umgekehrt für α_2, also $\dim(A) = \dim(B)$. Damit sind α_1 und α_2 injektive lineare Abbildungen zwischen Vektorräumen der gleichen endlichen Dimension und damit

Isomorphismen. In diesem Fall wird α eine **perfekte Paarung** genannt. Wir brauchen gleich die folgende Hilfsaussage.

2.10.4 Lemma *Es sei $\alpha\colon A \times B \to K$ eine perfekte Paarung zwischen endlichdimensionalen K-Vektorräumen. Ist $A' \subset A$ ein linearer Unterraum und $B' = \{b \in B \mid \alpha(a,b) = 0 \text{ für alle } a \in A'\}$, dann ist auch*

$$\overline{\alpha}\colon (A/A') \times B', \ (a + A', b) \mapsto \alpha(a,b)$$

eine perfekte Paarung.

Beweis. Für $a \in A'$ und $b \in B'$ ist $\alpha(a,b) = 0$ nach Definition von B'. Daraus folgt, dass $\overline{\alpha}$ wie angegeben überhaupt wohldefiniert ist. Außerdem ist $\overline{\alpha}$ offensichtlich bilinear. Wir müssen zeigen, dass $\overline{\alpha}$ perfekt ist. Sei $b \in B'$, $b \neq 0$. Da α perfekt ist, gibt es dann $a \in A$ mit $\alpha(a,b) \neq 0$. Also ist auch $\overline{\alpha}(a + A', b) \neq 0$, was zeigt, dass $\overline{\alpha}_2$ injektiv ist.

Um die Injektivität auf der anderen Seite zu beweisen, wählen wir eine Basis $a_1, \ldots, a_n$ von A derart, dass $a_{m+1}, \ldots, a_n$ eine Basis von A' ist und damit $a_1 + A', \ldots, a_m + A'$ eine Basis von A/A'. Da α perfekt ist, existiert dazu eine Dualbasis bezüglich α in B, das heißt es gibt $b_1, \ldots, b_n \in B$ mit $\alpha(a_i, b_j) = \delta_{ij}$. Dann wird B' von $b_1, \ldots, b_m$ aufgespannt. Ist nun $a = \sum_{i=1}^m \lambda_i a_i$ mit etwa $\lambda_j \neq 0$, so folgt $\overline{\alpha}(a + A', b_j) = \lambda_j \alpha(a_j, b_j) = \lambda_j \neq 0$. Dies zeigt, dass $\overline{\alpha}_1$ injektiv ist und die Behauptung ist bewiesen. $\qquad\square$

Das alles wenden wir jetzt auf unsere Situation an, beginnend mit dem folgenden Lemma.

Erinnerung: $\mathfrak{m}_p^2$ wird von allen Produkten von zwei Elementen aus $\mathfrak{m}$ erzeugt. Es ist also $\mathfrak{m}_p^2 = \{\sum f_i g_i \mid f_i, g_i \in \mathfrak{m}_p\}$.

2.10.5 Lemma *Sei $p = (a_1, \ldots, a_n)$ und $\mathfrak{m}_p = (x_1 - a_1, \ldots, x_n - a_n) \subset K[x_1, \ldots, x_n]$ das maximale Ideal zum Punkt p. Für $f \in \mathfrak{m}_p$ sind äquivalent:*

(1) Für alle $v \in T_p(\mathbb{A}^n) = K^n$ ist $D_v(f)(p) = 0$.

(2) Es gilt $f \in \mathfrak{m}_p^2$.

Beweis. Im Wesentlichen folgt das aus der Taylor-Formel: Nach einer Translation können wir der Einfachheit halber $p = (0, \ldots, 0)$ annehmen. Dann gilt $f \in \mathfrak{m}_p^2$ genau dann, wenn f keinen konstanten und keinen linearen Anteil besitzt. Aus $f \in \mathfrak{m}_p^2$ folgt deshalb sofort $D_v f(p) = 0$ für alle $v \in K^n$, nach der Produktregel. Ist umgekehrt $f \in \mathfrak{m}_p \setminus \mathfrak{m}_p^2$, dann hat f die Form $f = \sum_{i=1}^n c_i x_i + $Terme höherer Ordnung, mit etwa $c_j \neq 0$. Dann ist $D_{e_j}(f)(p) = c_j \neq 0$, was die andere Implikation beweist. $\qquad\square$

2.10.6 Satz *Es sei $V \subset \mathbb{A}^n$ eine affine Varietät, $p \in V$ ein Punkt und $m_{V,p} = \{f \in K[V] \mid f(p) = 0\}$ das zugehörige maximale Ideal von $K[V]$. Dann ist durch*

$$(\mathfrak{m}_{V,p}/\mathfrak{m}_{V,p}^2) \times T_p(V), \ (f + \mathfrak{m}_{V,p}^2, v) \mapsto D_v f(p)$$

Der Dualraum des Tangentialraums heißt in der Differentialgeometrie »Cotangentialraum«.

eine perfekte Paarung gegeben. Diese induziert einen Isomorphismus

$$T_p(V) \cong (\mathfrak{m}_{V,p}/\mathfrak{m}_{V,p}^2)^*$$

von K-Vektorräumen.

Beweis. Für $f \in \mathfrak{m}_{V,p}^2$ und $v \in T_p(V)$ gilt $D_v f(p) = 0$ nach der Produktregel. Die angegebene Abbildung ist deshalb wohldefiniert. Nach den
üblichen Ableitungsregeln ist sie außerdem bilinear. Man beachte auch,
dass $\mathfrak{m}_{V,p}/\mathfrak{m}_{V,p}^2$ ein endlichdimensionaler K-Vektorraum ist, nämlich aufgespannt von $(x_i - x_i(p)) + \mathfrak{m}_{V,p}^2$ (für $i = 1, \ldots, n$).

Sei nun zunächst $V = \mathbb{A}^n$, dann schreiben wir $\mathfrak{m}_p$ für $\mathfrak{m}_{\mathbb{A}^n,p}$ und

$$\alpha(f + \mathfrak{m}_p^2, v) = D_v f(p)$$

für die angegebene Paarung. Für $f \in \mathfrak{m}_p$ ist $\alpha(f + \mathfrak{m}_p^2, v) = 0$ für alle $v \in K^n$
genau dann, wenn $f \in \mathfrak{m}_p^2$ gilt, nach Lemma 2.10.5. Das zeigt, dass α_1
injektiv ist. Ist umgekehrt $v \in K^n \setminus \{0\}$, etwa $v = (c_1, \ldots, c_n)$ mit $c_j \neq 0$,
dann gilt $\alpha(x_j - x_j(p) + \mathfrak{m}_p^2, v) = c_j \neq 0$. Also ist auch α_2 injektiv und damit
α eine perfekte Paarung.

Sei nun V beliebig. Wir wenden Lemma 2.10.4 auf den Unterraum $A' = \mathcal{I}(V) + \mathfrak{m}_p^2$ von $\mathfrak{m}_p/\mathfrak{m}_p^2$ an. Nach Definition des Tangentialraums ist dann
$B' = T_p(V)$, mit B' wie in 2.10.4. Außerdem ist $A/A' \cong \mathfrak{m}_{V,p}/\mathfrak{m}_{V,p}^2$. Damit
folgt die Behauptung aus dem Lemma. $\qquad\square$

Statt im Koordinatenring der affinen Varietät V können wir das Gleiche
auch im lokalen Ring $\mathcal{O}_{V,p}$ machen, ohne dass sich an der Aussage etwas
ändert. Das entspricht der geometrischen Tatsache, dass der Tangentialraum
durch die lokale Geometrie von V im Punkt p bestimmt ist. Dazu brauchen
wir noch etwas kommutative Algebra.

2.10.7 Lemma *Ist R ein Ring und $\mathfrak{m}$ ein maximales Ideal von R, dann
induziert die Lokalisierung $R \to R_\mathfrak{m}$ einen Isomorphismus von R-Moduln*

$$\mathfrak{m}/\mathfrak{m}^2 \cong (\mathfrak{m}R_\mathfrak{m})/(\mathfrak{m}^2 R_\mathfrak{m}).$$

Beweis. Das maximale Ideal $\mathfrak{m}$ von R ist das einzige Primideal von R, das
$\mathfrak{m}^2$ enthält, wie man sich leicht überzeugt. Deshalb ist $R/\mathfrak{m}^2$ ein lokaler
Ring mit maximalem Ideal $\mathfrak{m}/\mathfrak{m}^2$. Also wird jedes $a \in R$ mit $a \notin \mathfrak{m}$ in
$R/\mathfrak{m}^2$ eine Einheit, das heißt es gibt $b \in R$ mit $ab - 1 \in \mathfrak{m}^2$. In $R/\mathfrak{m}^2$ hat
das Lokalisieren bezüglich $\mathfrak{m}$ deshalb keinen Effekt mehr, was die Aussage
erklärt.

Um das explizit nachzuprüfen, betrachten wir den Ringhomomorphis-
mus $\varphi \colon R \to R_\mathfrak{m}/\mathfrak{m}^2 R_\mathfrak{m}$, der durch Komposition von Lokalisierung und
Restklassenabbildung entsteht. Der Kern von φ enthält offenbar $\mathfrak{m}^2$. Ist um-
gekehrt $x \in \mathfrak{m}$ mit $\varphi(x) = 0$, dann gibt es $y \in \mathfrak{m}^2$ und $a \in R \setminus \mathfrak{m}$ mit
$x = y/a$. Wie gerade bemerkt existiert dazu ein $b \in R$ mit $z = ab - 1 \in \mathfrak{m}^2$.
Daraus folgt $x = (ab - z)x = by - zx \in \mathfrak{m}^2$. Also induziert φ eine Injektion
$\overline{\varphi} \colon \mathfrak{m}/\mathfrak{m}^2 \to (\mathfrak{m}R_\mathfrak{m})/(\mathfrak{m}^2 R_\mathfrak{m})$.

Die Surjektivität von $\overline{\varphi}$ folgt ganz ähnlich: Ist $\overline{y/a} \in (\mathfrak{m}R_\mathfrak{m})/(\mathfrak{m}^2 R_\mathfrak{m})$ für
$y \in \mathfrak{m}$ und $a \notin \mathfrak{m}$, dann wählen wir wieder $b \in R$ mit $z = ab - 1 \in \mathfrak{m}^2$. Es
folgt $\overline{y/a} = \overline{yb - yz/a} = \overline{yb} = \overline{\varphi}(yb)$. $\qquad\square$

2.10.8 Korollar *Es sei $V \subset \mathbb{A}^n$ eine affine Varietät und $p \in V$ ein Punkt.
Sei $\mathcal{O}_{V,p}$ der lokale Ring von V im Punkt p und $\mathfrak{m}_{V,p}$ sein maximales Ideal.*

Dann induziert die Paarung aus Satz 2.10.6 einen Isomorphismus von K-Vektorräumen

$$T_p(V) \xrightarrow{\sim} (\mathfrak{m}_{V,p}/\mathfrak{m}_{V,p}^2)^*.$$

Beweis. Per Definition gilt $\mathcal{O}_{V,p} = K[V]_{\mathfrak{m}_{V,p}}$. Damit folgt die Behauptung aus Satz 2.10.6 zusammen mit dem vorangehenden Lemma. $\qquad\square$

Als nächstes unterscheiden wir die Punkte einer Varietät, in denen sich der Tangentialraum geometrisch korrekt verhält von solchen, in denen das nicht der Fall ist, ganz analog zum Fall von Hyperflächen.

In der modernen algebraischen Geometrie wird 'glatt' häufig anders definiert und von 'regulär' unterschieden, was aber nur in Charakteristik p relevant wird. In vielen Quellen werden die Begriffe 'glatt' und 'regulär' synonym verwendet, in Anlehnung an die Differentialgeometrie, aber in Charakteristik p muss man aufpassen.

Definition Es sei V eine irreduzible affine Varietät und $p \in V$ ein Punkt. Der Punkt p heißt **regulär** (oder *glatt*), wenn

$$\dim(T_p(V)) = \dim(V)$$

gilt. Besitzt V mehrere irreduzible Komponenten, dann heißt ein Punkt $p \in V$ regulär, wenn p nur in einer einzigen irreduziblen Komponenten von V enthalten ist und auf dieser regulär ist.

Ein Punkt von V, der nicht regulär ist, heißt ein **singulärer Punkt** oder eine **Singularität**. Ist $p \in V$ ein regulärer Punkt, dann heißt auch V regulär im Punkt p. Die Varietät V heißt insgesamt regulär, wenn sie in jedem ihrer Punkte regulär ist. Die Menge aller regulären (bzw. aller singulären) Punkte von V heißt der **reguläre Ort** (bzw. der **singuläre Ort**) und wird mit V_{reg} bezeichnet (bzw. mit V_{sing}).

2.10.9 Beispiele Auf der parametrischen Kurve $C = \{(t^3, t^4, t^5) \mid t \in K\}$ in $\mathbb{A}^3$ ist der Nullpunkt $(0,0,0) \in C$ eine Singularität, während alle anderen Punkte von C regulär sind (vgl. Beispiel 2.10.3). Dagegen ist die verdrehte Kubik $\{(t, t^2, t^3) \mid t \in K\}$ insgesamt regulär. $\qquad\Diamond$

Aus der algebraischen Beschreibung von Regularität in Satz 2.10.6 ist klar, dass sich Regularität unter Isomorphismen überträgt: Sind V und W zwei affine Varietäten und ist $\varphi\colon V \to W$ ein Isomorphismus, dann ist $p \in V$ genau dann ein regulärer Punkt, wenn $\varphi(p) \in W$ ein regulärer Punkt ist.

2.10.10 Satz *In jeder affinen Varietät ist der reguläre Ort offen und dicht. Insbesondere besitzt jede Varietät einen regulären Punkt.*

Beweis. Es sei V eine affine Varietät. Zunächst bemerken wir, dass die Menge der Punkte von V, die nur in einer einzigen irreduziblen Komponenten von V enthalten sind, offen und dicht in V ist (Übung 2.10.3). Deshalb können wir für den Beweis ohne Einschränkung annehmen, dass V irreduzibel ist.

Wir zeigen die Behauptung nun zunächst für eine irreduzible affine Hyperfläche. Es sei $f \in K[x_1, \ldots, x_n]$ irreduzibel und $V = \mathcal{V}(f)$. Per Definition sind die singulären Punkte genau die Punkte von V, in denen der Gradient ∇f verschwindet. Es gilt also

$$V_{\mathrm{sing}} = \mathcal{V}(f, \partial f/\partial x_1, \ldots, \partial f/\partial x_n).$$

Das ist eine abgeschlossene Untervarietät von V, also ist $V_{\mathrm{reg}} = V \setminus V_{\mathrm{sing}}$ offen. Wir müssen nur noch zeigen, dass $V_{\mathrm{sing}} \neq V$ gilt. Da das Polynom

$\partial f / \partial x_i$ in der Variablen x_i kleineren Grad als f hat, kann es nicht durch f teilbar sein, es sei denn, es ist (identisch) Null. In Charakteristik 0 geschieht das genau dann, wenn die Variable x_i in f nicht vorkommt. Da eine der Variablen $x_1, \ldots, x_n$ in f vorkommen muss, kann ∇f also nicht überall auf V verschwinden. Falls $\operatorname{char}(K) = p > 0$, so gilt $\partial f / \partial x_i = 0$ genau dann, wenn f ein Polynom in x_i^p ist. Wäre dies für alle $i = 1, \ldots, n$ der Fall, dann könnten wir aus jedem Koeffizienten von f die p-te Wurzel ziehen (da K algebraisch abgeschlossen ist) und $f = g^p$ für ein $g \in K[x_1, \ldots, x_n]$ folgern, im Widerspruch zur Irreduzibilität von f. Damit ist die Behauptung im Fall von affinen Hyperflächen bewiesen.

Wenn V keine Hyperfläche ist, dann ist V nach Satz 2.8.11 immerhin birational zu einer Hyperfläche. Indem wir die Beschreibung des Tangentialraums durch lokale Ringe verwenden und Satz 2.7.11 anwenden, finden wir dann auch in V eine offene dichte Teilmenge von regulären Punkten.

Es bleibt zu zeigen, dass V_{sing} abgeschlossen ist. Es sei $V \subset \mathbb{A}^n$ abgeschlossen und irreduzibel mit Verschwindungsideal $\mathcal{I}(V) = (f_1, \ldots, f_r)$. Sei J die Jacobi-Matrix mit Einträgen $(\partial f_i / \partial x_j)$. Ist $d = \dim(V)$, dann sind die regulären Punkte von V nach Prop. 2.10.2 genau die Punkte $p \in V$, in denen $J(p)$ den Rang $n - d$ hat. Da V_{reg} dicht in V ist, kann $J(p)$ niemals größeren Rang als $n - d$ haben. Denn angenommen es gäbe $p \in V$ mit $\operatorname{Rang}(J(p)) > n - d$, dann gäbe es einen Minor von J der Größe $r \geqslant n - d + 1$, der in p nicht verschwindet. Dann besitzt p aber eine offene Umgebung, in der dieser Minor nicht verschwindet, im Widerspruch zur Dichtheit von V_{reg}. Also ist die Menge der singulären Punkte von V genau die Menge der Punkte $p \in V$, in denen $J(p)$ kleineren Rang als $n - d$ hat. Das ist die abgeschlossene Menge von V, die durch das Verschwinden aller Minoren der Größe $n - d$ gegeben ist. Diese Minoren definieren also den singulären Ort. $\square$

Die Charakterisierung des Rangs einer Matrix mit Hilfe von Minoren (Unterdeterminanten) werden wir noch mehrfach verwenden. Siehe zur Wiederholung auch Übung 2.10.6.

Der Beweis hat zusätzlich Folgendes gezeigt:

2.10.11 Korollar (Jacobi-Kriterium) *Ist V eine irreduzible affine Varietät der Dimension d, dann gilt $\dim T_p(V) \geqslant d$ für alle $p \in V$, mit Gleichheit auf der offenen dichten Menge V_{reg}.*

Ist $\mathcal{I}(V) = (f_1, \ldots, f_\ell)$, dann ist der singuläre Ort V_{sing} die Untervarietät von V, die durch das Verschwinden aller $(n - d)$-Minoren der Jacobi-Matrix von $f_1, \ldots, f_\ell$, also der $\ell \times n$-Matrix $J_{i,j} = (\partial f_i / \partial x_j)$, bestimmt ist. $\square$

2.10.12 Bemerkung Die Menge aller Punkte einer Varietät V, die in mehr als einer irreduziblen Komponente liegen, ist per Defininition im singulären Ort von V enthalten. Wir haben allerdings nicht gezeigt, dass man dies auch über die Dimension des Tangentialraums bzw. über das Jacobi-Kriterium ausdrücken kann. Für Hyperflächen ist das klar: Ist etwa $f = f_1 f_2$ mit f_1 und f_2 reduziert und ohne gemeinsame Faktoren, und ist $p \in \mathcal{V}(f_1) \cap \mathcal{V}(f_2)$, dann folgt $\frac{\partial f}{x_i}(p) = \frac{\partial f_1}{x_i}(p) f_2(p) + \frac{\partial f_2}{x_i}(p) f_1(p) = 0$ nach der Produktregel. Dies zeigt $\mathcal{V}(f)_{\mathrm{sing}} = \mathcal{V}(\frac{\partial f}{\partial x_1}, \ldots, \frac{\partial f}{\partial x_n})$.

Allgemeiner gilt: Ist $V \subset \mathbb{A}^n$ eine affine Varietät und $p \in V$ ein Punkt, der in zwei verschiedenen irreduziblen Komponenten V_1 und V_2 von V enthalten ist, dann gilt $\dim(T_p(V)) > \max\{\dim(V_1), \dim(V_2)\}$. Für den Beweis verwendet man üblicherweise eine genauere algebraische Untersuchung von regulären lokalen Ringen; siehe etwa Schafarewitsch [23], II.2, Thm. 6.

Übungen

Übung 2.10.1 Bestimmen Sie den singulären Ort der **Steiner-Quartik**

$$\mathcal{V}(x^2 y^2 - x^2 + y^2 - xyz)$$

und plotten Sie das reelle Bild dieser Fläche.

Übung 2.10.2 Finden Sie für jeden Grad $d > 0$ und jedes $n \in \mathbb{N}$ ein Polynom f in genau n Variablen vom Grad d derart, dass die Hyperfläche $\mathcal{V}(f) \subset \mathbb{A}^n$ regulär ist.

Übung 2.10.3 Es sei V eine affine Varietät. Zeigen Sie, dass die Menge der Punkte von V, die in genau einer irreduziblen Komponenten von V enthalten sind, offen und dicht in V ist.

Übung 2.10.4 Es sei R ein Ring und $\mathfrak{m} \subset R$ ein maximales Ideal mit Restklassen-körper $K = R/\mathfrak{m}$. Sei $n \in \mathbb{N}$. Zeigen Sie, dass das Ideal $\mathfrak{m}^n/\mathfrak{m}^{n+1}$ in $R/\mathfrak{m}^{n+1}$ durch $(a + \mathfrak{m})(x + \mathfrak{m}^{n+1}) = ax + \mathfrak{m}^{n+1}$ für $a \in R$ und $x \in \mathfrak{m}^n$ zu einem K-Vektorraum wird. Ist R noethersch, so ist dieser Raum endlichdimensional.

Übung 2.10.5 Es sei $V \subset \mathbb{A}^n$ eine affine Varietät. Zeigen Sie, dass die Menge

$$U_d = \left\{ p \in V \mid \dim(T_p(V)) \leqslant d \right\}$$

für jedes $d \geqslant 0$ eine Zariski-offene Teilmenge von V ist.

Übung 2.10.6 Es sei K ein Körper und A eine $m \times n$-Matrix mit Einträgen in K. Für jedes k mit $1 \leqslant k \leqslant \min\{m, n\}$ ist ein $k \times k$-**Minor** von A die Determinante einer $k \times k$-Matrix, die aus A durch Streichung von $m - k$ Zeilen und $n - k$ Spalten entsteht.

(a) Zeigen Sie (mit Aussagen aus der linearen Algebra): Es gilt $\mathrm{Rang}(A) \leqslant k - 1$ genau dann, wenn alle $k \times k$-Minoren von A verschwinden.

(b) Geben Sie den folgenden Aussagen einen präzisen Sinn: Die $k \times k$-Minoren von A sind Polynome in den Einträgen von A. Die Menge V der singulären (nicht-invertierbaren) $n \times n$-Matrizen ist eine Hyperfläche im Raum $\mathbb{A}^{n \times n}$.

(c) Bestimmen Sie möglichst explizit den singulären Ort der Hyperfläche V aus Teil (b).

Übung 2.10.7 Sei $K = \mathbb{C}$. Zeigen Sie (mit etwas Differentialgeometrie), dass eine irreduzible affine Varietät $V \subset \mathbb{A}^n$ genau dann regulär ist, wenn V eine glatte Untermannigfaltigkeit von $\mathbb{C}^n$ ist. (*Hinweis:* Satz über implizite Funktionen)

KAPITEL 3

Projektive Geometrie

In der projektiven Geometrie wird der affine Raum durch Hinzufügen von Punkten »im Unendlichen«, die man als Schnittpunkte paralleler Geraden verstehen kann, zum projektiven Raum erweitert. Viele geometrische Aussagen werden dadurch einfacher, weil es weniger Ausnahmefälle gibt. In der Algebra entspricht das dem Übergang von beliebigen Polynomgleichungen zu homogenen Gleichungen. Auch das macht für die algebraische Theorie vieles einfacher. Als erstes führen wir projektive Räume ein und versuchen, ein geometrisches Bild von ihnen zu entwerfen. Danach entwickeln wir die Theorie der homogenen Polynomgleichungen.

3.1 Projektive Räume

Wir beginnen mit dem Beispiel der reellen projektiven Ebene, um zu illustrieren, wie das Hinzufügen unendlich ferner Punkte funktioniert. Dazu betten wir die affine Ebene $\mathbb{R}^2$ in den dreidimensionalen Raum auf Höhe 1 ein, das heißt, wir identifizieren sie mit dem affinen Unterraum

$$E = \{(1, a_1, a_2) \in \mathbb{R}^3 \mid (a_1, a_2) \in \mathbb{R}^2\}.$$

Durch jeden Punkt von E geht genau eine Ursprungsgerade in $\mathbb{R}^3$, für $a = (1, a_1, a_2) \in E$ nämlich die Gerade $\mathbb{R}a = \{(t, ta_1, ta_2) \mid t \in \mathbb{R}\}$. Umgekehrt trifft jede Ursprungsgerade $\mathbb{R}a \subset \mathbb{R}^3$ mit Richtungsvektor $a = (a_0, a_1, a_2)$ die Ebene E in genau einem Punkt, nämlich $(1, a_1/a_0, a_2/a_0)$, es sei denn natürlich, es ist $a_0 = 0$, dann gibt es keinen Schnittpunkt.

Betrachten wir in E eine Folge von Punkten, die sich vom Punkt $(1, 0, 0)$ immer weiter entfernt, zum Beispiel $a_n = (1, 2n, n)_{n \in \mathbb{N}}$. Setze $b_n = (1/n)a_n = (1/n, 2, 1)$. Es gilt dann $\mathbb{R}a_n = \mathbb{R}b_n$ und für wachsendes n konvergiert b_n gegen den Vektor $b = (0, 2, 1)$. Wie schon bemerkt gilt $\mathbb{R}b \cap E = \emptyset$. Die Richtung b entspricht keinem Punkt von E, sondern einem Punkt, der in Bezug auf E »im Unendlichen« liegt (siehe Abb. 3.1).

Mit diesem Bild im Kopf sind wir jetzt bereit für den allgemeinen Fall. Die folgende abstrakte Definition lehnt sich direkt an dieses Beispiel an.

© Springer-Verlag GmbH Deutschland, ein Teil von Springer Nature 2020
D. Plaumann, *Einführung in die Algebraische Geometrie*,
https://doi.org/10.1007/978-3-662-61779-3_3

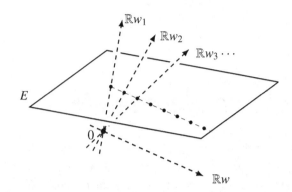

Abb. 3.1: Ursprungsgeraden schneiden die affine Ebene E

Es sei immer K ein Körper, der in diesem Abschnitt nicht unbedingt algebraisch abgeschlossen zu sein braucht.

Definition Sei V ein endlich-dimensionaler K-Vektorraum. Der **projektive Raum über** V ist die Menge aller 1-dimensionalen Unterräume von V und wird mit $\mathbb{P}V$ bezeichnet. Die Elemente von $\mathbb{P}V$ heißen die **Punkte** von $\mathbb{P}V$. Die Punkte des projektiven Raums sind also die Ursprungsgeraden des Vektorraums. Die **(projektive) Dimension** von $\mathbb{P}V$ ist definiert als

$$\dim \mathbb{P}V = \dim(V) - 1.$$

Der projektive Raum $\mathbb{P}K^{n+1}$ hat also die Dimension n und wird kurz mit $\mathbb{P}_K^n$ bezeichnet oder, bei fixiertem K, nur mit $\mathbb{P}^n$. Man nennt $\mathbb{P}^n$ auch einfach *den n-dimensionalen projektiven Raum über K*. Wie erwartet heißt $\mathbb{P}^1$ die projektive Gerade, $\mathbb{P}^2$ die projektive Ebene über K. Der 0-dimensionale projektive Raum $\mathbb{P}^0$ besteht nur aus einem einzigen Element und wird daher als Punkt aufgefasst. Per Definition ist außerdem $\mathbb{P}\{0\} = \emptyset$ und $\dim \mathbb{P}\{0\} = -1$.

Die leere Menge hat manchmal die Dimension $-\infty$ und manchmal die Dimension -1. Für die projektive lineare Algebra ist -1 die bessere Konvention.

Wir übertragen nun einige Aussagen der linearen Algebra in diese Situation. Ist V ein Vektorraum und $U \subset V$ ein linearer Unterraum, so ist $\mathbb{P}U \subset \mathbb{P}V$ ein **projektiver Unterrraum** von $\mathbb{P}V$. Projektive Unterräume der Dimension 1 heißen **Geraden**, der Dimension 2 **Ebenen**, der Dimension $\dim \mathbb{P}V - 1$ **Hyperebenen**.

Sind U_1 und U_2 Unterräume von V und ist $L_1 = \mathbb{P}U_1$, $L_2 = \mathbb{P}U_2$, dann ist

$$\overline{L_1 L_2} = \mathbb{P}(U_1 + U_2),$$

der **Verbindungsraum** von L_1 und L_2. Außerdem gilt offenbar

$$L_1 \cap L_2 = \mathbb{P}(U_1 \cap U_2).$$

Aus der Definition der projektiven Dimension und der Dimensionsformel für lineare Unterräume erhält man sofort die **projektive Dimensionsformel**

$$\dim \overline{L_1 L_2} = \dim L_1 + \dim L_2 - \dim(L_1 \cap L_2).$$

3.1.1 Beispiel Zwei verschiedene Geraden in $\mathbb{P}^2$ schneiden sich in genau einem Punkt. Es gibt also keine parallelen Geraden in $\mathbb{P}^2$. Zwei Geraden L_1 und L_2 in $\mathbb{P}^3$ heißen **windschief**, falls $L_1 \cap L_2 = \emptyset$. Der Verbindungsraum hat dann die Dimension $\dim \overline{L_1 L_2} = 1 + 1 - (-1) = 3$. Also spannen L_1 und L_2 den ganzen Raum auf. Wenn L_1 und L_2 einen Schnittpunkt haben, dann liegen sie in einer gemeinsamen Ebene, und es gilt $\dim \overline{L_1 L_2} = 1 + 1 - 0 = 2$. ◇

Begründen Sie direkt, warum sich zwei verschiedene Geraden in $\mathbb{P}^2$ immer in genau einem Punkt schneiden.

Ein Punkt von $\mathbb{P}V$, also ein 1-dimensionaler Unterraum von V, wird von einem Vektor $a \neq 0$ aufgespannt. Wir schreiben $[a] = K \cdot a$, und es gilt dann

$$[a] = [\lambda a] \text{ für alle } \lambda \in K^*.$$

In $\mathbb{P}^n_K$ schreiben wir $[a_0, \ldots, a_n]$ für den Punkt $K \cdot (a_0, \ldots, a_n)$. Es gilt dann

$$[\lambda a_0, \ldots, \lambda a_n] = [a_0, \ldots, a_n] \text{ für alle } \lambda \in K^*.$$

Ist $p = [a_0, \ldots, a_n]$, so heißen die Zahlen $a_0, \ldots, a_n$, die nur bis auf Skalierung durch p bestimmt sind, die **homogenen Koordinaten** von p. Die homogenen Koordinaten ändern sich also durch Skalierung, aber ob eine Koordinate Null ist oder nicht, ändert sich dabei nicht. Weil für jeden Punkt in $\mathbb{P}^n$ mindestens eine homogene Koordinate ungleich 0 ist, ist jeder Punkt in einer der Mengen

$$D_i = \left\{ [a_0, \ldots, a_n] \in \mathbb{P}^n \mid a_i \neq 0 \right\} \qquad (i = 1, \ldots, n)$$

enthalten. In D_i können wir die Koordinate $a_i \neq 0$ durch Division zu 1 machen, mit anderen Worten, es gilt

$$[a_0, \ldots, a_n] = \left[\frac{a_0}{a_i}, \ldots, \frac{a_{i-1}}{a_i}, 1, \frac{a_{i+1}}{a_i}, \ldots, \frac{a_n}{a_i} \right], \quad \text{falls } a_i \neq 0.$$

Zu jedem Punkt $p \in D_i \subset \mathbb{P}^n$ existiert deshalb ein eindeutig bestimmter Vektor $(a_0, \ldots, a_{i-1}, a_{i+1}, \ldots, a_n) \in K^n$ mit

$$p = [a_0, \ldots, a_{i-1}, 1, a_{i+1}, \ldots, a_n].$$

Da der i-te Eintrag dann also immer 1 ist, erhalten wir eine Bijektion

$$\rho_i : \begin{cases} \mathbb{A}^n & \to & D_i \\ (a_0, \ldots, a_{i-1}, a_{i+1}, \ldots, a_n) & \mapsto & [a_0, \ldots, a_{i-1}, 1, a_{i+1}, \ldots, a_n] \end{cases}$$

zwischen dem affinen Raum $\mathbb{A}^n$ und der Menge D_i. Wir halten fest:

> Der projektive Raum $\mathbb{P}^n$ wird von $n + 1$
> Kopien des affinen Raums $\mathbb{A}^n$ überdeckt.

Wenn wir an Abbildung 3.1 denken, entsprechen die drei affinen Ebenen in dieser Überdeckung verschiedenen Wahlen der Ebene E (nämlich $x_0 = 1$, $x_1 = 1$ oder $x_2 = 1$), mit der wir die Ursprungsgeraden in $\mathbb{R}^3$ auffangen.

Für $n = 1$ gilt $D_1 = \{[x, 1] \mid x \in K\} \cong \mathbb{A}^1$. Das Komplement $\mathbb{P}^1 \setminus D_1$ besteht nur aus einem einzigen Punkt, nämlich $[1, 0]$. Im Allgemeinen ist das Komplement von D_i eine Hyperebene in $\mathbb{P}^n$, und zwar

$$H_i = \mathbb{P}^n \setminus D_i = \{[a_0, \ldots, a_{i-1}, 0, a_{i+1}, \ldots, a_n] \in \mathbb{P}^n\}$$
$$= \mathbb{P}\{a \in K^{n+1} \mid a_i = 0\} \cong \mathbb{P}^{n-1}.$$

Es gibt im projektiven Raum nicht »die« unendlich fernen Punkte. Jede Hyperebene $H \subset \mathbb{P}^n$ spielt die Rolle der »Hyperebene im Unendlichen« für den affinen Raum $\mathbb{P}^n \setminus H$.

Im Bezug auf den affinen Raum $D_i \cong \mathbb{A}^n$ heißt H_i die **Hyperebene im Unendlichen**. In Abbildung 3.1 entspricht H_0 der Menge aller Ursprungsgeraden, die die Ebene $\{x_0 = 1\}$ in $\mathbb{R}^3$ nicht schneiden, weil sie in der parallelen Ebene $\{x_0 = 0\}$ liegen. Geraden in der Ebene D_0 entstehen als Schnitt von D_0 mit 2-dimensionalen Unterräumen von $\mathbb{R}^3$. Genau dann sind die beiden Geraden parallel, wenn sich die beiden 2-dimensionalen Unterräume in einem 1-dimensionalen Unterraum in der Ebene $\{x_0 = 0\}$ schneiden. Der Schnittpunkt der beiden parallelen Geraden liegt nicht in D_0, sondern »im Unendlichen«, auf der projektiven Geraden H_0. All diese Aussagen sind reine lineare Algebra und für jeden Körper K sinnvoll.

Warnung. Bilder wie Abb. 3.1 sind zur Veranschaulichung hilfreich, sie können aber auch ein zu kompliziertes Bild vermitteln. Einen Punkt im projektiven Raum soll man sich auch als Punkt vorstellen, nicht als Gerade in einem affinen Raum. Die projektive Gerade ist eine Gerade, die Ebene eine Ebene, der Raum ein Raum, wie es die Definition der projektiven Dimension ausdrückt. So wie die geometrischen Bilder immer reelle (und nicht komplexe) Bilder sind, so sind sie auch immer affin, nicht projektiv. In unserer Vorstellung sollte also zum Beispiel $\mathbb{P}^2_{\mathbb{C}}$ wie eine reelle Ebene aussehen, nur dass wir uns gewisse idealisierte Eigenschaften hinzudenken.

Als nächstes überlegen wir uns, wie es mit linearen Abbildungen im Projektiven aussieht. Es seien V und W zwei K-Vektorräume und sei

$$\Phi \colon V \to W$$

eine lineare Abbildung. Ist $v \in V$ mit $\Phi(v) \neq 0$, dann können wir dem Punkt $[v] \in \mathbb{P}V$ den Bildpunkt $[\Phi(v)] \in \mathbb{P}W$ zuordnen. Ist dagegen $\Phi(v) = 0$, dann können wir damit nichts anfangen, denn $\Phi(v)$ erzeugt dann ja keinen 1-dimensionalen Unterraum von W. Wir erhalten also eine Abbildung

$$[\Phi] \colon \begin{cases} \mathbb{P}V \setminus (\mathbb{P}\ker\Phi) & \to & \mathbb{P}W \\ [v] & \mapsto & [\Phi(v)] \end{cases}.$$

Zwei Typen von solchen Abbildungen sind besonders wichtig, nämlich Projektivitäten und Projektionen, die wir nun nach einander diskutieren.

Ist $\Phi \colon V \to V$ ein Isomorphismus, also $\Phi \in \mathrm{GL}(V)$, dann ist $[\Phi] \colon \mathbb{P}V \to \mathbb{P}V$ ebenfalls bijektiv und heißt die durch Φ bestimmte **Projektivität**. Wie die Isomorphismen $V \to V$ bilden die Projektivitäten unter Komposition eine Gruppe, die **projektive lineare Gruppe**, die wir mit $\mathrm{PGL}(V)$ bezeichnen.

Wir können ziemlich leicht sagen, wie diese Gruppe aussieht: Per Definition haben wir einen surjektiven Gruppenhomomorphismus

$$\mathrm{GL}(V) \to \mathrm{PGL}(V), \Phi \mapsto [\Phi].$$

Da $[\lambda \Phi(v)] = [\Phi(v)]$ für alle $\lambda \in K^*$ und alle $[v] \in \mathbb{P}V$ gilt, können wir Φ durch $\lambda \Phi$ ersetzen, ohne dass sich die Projektivität ändert. Mit anderen Worten, der Kern des obigen Gruppenhomomophismus ist der Normalteiler $K^* \mathrm{id}_V = \{\lambda \cdot \mathrm{id}_V : \lambda \in K^*\}$, bestehend aus den Vielfachen der Identität. Nach dem Isomorphiesatz gilt also

Überzeugen Sie sich, dass der Kern nicht größer als $K^* \mathrm{id}_V$ sein kann.

$$\mathrm{PGL}(V) \cong \mathrm{GL}(V)/(K^* \mathrm{id}_V).$$

In homogenen Koordinaten sieht das so aus: Ist $V = K^{n+1}$, dann induziert jede invertierbare Matrix $P \in \mathrm{GL}_{n+1}(K)$ eine Projektivität

$$\mathbb{P}^n \to \mathbb{P}^n, [a] \mapsto [Pa].$$

Dabei ergeben P und λP für $\lambda \in K^\times$ dieselbe Projektivität. Die Gruppe $\mathrm{PGL}(K^{n+1})$ wird mit $\mathrm{PGL}_{n+1}(K)$ bezeichnet. Es gilt

Da $\mathrm{PGL}_{n+1}(K)$ die Gruppe der Projektivitäten auf $\mathbb{P}^n$ ist, wäre es konsequenter, sie mit $\mathrm{PGL}_n(K)$ zu bezeichnen, aber das ist leider nicht die übliche Konvention.

$$\mathrm{PGL}_{n+1}(K) \cong \mathrm{GL}_{n+1}(K)/(K^* I_{n+1}).$$

Die Projektivitäten von $\mathbb{P}^n$ auf sich sind also durch Matrizen beschrieben, die aber, wie die homogenen Koordinaten, nur bis auf Skalierung wohlbestimmt sind.

Definition Sei V ein K-Vektorraum der Dimension $n + 1$. Ist $r \leqslant n$, dann heißen $p_0, \ldots, p_r \in \mathbb{P}V$ **projektiv unabhängig**, wenn

$$\dim(\overline{p_0, \ldots, p_r}) = r$$

gilt. Ein System von $n + 1$ projektiv unabhängigen Punkten in $\mathbb{P}V$ heißt ein **homogenes Koordinatensystem**. Ist $r > n$, dann heißen $p_0, \ldots, p_r$ (**linear**) **in allgemeiner Lage**, wenn jede Wahl von $n + 1$ Punkten aus $\{p_0, \ldots, p_r\}$ projektiv unabhängig ist.

Wenn wir Vektoren $v_0, \ldots, v_r \in V$ wählen mit $p_i = [v_i]$, dann sind $p_0, \ldots, p_r$ offenbar genau dann projektiv unabhängig, wenn $v_0, \ldots, v_r$ linear unabhängig sind. Ein homogenes Koordinatensystem in $\mathbb{P}V$ entspricht also einer Basis von V. Neu ist dabei aber Folgendes:

3.1.2 Satz *Es seien $(p_0, \ldots, p_{n+1})$ und $(q_0, \ldots, q_{n+1})$ zwei Tupel von $n + 2$ Punkten in allgemeiner Lage in $\mathbb{P}^n$. Dann gibt es genau eine Projektivität $[P]$ von $\mathbb{P}^n$ mit*

$$[P]p_i = q_i \text{ für } i = 0, \ldots, n + 1.$$

Beweis. Es seien $v_i \in K^{n+1}$ Vektoren mit $p_i = [v_i]$ für $i = 0, \ldots, n + 1$. Da $p_0, \ldots, p_n$ in allgemeiner Lage sind, sind $v_0, \ldots, v_n$ linear unabhängig, also eine Basis. Es gibt also $c_0, \ldots, c_n \in K$ mit

$$v_{n+1} = a_0 v_0 + \cdots + a_n v_n.$$

Dabei sind die Skalare $a_0, \ldots, a_n$ alle ungleich 0, da nach Voraussetzung jede echte Teilmenge von $\{v_0, \ldots, v_{n+1}\}$ linear unabhängig ist. Wir können deshalb v_i durch $a_i v_i$ ersetzen, für $i = 0, \ldots, n$. Dann gilt immer noch $p_i = [v_i]$ und außerdem

Dass man je zwei Tupel von $n + 1$ projektiv unabhängigen Punkten in $\mathbb{P}^n$ durch eine Projektivität aufeinander abbilden kann, ist klar, weil es einfach einem Basiswechsel in K^{n+1} entspricht. Die Aussage des Satzes ist gerade, dass man im Projektiven noch einen Freiheitsgrad dazu gewinnt.

$$v_{n+1} = v_0 + \cdots + v_n.$$

Sei nun $P_1 \in \mathrm{GL}_{n+1}(K)$ die Matrix mit Spalten $v_0, \ldots, v_n$. Dann gelten

$$[P_1 e_i] = [v_i] = p_i \quad \text{für } i = 0, \ldots, n$$

und

$$[P_1(e_0 + \cdots + e_n)] = [v_0 + \cdots + v_n] = p_{n+1}.$$

Genauso gibt es $P_2 \in \mathrm{GL}_{n+1}(K)$ mit

$$[P_2 e_i] = q_i \quad \text{für } i = 0, \ldots, n \quad \text{und} \quad [P_2(e_0 + \cdots + e_n)] = q_{n+1}.$$

Also ist $P = P_2 P_1^{-1}$ die gesuchte Matrix. Die Konstruktion zeigt außerdem, dass P_1 und P_2 bis auf Skalierung eindeutig sind und dass somit $[P]$ eindeutig ist als Element von $\mathrm{PGL}_{n+1}(K)$ (Übung). $\qquad\square$

3.1.3 Beispiel Vier Punkte p_0, p_1, p_2, p_3 in der projektiven Ebene $\mathbb{P}^2$ sind genau dann in allgemeiner Lage, wenn keine drei von ihnen auf einer Geraden liegen. Satz 3.1.2 sagt dann zum Beispiel gerade, dass es eine eindeutig bestimmte Projektivität $[P]$ auf $\mathbb{P}^2$ gibt mit

$$[P]p_0 = [1,0,0], \quad [P]p_1 = [0,1,0], \quad [P]p_2 = [0,0,1], \quad [P]p_3 = [1,1,1].$$

Auf dem projektiven Raum entsprechen Projektivitäten einfach linearen Abbildungen. Was aber geschieht auf den affinen Teilmengen? Dazu schauen wir uns den Fall $n = 1$ genauer an.

3.1.4 Beispiel Wir betrachten eine Projektivität

$$[P] = \begin{bmatrix} a & b \\ c & d \end{bmatrix} \in \mathrm{PGL}_2(K).$$

auf $\mathbb{P}_1$, das heißt, es gelte $ad - bc \neq 0$. Es ist dann

$$[P] \colon \mathbb{P}^1 \to \mathbb{P}^1, [x_0, x_1] \mapsto [ax_0 + bx_1, cx_0 + dx_1].$$

Wenn $x_1 \neq 0$ ist, also auf der Menge $D_1 \subset \mathbb{P}^1$, dann können wir $x = x_0/x_1$ setzen und erhalten

$$[P][x_0, x_1] = [P][x, 1] = [ax + b, cx + d] = \left[\frac{ax + b}{cx + d}, 1 \right].$$

wobei wir rechts natürlich nur teilen dürfen, wenn auch $cx + d \neq 0$ gilt. Im ersten Eintrag steht jetzt eine rationale Abbildung $\varphi \colon \mathbb{A}^1 \dashrightarrow \mathbb{A}^1, x \mapsto \frac{ax+b}{cx+d}$. Ihr Definitionsbereich ist $\{x \in \mathbb{A}^1 \mid cx + d \neq 0\}$.

Obwohl wir die Projektivität $[P]$ damit nicht in allen Punkten beschrieben haben, ist sie doch durch φ vollständig beschrieben, wenn man $[1,0] = \infty$ schreibt und sich die üblichen Konventionen der Analysis für das Rechnen mit ∞ zu eigen macht. Denn $cx + d = 0$ bedeutet gerade $cx_0 + dx_1 = 0$ und damit $[P][x_0, x_1] = [1, 0]$, also $\varphi(x) = \infty$. Außerdem ist $[P][1, 0] = [a, c] = [a/c, 1]$ (falls $c \neq 0$) und damit $\varphi(\infty) = a/c$ und $[P][1, 0] = [1, 0]$ falls $c = 0$ (denn a und c können nicht beide 0 sein, da P invertierbar ist); in diesem Fall ist $\varphi(\infty) = \infty$ und φ ist ein Morphismus $\mathbb{A}^1 \to \mathbb{A}^1$. Das Fazit der ganzen Diskussion, ist dass wir die Projektivität $[P]$ mit der Konvention $\mathbb{P}^1 = \mathbb{A}^1 \cup \{\infty\}$ auch in der Form

$$\varphi \colon \mathbb{P}^1 \to \mathbb{P}^1, \; x \mapsto \frac{ax + b}{cx + d}$$

beschreiben können. Eine solche Abbildung nennt man eine gebrochen-lineare Transformation oder (vor allem in der komplexen Analysis) eine **Möbius-Transformation**.   ◇

August Ferdinand Möbius (1790–1868), deutscher Mathematiker und Astronom

Mit den Konventionen aus dem vorangehenden Beispiel kann man die Aussage von Satz 3.1.2 im Fall $n = 1$ folgendermaßen formulieren:

3.1.5 Korollar *Es seien p, q, r drei verschiedene Punkte in $\mathbb{P}^1 = \mathbb{A}^1 \cup \{\infty\}$. Dann gibt es genau eine Möbius-Transformation $\varphi \colon \mathbb{P}^1 \to \mathbb{P}^1$ mit*

$$\varphi(0) = p, \quad \varphi(1) = q, \quad \varphi(\infty) = r. \qquad \square$$

Für $n \geqslant 2$ kann man Projektivitäten auf $\mathbb{P}^n$ ebenfalls als rationale Abbildungen $\mathbb{A}^n \dashrightarrow \mathbb{A}^n$ auffassen, was allerdings nicht ganz so nützlich ist, da es mehr als einen Punkt im Unendlichen gibt (Übung 3.1.6).

Der andere wichtige Typ von linearen Abbildungen in der projektiven Geometrie, neben den Projektivitäten, sind die Projektionen. Es sei

$$\pi \colon \begin{cases} K^{n+1} & \to & K^n \\ (a_0, a_1, \ldots, a_n) & \mapsto & (a_0, \ldots, a_{n-1}) \end{cases}$$

die lineare Projektion auf die ersten n Koordinaten. Der Kern von π ist die Gerade $K \cdot e_n$, die dem Punkt $p = [0, \ldots, 0, 1] \in \mathbb{P}^n$ entspricht. Wie oben allgemein beschrieben, induziert π also eine Abbildung

$$\pi_p \colon \mathbb{P}^n \setminus \{p\} \to \mathbb{P}^{n-1}, \; [a_0, \ldots, a_n] \mapsto [a_0, \ldots, a_{n-1}],$$

genannt die **Projektion mit Zentrum** p. Damit ist die folgende geometrische Sichtweise verbunden: Wir können $\mathbb{P}^{n-1}$ als Teilraum von $\mathbb{P}^n$ auffassen, indem wir $\mathbb{P}^{n-1}$ mit der Hyperebene

$$H = \{[a_0, \ldots, a_{n-1}, 0] \mid [a_0, \ldots, a_{n-1}] \in \mathbb{P}^{n-1}\} \subset \mathbb{P}^n$$

identifizieren. Dann entspricht π_p der Abbildung

$$\pi_p \colon \mathbb{P}^n \setminus \{p\} \to H, [a_0, \ldots, a_n] \mapsto [a_0, \ldots, a_{n-1}, 0],$$

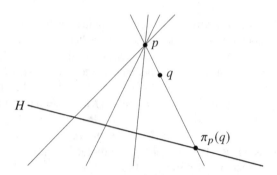

Abb. 3.2: Die Projektion mit Zentrum p

die die letzte Koordinate durch 0 ersetzt. Diese Projektion können wir geometrisch folgendermaßen verstehen: Sei $q \in \mathbb{P}^n$, $q \neq p$. Dann gilt

$$\pi_p(q) = \overline{pq} \cap H.$$

In Worten: Man projiziert q vom Zentrum p auf die Hyperebene H, indem man die Verbindungsgerade von p und q mit H schneidet (siehe Abb. 3.2). Denn ist $p = [0, \dots, 0, 1]$ wie gehabt und $q = [a_0, \dots, a_n]$, dann gilt

$$\overline{pq} = \left\{ [\lambda p + \mu q] = [\mu a_0, \dots, \mu a_{n-1}, \lambda + \mu a_n] \mid [\lambda, \mu] \in \mathbb{P}^1 \right\}.$$

Der Schnittpunkt $\overline{pq} \cap H$ entspricht also $[\lambda, \mu] \in \mathbb{P}^1$ mit $\lambda + \mu a_n = 0$. Falls $a_n = 0$, dann also $q \in H$ und $\lambda = 0$, also $\overline{pq} \cap H = \{[\mu a_0, \dots, \mu a_{n-1}, 0]\} = \{q\}$, so dass $\pi_p(q) = q$. Falls $a_n \neq 0$, dann folgt $\mu = -\lambda/a_n$, so dass $\overline{pq} \cap H$ der Punkt $[(-\lambda/a_n)a_1, \dots, (-\lambda/a_n)a_{n-1}, 0] = [a_0, \dots, a_{n-1}, 0] = \pi_p(q)$ ist.

Dadurch wird deutlich, warum die Projektion im Zentrum p nicht definiert sein kann, denn p selbst bestimmt keine Verbindungsgerade mit p.

Wenn $p \in \mathbb{P}^n$ beliebig ist, dann bezeichnet π_p immer die Projektion mit Zentrum p auf die Hyperebene $H = \{q \in \mathbb{P}^n \mid \langle p, q \rangle = 0\}$, wobei $\langle x, y \rangle = \sum_{i=0}^n x_i y_i$ die kanonische Bilinearform auf K^{n+1} bezeichnet. Durch einen orthogonalen Koordinatenwechsel kann man immer $p = [0 \dots, 0, 1]$ und H wie oben erreichen.

Übungen

Übung 3.1.1 Es seien $p = (1, 2, 3)$, $q = (1, 3, 5)$, $r = (1, 3, 2)$, $s = (1, 4, 4)$ in $\mathbb{P}_{\mathbb{R}}^2$.

(a) Bestimmen Sie für die Verbindungsgeraden $L_1 = \overline{pq}$ und $L_2 = \overline{rs}$ den Schnittpunkt $L_1 \cap L_2$. Erstellen Sie außerdem eine schematische Skizze in den affinen Ebenen D_0, D_1 und D_2.

(b) Bestimmen Sie eine Projektivität $[P]$ auf $\mathbb{P}_{\mathbb{R}}^2$, die p, q, r, s in

$$[1, 0, 0], \ [0, 1, 0], \ [0, 0, 1], \ [1, 1, 1]$$

überführt. Bestimmen Sie auch die Bilder von L_1 und L_2 unter $[P]$.

Übung 3.1.2 Gegeben seien die Punkte $p = [1,1,1,1]$ sowie $q_1 = [1,0,0,0]$, $q_2 = [1,1,0,0]$, $q_3 = [1,0,0,1]$, $q_4 = [1,0,1,0]$ in $\mathbb{P}^3_{\mathbb{R}}$.

(a) Bestimmen die Bilder von $q_1, \ldots, q_4$ unter der Projektion $\pi_p : \mathbb{P}^3_{\mathbb{R}} \setminus \{p\} \to H$ mit Zentrum p (wobei $H = \left\{ [x_0, x_1, x_2, x_3] \in \mathbb{P}^3 \mid \sum_{i=0}^{3} x_i = 0 \right\}$).

(b) Zeigen Sie, dass die Verbindungsgeraden $L_1 = \overline{q_1 q_2}$ und $L_2 = \overline{q_3 q_4}$ windschief sind.

(c) Setze $q'_i = \pi_p(q_i)$ (für $i = 1, \ldots, 4$). Bestimmen Sie den Schnittpunkt der Verbindungsgeraden $L'_1 = \overline{q'_1 q'_2}$ und $L'_2 = \overline{q'_3 q'_4}$ in H.

Übung 3.1.3 Es sei $\mathbb{F}_q$ der Körper mit q Elementen ($q = p^r$, p prim). Zeigen Sie:

(a) Jede Gerade in $\mathbb{P}^n_{\mathbb{F}_q}$ enthält genau $q + 1$ Punkte.

(b) Die projektive Ebene $\mathbb{P}^2_{\mathbb{F}_q}$ hat $q^2 + q + 1$ Punkte und genauso viele Geraden.

(c) Interpretieren Sie den Graph im Bild als Darstellung der projektiven Ebene $\mathbb{P}^2_{\mathbb{F}_2}$. (Auch die Kreislinie ist eine Gerade). Diese projektive Ebene mit sieben Punkten und Geraden wird **Fano-Ebene** genannt.

Übung 3.1.4 (Doppelverhältnis) Es seien $p_1, \ldots, p_4$ vier verschiedene Punkte in $\mathbb{P}^1 = \mathbb{A}^1 \cup \{\infty\}$. Nach Kor. 3.1.5 gibt es genau eine Projektivität $\varphi : \mathbb{P}^1 \to \mathbb{P}^1$ mit

$$\varphi(p_2) = 1, \quad \varphi(p_3) = 0, \quad \varphi(p_4) = \infty.$$

Die Zahl $[p_1, p_2; p_3, p_4] = \varphi(p_1) \in K \setminus \{0,1\}$ heißt das **Doppelverhältnis** des geordneten Viertupels (p_1, p_2, p_3, p_4). Zeigen Sie:

(a) Seien $(p_1, \ldots, p_4), (q_1, \ldots, q_4)$ zwei Viertupel von Punkten in $\mathbb{P}^1$. Genau dann gibt es eine Projektivität Ψ auf $\mathbb{P}^1$ mit $\Psi(p_i) = q_i$ (für $i = 1, \ldots, 4$), wenn $[p_1, p_2; p_3, p_4] = [q_1, q_2; q_3, q_4]$ gilt. Insbesondere erhalten Projektivitäten das Doppelverhältnis.

(b) Es gilt

$$[p_1, p_2; p_3, p_4] = \frac{p_1 - p_3}{p_2 - p_3} : \frac{p_1 - p_4}{p_2 - p_4}.$$

(c) In homogenen Koordinaten berechnet sich das Doppelverhältnis folgendermaßen. Es sei $p_i = [x_i, y_i]$, $i = 1, \ldots, 4$. Dann gilt

$$[p_1, p_2; p_3, p_4] = \frac{x_1 y_3 - x_3 y_1}{x_2 y_3 - x_3 y_2} : \frac{x_1 y_4 - x_4 y_1}{x_2 y_4 - x_4 y_2}.$$

Übung 3.1.5 (Fortsetzung) Es sei K ein Körper mit $\operatorname{char}(K) \neq 2$. Ein Viertupel (p_1, p_2, p_3, p_4) in $\mathbb{P}^1_K$ von Punkten heißt **harmonisch**, wenn $[p_1, p_2; p_3, p_4] = -1$ gilt. Zeigen Sie: Genau dann ist $(p_1, \ldots, p_4)$ harmonisch, wenn es eine Projektivität gibt, die p_1 und p_2 vertauscht und p_3 und p_4 fixiert.

Übung 3.1.6 Überlegen Sie, in welcher Weise eine Projektivität auf $\mathbb{P}^n$ mit der Identifikation $D_0 = \mathbb{A}^n$ als rationale Abbildung $\mathbb{A}^n \dashrightarrow \mathbb{A}^n$ aufgefasst werden kann, analog zum Fall $n = 1$ aus Beispiel 3.1.4.

3.2 Projektive Varietäten

Die projektiven Unterräume von $\mathbb{P}^n$ entsprechen linearen Unterräumen von $\mathbb{A}^{n+1}$ und sind damit Lösungsmengen von homogenen linearen Gleichungssystemen. Entsprechend sind die projektiven Varietäten die Lösungen von homogenen Polynomgleichungssystemen.

Wir fixieren wieder einen algebraisch abgeschlossenen Körper K und schreiben in der Regel $\mathbb{P}^n$ für $\mathbb{P}^n_K$. Ein Polynom f heißt **homogen vom Grad** d oder eine **Form vom Grad** d, wenn alle Terme von f den Totalgrad d haben. Ist f homogen vom Grad d, dann gilt

$$f(\lambda v) = \lambda^d f(v)$$

für alle $\lambda \in K$ und $v \in K^{n+1}$. Denn diese Gleichheit gilt für jedes Monom x^α mit $\alpha = |d|$ wegen $(\lambda x)^\alpha = (\lambda x_0)^{\alpha_1} \cdots (\lambda x_n)^{\alpha_n} = \lambda^d x^\alpha$ und damit auch für f. Insbesondere ist die Frage, ob $f(v)$ gleich 0 ist oder ungleich 0 von der Skalierung mit $\lambda \neq 0$ unabhängig. Deshalb kann man die Nullstellenmenge von homogenen Polynomen im projektiven Raum sinnvoll definieren.

Inhomogene Polynome lassen sich dagegen nicht sinnvoll in Punkten von $\mathbb{P}^n$ auswerten.

Definition Ist $T \subset K[x_0, \ldots, x_n]$ eine Menge von homogenen Polynomen, dann schreiben wir

$$\mathcal{V}_+(T) \;=\; \left\{ p \in \mathbb{P}^n \mid f(p) = 0 \text{ für alle } f \in T \right\}$$

und nennen $\mathcal{V}_+(T)$ die durch T bestimmte **projektive Varietät**.

3.2.1 Beispiele (1) Jeder projektive Unterraum von $\mathbb{P}^n$ ist auch eine projektive Varietät. Denn ein linearer Unterraum $U \subset \mathbb{A}^{n+1}$ der Dimension $m + 1$ ist die Lösungsmenge eines homogenen linearen Gleichungssystems $\ell_1 = \cdots = \ell_{n-m} = 0$ gegeben durch Linearformen $\ell_1, \ldots, \ell_{n-m} \in K[x_0, \ldots, x_n]_1$. Damit ist $\mathbb{P}U = \mathcal{V}_+(\ell_1, \ldots, \ell_{n-m})$.

(2) Es sei $f \in K[x_0, \ldots, x_n]$ ein irreduzibles homogenes Polynom vom Grad $d > 0$. Die zugehörige projektive Varietät $\mathcal{V}_+(f)$ heißt eine **Hyperfläche vom Grad** d in $\mathbb{P}^n$. Hyperflächen vom Grad 1 sind Hyperebenen. Hyperflächen vom Grad 2 heißen **Quadriken**.   ◇

Ist $T \subset K[x_0, \ldots, x_n]$ eine Menge von homogenen Polynomen und $I = (T)$ das erzeugte Ideal, dann gilt wieder $\mathcal{V}_+(T) = \mathcal{V}_+(I)$. Nach dem Hilbert'schen Basissatz wird I bereits von einer endlichen Teilmenge von T erzeugt. Jede projektive Varietät $X \subset \mathbb{P}^n$ hat also eine Beschreibung

$$X = \mathcal{V}_+(f_1, \ldots, f_r)$$

durch endlich viele homogene Polynome $f_1, \ldots, f_r \in K[x_0, \ldots, x_n]$.

In vieler Hinsicht verhalten sich projektive Varietäten genauso wie affine. Einige Tatsachen, deren Beweise sich nicht nennenswert unterscheiden, fassen wir nur in Stichpunkten zusammen:

◇ Die Vereinigung endlich vieler projektiver Varietäten ist wieder eine projektive Varietät, ebenso der Durchschnitt beliebig vieler projektiver

Varietäten. Der ganze Raum $\mathbb{P}^n$ und die leere Menge sind projektive Varietäten. (vgl. Prop. 2.1.2).

⋄ Die projektiven Varietäten in $\mathbb{P}^n$ bilden die abgeschlossenen Mengen einer Topologie, die wieder die **Zariski-Topologie** genannt wird. Die kleinste projektive Varietät, die eine Menge $M \subset \mathbb{P}^n$ enthält, heißt der **Zariski-Abschluss** von M.

⋄ Eine projektive Varietät $X \subset \mathbb{P}^n$ heißt **irreduzibel**, wenn sie nicht leer ist und nicht als Vereinigung von zwei echten abgeschlossenen Untervarietäten geschrieben werden kann.

Wir verwenden vorzugsweise X und Y für projektive und V und W für affine Varietäten.

⋄ Jede projektive Varietät ist in eindeutiger Weise Vereinigung von endlich vielen maximalen irreduziblen abgeschlossenen Untervarietäten, ihren **irreduziblen Komponenten** (vgl. Satz 2.3.5).

Auch die Korrespondenz zwischen Varietäten und Idealen geht ganz ähnlich wie im Affinen, aber nur für Ideale, die von homogenen Polynomen erzeugt werden. Es ist sinnvoll, das wieder in der Sprache der Ringe anstatt nur der Polynome zu sagen.

Definition Ein **graduierter Ring** ist ein Ring R zusammen mit einer Zerlegung der additiven Gruppe $(R, +)$ in eine direkte Summe

$$R = \bigoplus_{d \geqslant 0} R_d,$$

derart, dass für die Multiplikation gilt

Allgemeiner können die R_d statt durch $\mathbb{N}_0$ auch durch $\mathbb{Z}$, $\mathbb{N}_0^n$ oder sogar ein beliebiges Monoid indiziert sein.

$$R_d \cdot R_e \subset R_{d+e}.$$

Die Elemente von R_d heißen die **homogenen Elemente vom Grad** d in R. Jedes Element $f \in R$, $f \neq 0$, hat also eine eindeutige Darstellung

$$f = f_0 + \cdots + f_N$$

als Summe von homogenen Elementen $f_d \in R_d$ mit $f_N \neq 0$. Für $f \in R$ bezeichnet f_d immer den homogenen Anteil vom Grad d von f. Das wichtigste Beispiel ist natürlich der Polynomring $K[x_0, \ldots, x_n]$ mit seiner Zerlegung in die Räume $K[x_0, \ldots, x_n]_d$ der homogenen Polynome vom Grad d.. Eine **graduierte K-Algebra** ist ein graduierter Ring R, der K als Teilring enthält, mit $K \subset R_0$. Der Polynomring ist eine solche graduierte K-Algebra.

Das Nullpolynom hat den Grad $-\infty$. Nach dieser Definition ist es aber gleichzeitig homogen von jedem Grad.

3.2.2 Lemma und Definition Es sei R ein graduierter Ring. Ein Ideal $I \subset R$ heißt **homogen**, wenn es folgende äquivalente Bedingungen erfüllt:

(i) Das Ideal I wird von homogenen Elementen erzeugt.

(ii) Für $f \in R$ gilt $f \in I$ genau dann, wenn $f_d \in I$ für alle $d \geqslant 0$ gilt.

(iii) Es gilt $I = \bigoplus_{d \geqslant 0} (I \cap R_d)$, d.h. jedes Element von $f \in I$ hat eine eindeutige Darstellung $f = f_0 + \cdots + f_N$ mit $f_d \in I \cap R_d$.

Beweis. (i)⇒(ii). Sei $f \in R$. Ist $f_d \in I$ für alle d, dann folgt natürlich $f = \sum f_d \in I$. Umgekehrt gelte $f \in I$. Da I von homogenen Elementen erzeugt wird, hat f dann eine Darstellung $f = \sum_{i=1}^{r} g_i h_i$ mit $h_i \in I$ homogen, etwa vom Grad d_i, und $g_i \in R$ beliebig, für $i = 1, \ldots, r$. Wir zerlegen die g_i in ihre homogenen Anteile, etwa $g_i = \sum g_{ij}$. Für $d \geqslant 0$ ist der homogene Teil vom Grad d von f dann gegeben durch $f_d = \sum_{j+d_i=d} g_{ij} h_i \in I$.

(ii)$\Rightarrow$(iii) ist klar.

(iii)$\Rightarrow$(i). Ist $T \subset I$ irgendeine Menge von Erzeugern von I, dann ist die Menge T' aller homogenen Anteile von Elementen aus T nach Voraussetzung in I enthalten, und es folgt $I = (T) = (T')$. $\square$

3.2.3 Korollar *Genau dann ist ein homogenes Ideal I ein Primideal, wenn gilt: Sind $f, g \in R$ homogene Elemente mit $fg \in I$, so folgt $f \in I$ oder $g \in I$.*

Beweis. Ein Primideal hat die angegebene Eigenschaft für alle, nicht nur für homogene, Elemente. Sei umgekehrt I kein Primideal, dann gibt es also $f, g \in R$ mit $fg \in I$ und $f, g \notin I$. Wir schreiben $f = f_0 + \cdots + f_N$ und $g = g_0 + \cdots + g_N$ (für hinreichend großes N). Wegen $f, g \notin I$ gibt es dann jeweils einen kleinsten Index k bzw. l mit $f_k \notin I$ und $g_l \notin I$. Setze $d = k + l$, dann gilt $(fg)_d = \sum_{i+j=d} f_i g_j$ und in dieser Summe liegen nach Wahl von k und l alle Summanden in I, bis auf eventuell $f_k g_l$. Da I homogen ist und $fg \in I$, gilt $(fg)_d \in I$ nach Lemma 3.2.2(2), woraus auch $f_k g_l \in I$ folgt. $\square$

3.2.4 Korollar *Summen, Produkte, Durchschnitte und Radikale homogener Ideale sind homogen.*

Beweis. Bei Summen und Produkten ist es klar aus Lemma 3.2.2(1), bei Durchschnitten aus (2). Die Behauptung über das Radikal kann man so ähnlich beweisen wie das vorangehende Korollar (Übung 3.2.3). $\square$

Definition Ist $M \subset \mathbb{P}^n$ eine Teilmenge, dann heißt das homogene Ideal

$$\mathcal{I}_+(M) = \left\langle \left\{ f \in K[x_0, \ldots, x_n] \text{ homogen mit } f(p) = 0 \text{ für alle } p \in M \right\} \right\rangle$$

das **homogene Verschwindungsideal** von M in $K[x_0, \ldots, x_n]$.

3.2.5 Proposition *Genau dann ist eine Varietät $X \subset \mathbb{P}^n$ irreduzibel, wenn ihr homogenes Verschwindungsideal $\mathcal{I}_+(X)$ in $K[x_0, \ldots, x_n]$ prim ist.*

Beweis. Analog zu Prop. 2.3.1, unter Benutzung von Kor. 3.2.3. $\square$

Unser nächstes Ziel ist es, den Nullstellensatz in die projektive Situation zu übertragen. Das führen wir auf den affinen Fall zurück, indem wir bemerken, dass jede Menge $T \subset K[x_0, \ldots, x_n]$ von homogenen Polynomen einerseits die projektive Varietät $X = \mathcal{V}_+(T)$, andererseits aber auch eine affine Varietät $\mathcal{V}(T) \subset \mathbb{A}^{n+1}$ definiert. Ist $X \neq \emptyset$, dann heißt $\widehat{X} = \mathcal{V}(T)$ der **affine Kegel über** X. Aufgrund der Homogenität gilt dann

$$(a_0, \ldots, a_n) \in \widehat{X} \quad \Leftrightarrow \quad (\lambda a_0, \ldots, \lambda a_n) \in \widehat{X} \text{ für alle } \lambda \in K,$$

was die Bezeichnung als Kegel rechtfertigt. Der Vollständigkeit halber definiert man noch $\widehat{\emptyset} = \{(0, \ldots, 0)\}$.

3.2.6 Lemma *Ist $X \subset \mathbb{P}^n$ eine nicht-leere projektive Varietät und $\widehat{X} \subset \mathbb{A}^{n+1}$ der affine Kegel über X, dann gilt $\mathcal{I}_+(X) = \mathcal{I}(\widehat{X})$.*

Beweis. Es gelte $X \neq \emptyset$ und damit $\widehat{X} \neq \{0\}$. Die Inklusion $\mathcal{I}_+(X) \subset \mathcal{I}(\widehat{X})$ ist dann klar. Ist umgekehrt $f \in \mathcal{I}(\widehat{X})$ und $p \in \widehat{X}$, so folgt $\lambda p \in \widehat{X}$ und damit $f(\lambda p) = 0$ für alle $\lambda \in K$. Ist $f = f_0 + \cdots + f_N$ die Zerlegung von f in seine homogenen Teile, so folgt daraus $0 = f(\lambda p) = f_0 + \lambda f_0(p) + \cdots + \lambda^N f_N(p)$, also $f_d(p) = 0$ für $d = 0, \ldots, N$, da K ein unendlicher Körper ist. Also folgt $f_d \in \mathcal{I}_+(X)$ für alle d und somit $f \in \mathcal{I}_+(X)$. $\qquad\square$

Die folgende wichtige Feinheit ist schon im Beweis aufgetaucht: Da der Nullpunkt in $\mathbb{A}^{n+1}$ keinem Punkt in $\mathbb{P}^n$ entspricht, gilt zum Beispiel $\mathcal{V}(x_0, \ldots, x_n) = \{(0, \ldots, 0)\}$, aber $\mathcal{V}_+(x_0, \ldots, x_n) = \emptyset$. Diesen Fall müssen wir deshalb gesondert berücksichtigen.

Definition Das homogene maximale Ideal $(x_0, \ldots, x_n)$ in $K[x_0, \ldots, x_n]$ heißt das **irrelevante Ideal**.

Das irrelevante Ideal enthält jedes andere homogene Ideal und ist damit das einzige homogene, maximale Ideal von $K[x_0, \ldots, x_n]$.

Der Name kommt natürlich daher, dass dem irrelevanten Ideal geometrisch kein Punkt entspricht. Für die kommutative Algebra ist es andererseits das wichtigste homogene Ideal überhaupt!

3.2.7 Satz (Projektiver Nullstellensatz) *Es sei I ein homogenes Ideal in $K[x_0, \ldots, x_n]$.*

(1) Genau dann gilt $\mathcal{V}_+(I) = \emptyset$, wenn $(x_0, \ldots, x_n) \subset \sqrt{I}$ gilt.

(2) Falls $\mathcal{V}_+(I) \neq \emptyset$, so gilt $\mathcal{I}_+(\mathcal{V}_+(I)) = \sqrt{I}$.

Beweis. Es sei $X = \mathcal{V}_+(I) \subset \mathbb{P}^n$ und $\mathcal{V}(I) \subset \mathbb{A}^{n+1}$.

(1) Es gilt $X = \emptyset$ genau dann, wenn $\mathcal{V}(I) \subset \{0\}$. Dies ist nach dem starken Nullstellensatz (Satz 2.1.11) äquivalent zu $(x_0, \ldots, x_n) \subset \mathcal{I}(\mathcal{V}(I)) = \sqrt{I}$.

(2) Es gelte $X \neq \emptyset$ und damit $\mathcal{V}(I) = \widehat{X} \neq \{0\}$. Nach dem starken Nullstellensatz gilt $\mathcal{I}(\widehat{X}) = \sqrt{I}$, und $\mathcal{I}_+(X) = \mathcal{I}(\widehat{X})$ nach Lemma 3.2.6. $\qquad\square$

3.2.8 Korollar *Es sei $R = K[x_0, \ldots, x_n]$ und $I \subset R$ ein homogenes Ideal. Äquivalent sind:*

(i) $\mathcal{V}_+(I) = \emptyset$;

(ii) es gibt ein $d \geq 0$ mit $R_d \subset I$;

(iii) es gibt ein $d \geq 0$ mit $x_0^d, \ldots, x_n^d \in I$;

(iv) es gibt ein $d \geq 0$ mit $(x_0, \ldots, x_n)^d \subset I$;

Beweis. (i)$\Leftrightarrow$(iii) ist Satz 3.2.7(1). Ist $x_i^d \in I$ für $i = 0, \ldots, n$, so gilt $R_e \subset I$ für $e > (n+1)(d-1)$; denn für solches e kommt in jedem Monom vom Grad e mindestens eine der Variablen mit Exponent mindestens d vor. Das zeigt (iii)$\Rightarrow$(ii). Die Implikationen (ii)$\Rightarrow$(iv) und (iv)$\Rightarrow$(i) sind klar. $\qquad\square$

3.2.9 Korollar *Die Zuordnungen $X \mapsto \mathcal{I}_+(X)$ und $I \mapsto \mathcal{V}_+(I)$ sind zwischen den Mengen*

$$\{\text{projektive Varietäten in } \mathbb{P}^n\} \leftrightarrow \{\text{Homogene Radikalideale} \subsetneq K[x_0, \ldots, x_n]\}$$
$$\{\text{irreduzible projektive Varietäten in } \mathbb{P}^n\} \leftrightarrow \{\text{Homogene Primideale} \subsetneq (x_0, \ldots, x_n)\}$$

zueinander invers und definieren jeweils eine Bijektion, wobei wir der leeren Varietät das irrelevante Ideal $(x_0, \ldots, x_n)$ zuordnen. $\qquad\square$

Wie bei affinen Varietäten kann man auch zum Restklassenring übergehen.

Definition Es sei $X \subset \mathbb{P}^n$ eine projektive Varietät. Dann heißt

$$K_+[X] = K[x_0, \ldots, x_n]/\mathcal{I}_+(X)$$

der **homogene Koordinatenring von** X.

Da Polynome schon keine Funktionen auf $\mathbb{P}^n$ definieren, sind die Elemente von $K_+[X]$ auch keine Funktionen auf X. Dafür erbt $K_+[X]$ vom Polynomring die Graduierung.

3.2.10 Lemma *Es sei R ein graduierter Ring und $I \subset R$ ein homogenes Ideal. Dann wird R/I durch die Zerlegung*

$$R/I = \bigoplus_{d \geqslant 0} R_d/(I \cap R_d)$$

zu einem graduierten Ring. Mit anderen Worten, ist $f \in R$ homogen vom Grad d, dann ist $\overline{f}$ in R/I wieder homogen vom Grad d.

Beweis. Nach Lemma 3.2.2 liegt $f \in R$ genau dann in I, wenn alle homogenen Anteile f_d in I liegen. Daraus folgt, dass der surjektive Homomorphismus $\bigoplus_{d \geqslant 0} R_d/(I \cap R_d) \to R/I$, $(f_d + I)_{d \geqslant 0} \mapsto (\sum_{d \geqslant 0} f_d) + I$ von R-Moduln auch injektiv ist. $\qquad\square$

Insbesondere folgt daraus:

3.2.11 Korollar *Der homogene Koordinatenring $K_+[X]$ einer projektiven Varietät $X \subset \mathbb{P}^n$ ist eine graduierte K-Algebra, mit der vom Polynomring induzierten Graduierung.* $\qquad\square$

Sei $R = K_+[X]$ und $d \geqslant 0$. Die Gruppe R_d der homogenen Elemente vom Grad d ist ein endlich-dimensionaler K-Vektorraum. Denn ist $I = \mathcal{I}_+(X)$ und

$$I_d = \big\{ f \in I \mid f \text{ homogen vom Grad } d \big\},$$

dann ist I_d ein Untervektorraum von $K[x_0, \ldots, x_n]_d$ und R_d der Faktorraum

$$R_d = K[x_0, \ldots, x_n]_d / I_d.$$

Die Dimensionen der verschiedenen homogenen Teile R_d (bzw. I_d) bilden die sogenannte *Hilbert-Funktion* und enthalten eine Reihe von Informationen über die Varietät X. Darauf kommen wir später zurück.

Als nächstes befassen wir uns mit Abbildungen zwischen projektiven Varietäten. Es sei $X \subset \mathbb{P}^m$ eine projektive Varietät. Ähnlich wie bei affinen Varietäten können wir polynomiale Abbildungen $X \to \mathbb{P}^n$ definieren. Dabei gibt es aber einiges zu beachten. Seien dazu $f_0, \ldots, f_n \in K[x_0, \ldots, x_m]$ homogene Polynome, alle vom gleichen Grad d. Ist $p \in X$ ein Punkt mit homogenen Koordinaten $p = [a]$, $a \in K^{n+1} \setminus \{0\}$, dann gilt

$$[f_0(\lambda a), \ldots, f_n(\lambda a)] = [\lambda^d f_0(a), \ldots, \lambda^d f_n(a)] = [f_0(a), \ldots, f_n(a)]$$

für alle $\lambda \in K^*$. Damit haben wir p sinnvoll einen Punkt in $\mathbb{P}^n$ zugeordnet, allerdings nur sofern $f_0(a), \ldots, f_n(a)$ nicht alle 0 sind. Zusammengefasst haben wir die folgende Aussage.

3.2.12 Proposition *Es sei $X \subset \mathbb{P}^m$ eine projektive Varietät und seien $f_0, \ldots, f_n \in K[x_0, \ldots, x_m]$ homogene Polynome vom selben Grad mit $X \cap \mathcal{V}_+(f_0, \ldots, f_n) = \emptyset$. Dann ist*

$$\begin{cases} X & \to & \mathbb{P}^n \\ [a] & \mapsto & [f_0(a), \ldots, f_n(a)] \end{cases}$$

eine wohldefinierte Abbildung. $\square$

Jede solche Abbildung nennen wir eine **homogene Polynomabbildung**.

3.2.13 Beispiel Jede Projektivität auf $\mathbb{P}^n$ (also jeder projektive Koordinatenwechsel, definiert wie im vorigen Abschnitt) ist eine homogene Polynomabbildung $\mathbb{P}^n \to \mathbb{P}^n$ vom Grad 1.

Dagegen ist die Projektion π_p mit Zentrum $p = [1, 0, \ldots, 0]$, die durch $[a_0, \ldots, a_n] \mapsto [a_1, \ldots, a_n]$ gegeben ist, im Punkt p undefiniert. Ist aber $X \subset \mathbb{P}^n$ eine projektive Varietät mit $p \notin X$, dann ist die Einschränkung $\pi_p : X \to \mathbb{P}^{n-1}$ eine homogene Polynomabbildung. $\diamond$

3.2.14 Beispiel Wir betrachten die Abbildung

$$\varphi : \mathbb{P}^1 \to \mathbb{P}^3, [x_0, x_1] \mapsto [x_0^3, x_0^2 x_1, x_0 x_1^2, x_1^3].$$

Die angegebenen Polynome sind homogen vom Grad 3 und verschwinden nicht gleichzeitig auf $\mathbb{P}^1$, so dass φ eine homogene Polynomabbildung ist. Das Bild $C = \varphi(\mathbb{P}^1)$ heißt die **verdrehte Kubik in** $\mathbb{P}^3$, denn der Schnitt von C mit $D_0 \cong \mathbb{A}^3$ ist genau die verdrehte Kubik in $\mathbb{A}^3$. Die verdrehte Kubik ist eine projektive Varietät, es gilt nämlich

$$C = \mathcal{V}_+(f_0, f_1, f_2), \quad \text{mit} \quad \begin{cases} f_0 = z_0 z_2 - z_1^2, \\ f_1 = z_0 z_3 - z_1 z_2, \\ f_2 = z_1 z_3 - z_2^2. \end{cases}$$

Die Kurve C ist also der Durchschnitt von drei Quadriken in $\mathbb{P}^3$. Man kann aber keine der drei Gleichungen f_0, f_1, f_2 weglassen. Die verdrehte Kubik ist also als Durchschnitt von drei Flächen gegeben (siehe Übung 3.2.5). Sie ist ein erstaunlich reichhaltiges Beispiel, durch das man viele Phänomene der projektiven Geometrie illustrieren kann.

Im Affinen haben wir schon beobachtet, dass die Neil'sche Parabel in $\mathbb{A}^2$ als Koordinatenprojektion der verdrehten Kubik in $\mathbb{A}^3$ auftritt (Beispiel 2.5.1). Ist $p \in \mathbb{P}^3$ ein Punkt, der nicht auf C liegt, dann können wir ebenso das Bild von C unter der Projektion $\pi_p : C \to \mathbb{P}^2$ mit Zentrum p betrachten (siehe Übung 3.2.6). $\diamond$

3.2.15 Beispiel Allgemeiner ist die **rationale Normalkurve in** $\mathbb{P}^n$ das Bild der homogenen Polynomabbildung

$$\varphi : \mathbb{P}^1 \to \mathbb{P}^n, [x_0, x_1] \mapsto [x_0^n, x_0^{n-1} x_1, \ldots, x_0 x_1^{n-1}, x_1^n]. \qquad \diamond$$

Im Unterschied zum Affinen nennen wir die homogenen Polynomab-bildungen nicht Morphismen. Tatsächlich sind sie nur ein Spezialfall für Morphismen zwischen projektiven Varietäten, die erst im nächsten Kapitel definiert werden.

Im vorigen Abschnitt haben wir bereits gesehen, dass der projektive Raum eine Überdeckung durch affine Räume besitzt, nämlich durch die Teilmengen

$$D_i = \left\{ [a_0, \ldots, a_n] \in \mathbb{P}^{n+1} \mid a_i \neq 0 \right\}.$$

Die Mengen D_i sind offen in der Zariski-Topologie auf $\mathbb{P}^n$. Der projektive Raum $\mathbb{P}^n$ hat also eine offene Überdeckung $\mathbb{P}^n = D_0 \cup \cdots \cup D_n$ durch affine Räume. Als nächstes überlegen wir uns, was das für projektive Varietäten bedeutet. Ist $X = \mathcal{V}_+(f_1, \ldots, f_r) \subset \mathbb{P}^n$ eine projektive Varietät, dann ist der Schnitt von X mit D_0 eine affine Varietät in D_0, nämlich

$$X \cap D_0 = \left\{ [a_0, \ldots, a_n] \in X \mid a_0 \neq 0 \right\} = \left\{ [1, a_1, \ldots, a_n] \in X \right\}$$
$$\cong \left\{ (a_1, \ldots, a_n) \in \mathbb{A}^n \mid f_j(1, a_0, \ldots, a_n) = 0 \text{ für } j = 1, \ldots, r \right\}.$$

Wir setzen also in den *homogenen* Gleichungen, die die projektive Varietät X definieren, einfach $x_0 = 1$ und erhalten (in aller Regel) *inhomogene* Gleichungen, die die affine Varietät $X \cap D_0$ definieren. Die inhomogenen Gleichungen entstehen durch **Dehomogenisieren** bezüglich der Variablen x_0. Wir schreiben kurz

$$\widetilde{f} = f(1, x_1, \ldots, x_n)$$

für $f \in K[x_0, \ldots, x_n]$. Genauso geht das natürlich für jede der Variablen $x_1, \ldots, x_n$, wofür wir aber keine gesonderte Notation einführen.

3.2.16 Beispiel Eine Linearform $\ell = c_0 x_0 + \cdots + c_n x_n$, $\ell \neq 0$, definiert die projektive Hyperebene $H = \mathcal{V}_+(\ell)$. Der Schnitt

$$H \cap D_0 = \{ (a_1, \ldots, a_n) \mid c_0 + c_1 a_1 + \cdots + c_n a_n = 0 \}$$

mit dem affinen Raum D_0 ist eine affine Hyperebene in $\mathbb{A}^n$, es sei denn, es gilt $c_1 = \cdots = c_n = 0$. In diesem Fall ist $c_0 \neq 0$ und H ist die Hyperebene $\mathcal{V}(x_0)$, also die Hyperebene im Unendlichen bezüglich D_0. Ihr Schnitt mit D_0 ist dann natürlich leer. $\diamond$

Weitere Beispiele folgen im nächsten Abschnitt über ebene Kurven. Umgekehrt kann man auch von inhomogenen zu homogenen Gleichungen übergehen: Sei $g \in K[x_1, \ldots, x_n]$ ein (inhomogenes) Polynom vom Grad d und setze

$$g^* = x_0^d \cdot g\left(\frac{x_1}{x_0}, \ldots, \frac{x_n}{x_0} \right).$$

Das Polynom g^* ist homogen vom Grad d und heißt die **Homogenisierung von g bezüglich x_0**. Noch expliziter kann man das so ausschreiben: Ist $g = \sum_{\alpha \in \mathbb{N}_0^n} c_\alpha x_1^{\alpha_1} \cdots x_n^{\alpha_n}$, dann ist

$$g^* = \sum_{\alpha \in \mathbb{N}_0^n} c_\alpha x_0^{d - |\alpha|} x_1^{\alpha_1} \cdots x_n^{\alpha_n}.$$

3.2.17 Beispiel Die Homogenisierung von $x_1 - x_2^2 + 1$ bezüglich der Variablen x_0 ist $x_0^2 + x_0 x_1 - x_2^2$. ◇

Homogenisierung und Dehomogenisierung sind im Prinzip einfach invers zueinander, bis auf einen kleinen Haken: Ist $f \in K[x_0, \ldots, x_n]$ homogen vom Grad d, dann kann der Totalgrad von $\tilde{f}$ kleiner als d sein, nämlich dann, wenn in f kein Monom nur in $x_1, \ldots, x_n$ vorkommt oder, äquivalent, wenn f durch x_0 teilbar ist.

3.2.18 Beispiel Ist $f = x_0^3 + x_0 x_1^2 + x_0 x_1 x_2$, dann ist $\tilde{f} = 1 + x_1^2 + x_1 x_2$ und damit $(\tilde{f})^* = x_0^2 + x_1^2 + x_1 x_2$.

Für Homogenisierung und Dehomogenisierung gilt allgemein Folgendes.

3.2.19 Proposition *Es seien* $g, g_1, g_2 \in K[x_1, \ldots, x_n]$ *und* $f, f_1, f_2 \in K[x_0, \ldots, x_n]$ *homogen. Es gelten die folgenden Aussagen:*

(1) $\widetilde{f_1 + f_2} = \tilde{f_1} + \tilde{f_2}$ *und* $\widetilde{f_1 f_2} = \tilde{f_1} \tilde{f_2}$;

(2) $(g_1 g_2)^* = g_1^* g_2^*$ *und falls* $\deg(g_1) = \deg(g_2) = \deg(g_1 + g_2)$, *dann auch* $(g_1 + g_2)^* = g_1^* + g_2^*$;

(3) $g = \widetilde{g^*}$;

(4) $f = x_0^m (\tilde{f})^*$ *für ein* $m \geqslant 0$.

Beweis. Übung 3.2.10. □

Wir diskutieren kurz den Fall $n = 1$. Homogene Polynome in zwei Variablen heißen auch **binäre Formen**. Damit kann man im Prinzip fast genauso rechnen wie mit inhomogenen Polynomen in einer Variablen.

3.2.20 Satz *Es sei* $f \in K[x_0, x_1]$ *eine binäre Form vom Grad* d. *Dann gibt es* $a_1, \ldots, a_d, b_1, \ldots, b_d \in K$, $c \in K^*$ *mit*

$$f = c \cdot (b_1 x_0 - a_1 x_1) \cdots (b_d x_0 - a_d x_1)$$

und damit

$$\mathcal{V}_+(f) = \{[a_1, b_1], \ldots, [a_d, b_d]\} \subset \mathbb{P}^1.$$

Beweis. Das folgt aus der entsprechenden Aussage für Polynome in einer Variablen. Sei $\tilde{f} = f(1, x_1) \in K[x_1]$ die Dehomogenisierung von f, $e = \deg(\tilde{f}) \leqslant d$. Weil K algebraisch abgeschlossen ist, zerfällt $\tilde{f}$ in Linearfaktoren, also

$$\tilde{f} = c \cdot (x_1 - c_1) \cdots (x_1 - c_e)$$

für $c_1, \ldots, c_e \in K$, $c \in K^*$. Wegen $f = x_0^{d-e}(\tilde{f})^*$ folgt daraus

$$f = c \cdot (x_1 - c_1 x_0) \cdots (x_1 - c_e x_0) \cdot x_0^{d-e}.$$ □

Ist I ein Ideal in $K[x_1, \ldots, x_n]$, dann schreiben wir

$$I^* = (f^* \mid f \in I),$$

ein homogenes Ideal in $K[x_0, \ldots, x_n]$.

3.2.21 Proposition *Es sei $V \subset \mathbb{A}^n$ eine affine Varietät und sei $X \subset \mathbb{P}^n$ der Zariski-Abschluss von $V \subset D_0 \subset \mathbb{P}^n$, also die kleinste projektive Varietät in $\mathbb{P}^n$, die V enthält. Dann gelten $X \cap D_0 = V$ und*

$$\mathcal{I}_+(X) = \mathcal{I}(V)^*.$$

Die projektive Varietät X heißt der **projektive Abschluss von** V.

Beweis. Ist $f \in \mathcal{I}(V)$, so verschwindet f^* auf V und damit auch auf X. Umgekehrt sei $f \in \mathcal{I}_+(X)$ homogen. Nach Prop. 3.2.19(4) gilt $f = x_0^m \cdot (\widetilde{f})^*$ für ein m. Es gilt $\widetilde{f} \in \mathcal{I}(V)$ und damit auch $f \in \mathcal{I}(V)^*$. Aus der Gleichheit der Ideale folgt auch $X \cap D_0 = V$. $\qquad\square$

3.2.22 Beispiel Man muss vorsichtig sein, wenn man die Homogenisierung eines Ideals über seine Erzeuger beschreiben will. Ist zum Beispiel $n = 2$ und $f_1 = x_1$ und $f_2 = x_1 + 1$, dann gilt $(f_1, f_2) = K[x_0, \ldots, x_n]$ und somit $\mathcal{V}(f_1, f_2) = \emptyset$, aber $(f_1^*, f_2^*) = (x_1, x_0 + x_1) = (x_0, x_1)$, also $\mathcal{V}_+(f_1^*, f_2^*) = \{[0, 0, 1]\}$. Bei nur einer Gleichung kann dieses Problem allerdings nicht auftreten. $\qquad\diamond$

Übungen

Übung 3.2.1 Bestimmen Sie die Dimension des Vektorraums $K[x_0, \ldots, x_n]_d$ aller homogenen Polynome vom Grad d über einem Körper K. (*Hinweis:* »Stars and Bars«)

Übung 3.2.2 Es sei $\Gamma = \{p_1, \ldots, p_d\}$ eine Menge von d Punkten in $\mathbb{P}^n$. Zeigen Sie: Wenn Γ nicht in einer Geraden enthalten ist, dann gibt es homogene Polynome vom Grad $\leq d - 1$, die Γ als projektive Varietät definieren.

Übung 3.2.3 Zeigen Sie, dass das Radikal eines homogenen Ideals in einem graduierten Ring wieder homogen ist.

Übung 3.2.4 Beweisen Sie Prop. 3.2.5.

Übung 3.2.5 Es sei $C \subset \mathbb{P}^3$ die verdrehte Kubik, das Bild der Abbildung

$$\varphi \colon \mathbb{P}^1 \to \mathbb{P}^3, \ [x_0, x_1] \mapsto [x_0^3, x_0^2 x_1, x_0 x_1^2, x_1^3].$$

(a) Es seien $f_0 = z_0 z_2 - z_1^2$, $f_1 = z_0 z_3 - z_1 z_2$, $f_2 = z_1 z_3 - z_2^2$. Beweisen Sie, dass $C = \mathcal{V}_+(f_0, f_1, f_2)$ gilt.

(b) Beweisen Sie, dass C in keiner Ebene in $\mathbb{P}^3$ enthalten ist.

(c) Bestimmen Sie die Varietät $\mathcal{V}_+(f_0, f_1)$.

(d) Zeigen Sie, dass $\mathcal{I}_+(C)$ nicht von zwei Elementen erzeugt wird. (*Hinweis:* Welche linearen und quadratischen Formen liegen in $\mathcal{I}_+(C)$?)

(e) Für die affine verdrehte Kubik gilt $C \cap D_0 = \mathcal{V}(\widetilde{f_0}, \widetilde{f_1})$.

(f) Es seien $g_1 = z_0 z_2 - z_1^2$ und $g_2 = z_2(z_1 z_3 - z_2^2) - z_3(z_0 z_3 - z_1 z_2)$. Zeigen Sie, dass $\mathcal{V}_+(g_1, g_2) = C$ gilt. Wie passt das zur Aussage in (d)?

Hinweis: Man kann sich überlegen, dass $\mathcal{I}_+(C) = (f_0, f_1, f_2)$ gilt. Das Ideal $\mathcal{I}_+(C)$ wird also von drei Elementen erzeugt.

Übung 3.2.6 Berechnen Sie das Bild der verdrehten Kubik $C \subset \mathbb{P}^3$ unter den Projektionen mit den folgenden Zentren $p \in \mathbb{P}^3$:

(a) $p = [1, 0, 0, 1]$;

(b) $p = [0, 1, 0, 0]$;

(c) $p = [1, 0, 0, 0]$.

(Projiziert wird auf das orthogonale Komplement des Zentrums, in (a) also zum Beispiel auf die Ebene $\mathcal{V}_+(z_0 + z_3)$.)

Übung 3.2.7 Es sei $C \subset \mathbb{P}^n$ die rationale Normalkurve, also das Bild der Abbildung

$$\varphi \colon \mathbb{P}^1 \to \mathbb{P}^n, [x_0, x_1] \mapsto [x_0^n, x_0^{n-1} x_1, \dots, x_0 x_1^{n-1}, x_1^n].$$

(a) Bestimmen Sie quadratische Formen, die C definieren.

(b) Zeigen Sie: Jede Menge von $d + 1$ verschiedenen Punkten auf C ist projektiv unabhängig. (*Hinweis:* Vandermonde-Matrizen)

Übung 3.2.8 Es sei $C \subset \mathbb{P}^n$ die rationale Normalkurve und sei $p = [1, 0, \dots, 0] \in C$. Zeigen, Sie dass

$$\overline{\pi_p(C \setminus \{p\})}$$

eine rationale Normalkurve in $\mathbb{P}^{n-1}$ ist. Was fällt auf? Vergleichen Sie das Ergebnis für die verdrehte Kubik ($n = 3$) mit Übung 3.2.6.

Übung 3.2.9 Es sei $C \subset \mathbb{P}^3$ die verdrehte Kubik. Zeigen Sie, dass der homogene Koordinatenring $K_+[C]$ nicht isomorph zum Polynomring $K[x_0, x_1]$ ist (obwohl die übliche Parametrisierung $\varphi \colon \mathbb{P}^1 \to C$ ein Isomorphismus ist, wie wir später zeigen). (*Vorschlag:* Zeigen Sie, dass der affine Kegel $\widehat{C} \subset \mathbb{A}^4$ nicht regulär und deshalb nicht isomorph zu $\mathbb{A}^2$ ist.)

Übung 3.2.10 Beweisen Sie Prop. 3.2.19.

Übung 3.2.11 Es sei $V \subset \mathbb{A}^n$ eine affine Varietät und $X \subset \mathbb{P}^n$ ihr projektiver Abschluss. Für $f \in K[x_1, \dots, x_n]$ mit $\deg(f) = d$ bezeichne $\mathrm{LF}(f) = f_d$ den homogenen Teil vom höchsten Grad, die **Leitform** von f. Beweisen Sie die Gleichheit

$$\mathcal{I}_+\big(X \cap \mathcal{V}_+(x_0)\big) = (\mathrm{LF}(f) \mid f \in \mathcal{I}(V))$$

im Polynomring $K[x_1, \dots, x_n]$ (wobei wir $X \cap \mathcal{V}_+(x_0)$ als Teilmenge von $\mathcal{V}_+(x_0) \cong \mathbb{P}^{n-1}$ auffassen).

Übung 3.2.12   (a) Sei $V \subset \mathbb{A}^n$ eine affine Varietät. Zeigen Sie, dass V genau dann irreduzibel ist, wenn der projektive Abschluss von V in $\mathbb{P}^n$ irreduzibel ist.

(b) Sei $X \subset \mathbb{P}^n$ eine irreduzible projektive Varietät. Zeigen Sie: Ist X irreduzibel und $X \not\subset \mathcal{V}_+(x_0)$, so ist auch $X \cap D_0$ irreduzibel.

Übung 3.2.13 Es gelte $\mathrm{char}(K) \neq 2$ und sei $q \in K[x_0, \dots, x_n]$ eine quadratische Form (homogenes Polynom vom Grad 2), $q \neq 0$. Zeigen Sie, dass es eine Zahl r mit $1 \leqslant r \leqslant n$ gibt und einen Koordinatenwechsel $P \in \mathrm{GL}_{n+1}(K)$ mit

$$q(P^{-1}x) = x_0^2 + \cdots + x_r^2.$$

(*Hinweis:* Kongruenz von symmetrischen Matrizen)

3.3 Ebene projektive Kurven

Dieser Abschnitt schließt an das erste Kapitel über ebene Kurven an und beleuchtet die Unterschiede, die sich aus dem Übergang von der affinen zur projektiven Ebene ergeben. Im zweiten Kapitel haben wir bereits die irreduziblen Varietäten in der affinen Ebene bestimmt (Satz 2.3.3). Diese Klassifikation überträgt sich auf die projektive Ebene. Eine **ebene projektive Kurve** ist von der Form $\mathcal{V}_+(f)$ für ein reduziertes homogenes Polynom $f \in K[x_0, x_1, x_2]$, $f \notin K$. Der **Grad** der Kurve $\mathcal{V}_+(f)$ ist der Grad von f.

3.3.1 Satz *Es sei X eine irreduzible projektive Varietät in der Ebene $\mathbb{P}^2$. Dann tritt genau einer der folgenden drei Fälle ein:*

(1) X besteht aus einem Punkt;

(2) $X = \mathbb{P}^2$;

(3) X ist eine irreduzible ebene projektive Kurve.

Beweis. Falls X endlich ist, sind wir im ersten Fall. Falls X unendlich ist, dann ist auch einer der affinen Teile $X \cap D_i$ ($i = 0, 1, 2$) unendlich. Durch Vertauschen der Koordinaten können wir annehmen, dass $X \cap D_0$ unendlich ist. Falls $X \cap D_0 = D_0$, so folgt $X = \mathbb{P}^2$. Andernfalls ist $X \cap D_0$ nach Satz 2.3.3 eine affine Kurve, es gibt also ein irreduzibles, nicht-konstantes Polynom $f \in K[x_1, \ldots, x_n]$ derart, dass $X \cap D_0 = \mathcal{V}(f)$. Der projektive Abschluss $\mathcal{V}_+(f^*)$ von $\mathcal{V}(f)$ ist dann in X enthalten und da X irreduzibel ist, folgt $X = \mathcal{V}_+(f^*)$. $\qquad\square$

3.3.2 Beispiel Es gelte $\mathrm{char}(K) \neq 2$. Wir betrachten Kegelschnitte in $\mathbb{P}^2$, also Kurven vom Grad 2. Sei $q \in K[x_0, x_1, x_2]$ eine quadratische Form und $X = \mathcal{V}_+(q)$. Da K algebraisch abgeschlossen ist, gibt es einen Koordinatenwechsel $P \in \mathrm{GL}_3(K)$ mit $q(P^{-1}x) = \sum_{i=0}^r x_i^2$ (vgl. Übung 3.2.13). Wir können also ohne Einschränkung annehmen, dass q diese Gestalt hat. Dabei ist $r + 1$ der Rang der quadratischen Form. Für $r = 0$ ist $X = \mathcal{V}_+(x_0^2)$ eine (doppelte) Gerade, für $r = 1$ ist $q = x_0^2 + x_1^2 = (x_0 + \sqrt{-1}x_1)(x_0 - \sqrt{-1}x_1)$ und damit X die Vereinigung von zwei Geraden. Nur für $r = 2$ ist

$$q = x_0^2 + x_1^2 + x_2^2$$

Bringt man q auf die Form $q = y_0^2 + y_1^2 - y_2^2$, dann besteht $X \cap \mathcal{V}_+(x_2)$ aus zwei nicht-reellen Punkten und $X \cap D_2$ ist eine Ellipse. Über einem algebraisch abgeschlossenen Körper existiert kein Unterschied zwischen Hyperbel und Ellipse.

und damit X irreduzibel. Das ist also bis auf eine Projektivität der einzige irreduzible Kegelschnitt in $\mathbb{P}^2$. Da wir das reelle Bild diskutieren wollen (und X nun offensichtlich keine reellen Punkte enthält), machen wir den Koordinatenwechsel $y_0 = x_0 + \sqrt{-1}x_1$, $y_1 = x_0 - \sqrt{-1}x_1$, $y_2 = \sqrt{-1}x_2$. In diesen Koordinaten gilt nun $q = y_0 y_1 - y_2^2$. Der Schnitt $X \cap D_2$ ist der affine Kegelschnitt $\mathcal{V}(y_0 y_1 - 1)$, das ist also eine Hyperbel. Dagegen ist der Schnitt $X \cap D_0$ die Kurve $\mathcal{V}(y_1 - y_2^2)$, also eine Parabel. Geometrisch besteht der Unterschied darin, dass die Gerade im Unendlichen, also $\mathcal{V}_+(y_2)$ bzw. $\mathcal{V}_+(y_0)$, den Kegelschnitt X im ersten Fall in zwei Punkten schneidet, nämlich $[1, 0, 0]$ und $[0, 1, 0]$, während sie im zweiten Fall X nur im Punkt $[0, 1, 0]$ schneidet; die Gerade $\mathcal{V}_+(y_0)$ ist tangential an X. Damit haben wir die beiden Typen von nicht-ausgearteten affinen Kegelschnitten (Übung 1.0.5) als affine Teile der projektiven Kurve X erhalten. ◇

Die Punkte im Unendlichen, die beim Übergang von einer affinen zu einer projektiven Kurve hinzukommen, vereinfachen eine Reihe von geometrischen Problemen für ebene Kurven.

3.3.3 Beispiel

Als erstes betrachten wir dazu die Projektion der Hyperbel auf eine Achse: Das Bild der affinen Kurve $C = \mathcal{V}(1 - x_1 x_2) \subset \mathbb{A}^2$ unter der Koordinatenprojektion $(a_1, a_2) \mapsto a_1$ ist $\mathbb{A}^1 \setminus \{0\}$ und damit nicht abgeschlossen. Diese Tatsache hat uns technisch beispielsweise beim Beweis des Nullstellensatzes in §2.2 beschäftigt, wo wir diesen Fall extra ausschließen mussten (Lemma 2.2.6). Was passiert hier beim Übergang ins Projektive?

Der projektive Abschluss von C ist der Kegelschnitt $X = \mathcal{V}_+(x_0^2 - x_1 x_2)$, wie in Beispiel 3.3.2. Der affinen Koordinatenprojektion oben entspricht die Projektion $\pi_p : [a_0, a_1, a_2] \mapsto [a_0, a_1]$ mit Zentrum $p = [0, 0, 1]$. Allerdings gilt hier $p \in X$, so dass π_p zunächst nicht auf ganz X definiert ist.

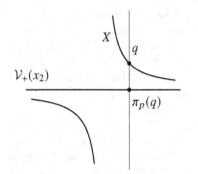

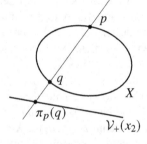

Erklären Sie mit Hilfe der Rechnung, wie diese beiden Bilder zusammen passen.

Projektion π_p im affinen Teil D_2 Schematische Skizze in $\mathbb{P}^2$

Für jeden Punkt $[a_0, a_1, a_2] \in X$ mit $a_0 \neq 0$ und $a_2 \neq 0$ gilt aber

$$\pi_p[a_0, a_1, a_2] = [a_0, a_1] = \left[a_0, \frac{a_0^2}{a_2}\right] = [a_0 a_2, a_0^2] = [a_2, a_0].$$

Auf der offenen Menge $X \cap (D_0 \cap D_2)$ stimmt π_p deshalb mit der homogenen Polynomabbildung $[a_0, a_1, a_2] \mapsto [a_2, a_0]$ überein. Diese ist im Punkt p definiert und bildet ihn auf $[1, 0]$ ab. Sie ist dafür aber undefiniert im Punkt $q = [0, 1, 0]$, der ebenfalls auf X liegt. Für q gilt aber $\pi_p(q) = [0, 1]$ nach der ursprünglichen Definition.

In dieser Weise ist die Projektion $\pi_p : X \to \mathbb{P}^1$ auf ganz X definiert, mit zwei verschiedenen lokalen Beschreibungen, und ist surjektiv. Sie ist ein Beispiel für einen Morphismus von projektiven Varietäten, was wir allgemein erst im nächsten Kapitel einführen.   ◇

Ein weiterer grundsätzlicher Vorteil der projektiven Ebene ist, dass Schnittpunkte zwischen Kurven nicht ins Unendliche verschwinden können, so wie es auch keine parallelen Geraden gibt. Das Hauptergebnis für diesen Abschnitt ist der Satz von Bézout für ebene Kurven. Er verallgemeinert die Tatsache, dass sich je zwei verschiedene Geraden in $\mathbb{P}^2$ in einem Punkt schneiden, auf Kurven von höherem Grad.

ÉTIENNE BÉZOUT
(1730–1783),
französischer
Mathematiker

3.3.4 Satz (Bézout) *Seien X und Y zwei Kurven in* $\mathbb{P}^2$ *vom Grad d bzw. e, ohne gemeinsame irreduzible Komponenten. Dann ist* $X \cap Y$ *nicht leer und besteht aus höchstens* $d \cdot e$ *Punkten.*

Für den Beweis verwenden wir Resultanten, die in §2.2 eingeführt wurden. Im weiteren Verlauf werden sie aber nicht benötigt.

Beweis. Es sei $X = \mathcal{V}_+(f)$ und $Y = \mathcal{V}_+(g)$, mit $f, g \in K[x_0, x_1, x_2]$ homogen, $\deg(f) = d$, $\deg(g) = e$. Nach Satz 3.3.1 ist $X \cap Y$ jedenfalls endlich, weil f und g teilerfremd sind. Da K ein unendlicher Körper ist, gibt es einen Punkt $p_0 \in \mathbb{P}^2$, der die folgende Bedingung erfüllt:

(∗) Der Punkt p_0 liegt nicht auf X oder Y und auch nicht auf einer der endlich vielen Verbindungsgeraden $\overline{pq}$, für $p, q \in X \cap Y$, $p \neq q$.

Durch einen Koordinatenwechsel können wir $p_0 = [1, 0, 0]$ erreichen.

Wir betrachten die Resultante $\mathrm{Res}(f, g)$ von f und g bezüglich der Variablen x_0. Aufgrund der Struktur der Sylvestermatrix ist $\mathrm{Res}(f, g)$ eine binäre Form vom Grad de in x_1, x_2 (Übung 3.3.1). Nach Satz 3.2.20 hat $\mathrm{Res}(f, g)$ also mindestens eine und höchstens de verschiedene Nullstellen. Wir behaupten, dass diese Nullstellen mit $X \cap Y$ in Bijektion stehen. Denn ist $[a_1, a_2] \in \mathbb{P}^1$ mit $\mathrm{Res}(f, g)(a_1, a_2) = 0$, dann bedeutet das nach Satz. 2.2.2, dass $f(x_0, a_1, a_2)$ und $g(x_0, a_1, a_2)$ eine gemeinsame Nullstelle a_0 haben, und umgekehrt. (Man beachte, dass $f(x_0, a_1, a_2)$ und $g(x_0, a_1, a_2)$ in x_0 den Grad d bzw. e haben, da sie im Punkt p_0 nicht verschwinden.) Mit anderen Worten, es gilt dann $[a_0, a_1, a_2] \in X \cap Y$. Nach Wahl von p_0 kann zur Nullstelle $[a_1, a_2]$ nicht mehr als ein Schnittpunkt von X und Y korrespondieren.   □

Satz 3.3.4 ist nur eine schwache Form des Satzes von Bézout, die Vielfachheiten nicht berücksichtigt. Ist zum Beispiel $X = \mathcal{V}_+(x_0 x_1 - x_2^2)$ und $Y = \mathcal{V}_+(x_0)$, so besteht $X \cap Y$ nur aus dem einen Punkt $[0, 1, 0]$ (vgl. Beispiel 3.3.2). Die Gerade Y ist aber in diesem Punkt an den Kegelschnitt X tangential, deshalb sollte der Schnittpunkt doppelt gezählt werden.

Das kann man allgemein wie folgt tun: Seien $f, g \in K[x_0, x_1, x_2]$ zwei homogene Polynome ohne gemeinsame irreduzible Faktoren mit $\deg(f) = d$ und $\deg(g) = e$ und sei $\mathrm{Res}(f, g)$ die Resultante von f und g bezüglich x_0. Seien $X = \mathcal{V}_+(f)$ und $Y = \mathcal{V}_+(g)$ die zugehörigen Kurven. Angenommen für den Punkt $p_0 = [1, 0, 0]$ ist die Bedingung (∗) aus dem Beweis des Satzes von Bézout erfüllt. Andernfalls wechseln wir die Koordinaten so, dass die Bedingung erfüllt ist. Für $p \in X \cap Y$ definieren wir die **Schnittmultiplizität** $I_p(f, g)$ von f und g in p als die Vielfachheit der zugehörigen Nullstelle von $\mathrm{Res}(f, g)$. Das Problem mit dieser Definition ist, dass wir im Allgemeinen einen Koordinatenwechsel brauchen, um die Bedingung (∗) herzustellen, und wir wissen nicht, dass die Schnittmultiplizität von diesem Koordinatenwechsel bzw. von der Wahl des Punktes p_0 unabhängig ist. Diesen Schritt lassen wir hier aus; siehe etwa Cox-Little-O'Shea [5], §8.7, Lemma 11.

Wenn wir die Wohldefiniertheit der Schnittmultiplizität als gegeben voraussetzen, erhalten wir die folgende Verschärfung:

3.3.5 Satz (Bézout) *Seien* $f, g \in K[x_0, x_1, x_2]$ *zwei homogene Polynome ohne gemeinsame irreduzible Faktoren mit* $\deg(f) = d$ *und* $\deg(g) = e$ *und seien* $X = \mathcal{V}_+(f)$ *und* $Y = \mathcal{V}_+(g)$ *die zugehörigen ebenen projektiven Kurven. Dann gilt*

$$\sum_{p \in X \cap Y} I_P(f, g) = d \cdot e.$$

Beweis. Dies folgt aus dem, was wir bereits bewiesen haben, zusammen mit der Tatsache, dass die Resultante den Grad *de* hat und damit genau *de* Nullstellen mit Vielfachheit. □

3.3.6 Bemerkung Eine technisch bessere Definition der Schnittmultiplizität benutzt lokale Algebra: Ist in der obigen Situation p ein Punkt in der affinen Ebene D_0, dann bilden wir in D_0 den lokalen Ring $\mathcal{O}_{\mathbb{A}^2, p}$ und betrachten darin das von $\tilde{f}$ und $\tilde{g}$ erzeugte Ideal. Es gilt dann

$$I_p(f, g) = \dim_K \left(\mathcal{O}_{\mathbb{A}^2, p} / (\tilde{f}, \tilde{g}) \right).$$

Auch dies scheint zunächst an einer Wahl zu hängen, nämlich der Dehomogenisierung bezüglich x_0. Den lokalen Ring kann man aber auch unabhängig von affinen Koordinaten definieren (Satz 4.2.6). Eine ausführliche Diskussion der Schnittmultiplizität mit dieser Definition findet sich im Buch von Fulton [8], Kap. 5.

Wir diskutieren noch kurz Tangenten an projektive Kurven: Ist $f \in K[x_0, x_1, x_2]$ ein reduziertes homogenes Polynom und $X = \mathcal{V}_+(f)$, dann heißt ein Punkt $p \in X$ **regulär**, wenn der Gradient ∇f im Punkt p nicht verschwindet, andernfalls **singulär**. Die Kurve X heißt regulär, wenn sie in allen Punkten regulär ist. Die **Tangente** an X in einem regulären Punkt p ist die projektive Gerade $\mathbb{T}_p(X)$ mit der Gleichung

$$\frac{\partial f}{\partial x_0}(p) \cdot x_0 + \frac{\partial f}{\partial x_1}(p) \cdot x_1 + \frac{\partial f}{\partial x_2}(p) \cdot x_2 = 0.$$

Das verhält sich genauso wie im Affinen, mit zwei Vorteilen: Aufgrund der Homogenität müssen wir nicht zwischen dem Tangentialraum als linearem Unterraum und der Tangente als affine Gerade durch p unterscheiden: Ist $d = \deg(f)$, dann gilt nach der sogenannten *Euler-Identität*

$$\frac{\partial f}{\partial x_0} x_0 + \frac{\partial f}{\partial x_1} x_1 + \frac{\partial f}{\partial x_2} x_2 = d \cdot f$$

(Übung 3.3.2). Daraus folgt erstens, dass die Tangente $\mathbb{T}_p(X)$ durch den Punkt p geht. Zweitens folgt die Inklusion $\mathcal{V}_+(\partial f / \partial x_0, \partial f / \partial x_1, \partial f / \partial x_2) \subset \mathcal{V}_+(f)$, sofern $\mathrm{char}(K) \nmid d$. Die Menge der singulären Punkte von X ist also allein durch das Verschwinden der drei partiellen Ableitungen definiert. Nach dem Satz von Bézout schneiden sich zwei der durch die Ableitung definierten Kurven (sogenannte *Polare*), etwa $\mathcal{V}_+(\partial f / \partial x_0)$ und $\mathcal{V}_+(\partial f / \partial x_1)$, in der Regel in $(d-1)^2$ Punkten (evtl. mit Vielfachheiten), es sei denn, sie haben eine gemeinsame Komponente. Nach der Euler-Identität ist die Kurve X genau dann regulär, wenn keiner dieser Punkte auf X liegt.

Übungen

Übung 3.3.1 Es seien $f, g \in K[x_0, \ldots, x_n]$ Formen vom Grad d bzw. e. Zeigen Sie: Die Resultante $\mathrm{Res}(f, g)$ von f und g bezüglich x_0 ist eine Form vom Grad $d \cdot e$ in $x_1, \ldots, x_n$. (*Vorschlag:* Betrachten Sie die Leibniz-Formel für die Determinante der Sylvester-Matrix.)

Übung 3.3.2 Beweisen Sie die *Euler-Identität:* Ist $f \in K[x_0, \ldots, x_n]$ homogen vom Grad d, dann gilt $\sum_{i=0}^{n} (\partial f / \partial x_i) \cdot x_i = d \cdot f$.

Übung 3.3.3 (Konzentrische Kreise) Es sei $K = \mathbb{C}$ und gegeben seien die Kurven $C_1 = \mathcal{V}(x_1^2 + x_2^2 - r^2)$ und $C_2 = \mathcal{V}(x_1^2 + x_2^2 - s^2)$ (für $r \neq s \in \mathbb{R}^*$) in $\mathbb{A}^2$. Es sei X_1 bzw. X_2 der projektive Abschluss von C_1 bzw. C_2 in $\mathbb{P}^2$. Bestimmen Sie die Schnittpunkte $X_1 \cap X_2$. *Zusatz:* Was passiert bei zwei nicht-konzentrischen Kreisen?

Übung 3.3.4 Es sei $X \subset \mathbb{P}^2$ eine irreduzible Kurve, $p \in X$ ein glatter Punkt und $T = \mathbb{T}_p(X)$ die Tangente an X in p. Zeigen Sie, dass sich T und X im Punkt p mit Vielfachheit mindestens 2 schneiden, das heißt $I_p(X, T) \geqslant 2$. (*Vorschlag:* Nehmen Sie $T = \mathcal{V}_+(x_0)$ und $p = [0, 1, 0]$ an und bestimmen Sie die Resultante.)

Übung 3.3.5 Gegeben seien die kubischen Kurven $X = \mathcal{V}_+(f)$ und $Y = \mathcal{V}_+(g)$ mit

$$f = x_0^3 + x_1^3 - 2x_0 x_1 x_2 \quad \text{und} \quad g = 2x_0^3 - 4x_0^2 x_1 + 3x_0 x_1^2 + x_1^3 - 2x_1^2 x_2.$$

Verwenden Sie ein Computer-Algebra-System, um die Resultante von f und g bezüglich x_0, ihre Nullstellen, die Schnittpunkte von X und Y und ihre Schnittmultiplizitäten zu bestimmen.

*BLAISE PASCAL
(1623–1662),
französischer
Mathematiker,
Physiker und
Universalgelehrter*

Übung 3.3.6 (»Satz von Pascal über das Hexagrammum Mysticum«)
Es sei C ein irreduzibler Kegelschnitt in $\mathbb{P}^2$ und seien $p_1, \ldots, p_6$ sechs verschiedene Punkte auf C. Dann liegen die drei Schnittpunkte

$$p_7 = L_1 \cap L_4 \text{ mit } L_1 = \overline{p_1 p_2} \text{ und } L_4 = \overline{p_4 p_5},$$
$$p_8 = L_2 \cap L_5 \text{ mit } L_2 = \overline{p_6 p_1} \text{ und } L_5 = \overline{p_3 p_4},$$
$$p_9 = L_3 \cap L_6 \text{ mit } L_3 = \overline{p_2 p_3} \text{ und } L_6 = \overline{p_5 p_6}$$

von Verbindungsgeraden auf einer Geraden. Erstellen Sie dazu eine schematische Skizze. (Wo ist das »Hexagrammum«?) Beweisen Sie den Satz wie folgt: Sei $f \in K[x_0, x_1, x_2]_2$ mit $C = \mathcal{V}_+(f)$. Wir betrachten die Kubiken

$$X_1 = L_1 \cup L_5 \cup L_6 \quad \text{und} \quad X_2 = L_2 \cup L_3 \cup L_4.$$

Seien $g_1, g_2 \in K[x_0, x_1, x_2]_3$ mit $X_1 = \mathcal{V}_+(g_1)$, $X_2 = \mathcal{V}_+(g_2)$. Sei $p \in C$, $p \notin \{p_1, \ldots, p_6\}$ und setze

$$g = g_2(p) g_1 - g_1(p) g_2.$$

Zeigen Sie, dass $g \neq 0$, aber $g(p) = g(p_1) = \cdots = g(p_6) = 0$ gilt. Folgern Sie, dass f ein Teiler von g ist und daraus die Aussage des Satzes.

3.4 Eigenschaften projektiver Varietäten

Einige Eigenschaften affiner Varietäten übertragen sich relativ leicht auf den projektiven Fall. Wir beschränken uns hier auf eine knappe Zusammenfassung und verschieben die Beweise zum Teil in den allgemeineren Kontext von quasiprojektiven Varietäten im nächsten Kapitel. Als erstes definieren wir die Dimension einer projektiven Varietät.

Definition Es sei $X \subset \mathbb{P}^n$ eine projektive Varietät. Die **Dimension** von X ist definiert als

$$\dim(X) = \dim(\widehat{X}) - 1$$

wobei $\widehat{X} \subset \mathbb{A}^{n+1}$ der affine Kegel über X ist.

Es ist klar, dass diese Definition für projektive Unterräume mit der vorigen in §3.1 übereinstimmt; insbesondere ist $\dim(\mathbb{P}^n) = n$.

Die projektiven Varietäten der Dimension 0 sind wieder genau die endlichen Mengen (Übung 3.4.1). Wie im Affinen heißen projektive Varietäten von reiner Dimension 1 **Kurven**, von reiner Dimension 2 **Flächen** und von reiner Dimension $n-1$ **Hyperflächen**. Außerdem überträgt sich die Charakterisierung der Dimension durch Ketten von irreduziblen Untervarietäten, das heißt, die Dimension einer projektiven Varietät X ist die größte Zahl $d \in \mathbb{N}_0$, für die eine Kette

$$\emptyset \subsetneq X_0 \subsetneq X_1 \subsetneq \cdots \subsetneq X_d = X$$

von irreduziblen abgeschlossenen Untervarietäten von X existiert. Außerdem stimmt die Dimension einer affinen Varietät mit der Dimension ihres projektiven Abschlusses überein. (Beides wird in Satz 4.5.2 bewiesen.)

Definition Eine projektive Varietät $X \subset \mathbb{P}^n$ von reiner Dimension d wird **mengentheoretisch vollständiger Durchschnitt** genannt, wenn sie der Durchschnitt von $n-d$ Hyperflächen ist, das heißt, wenn es homogene Polynome $f_1, \ldots, f_{n-d} \in K[x_0, \ldots, x_n]$ gibt mit $X = \mathcal{V}_+(f_1, \ldots, f_{n-d})$. Sie ist ein (idealtheoretisch) **vollständiger Durchschnitt**, wenn es solche $f_1, \ldots, f_{n-d}$ gibt mit $\mathcal{I}_+(X) = (f_1, \ldots, f_{n-d})$.

Dass nicht alle affinen Varietäten mit der entsprechenden Definition vollständige Durchschnitte sind, haben wir schon in Beispielen gesehen (Übung 2.1.8). Für projektive Varietäten kommt das noch häufiger vor.

3.4.1 Beispiele (1) Gegeben die drei Punkte $p_1 = [1, 0, 0]$, $p_2 = [0, 1, 0]$, $p_3 = [0, 0, 1]$ in $\mathbb{P}^2$, dann ist $X = \{p_1, p_2, p_3\}$ kein vollständiger Durchschnitt. Denn das Verschwindungsideal $\mathcal{I}_+(X)$ enthält keine Konstanten ungleich 0 (da X nicht leer ist) und keine Linearform (da p_1, p_2, p_3 nicht auf einer Geraden liegen). Im Grad 2 enthält es die drei quadratischen Formen $x_0 x_1$, $x_0 x_2$, $x_1 x_2$, die offenbar linear unabhängig über K sind. Jedes Erzeugendensystem von $\mathcal{I}_+(X)$ muss deshalb mindestens drei quadratische Formen enthalten. (Tatsächlich gilt hier $\mathcal{I}_+(X) = (x_0 x_1, x_0 x_2, x_1 x_2)$.) Insbesondere kann $\mathcal{I}_+(X)$ nicht von zwei Elementen erzeugt sein.

Andererseits ist X ein mengentheoretisch vollständiger Durchschnitt, denn es gilt zum Beispiel $X = \mathcal{V}_+(x_0 x_1 x_2, x_0 x_1 + x_0 x_2 + x_1 x_2)$ und für das Verschwindungsideal damit $\mathcal{I}_+(X) = \sqrt{(x_0 x_1 x_2, x_0 x_1 + x_0 x_2 + x_1 x_2)}$.

Allgemeiner kann man sich Folgendes überlegen: Sind $f, g \in K[x_0, x_1, x_2]$ zwei homogene Polynome vom Grad d bzw. e, dann ist das Ideal (f, g) genau dann ein Radikalideal, wenn alle Schnittpunkte von $\mathcal{V}_+(f)$ und $\mathcal{V}_+(g)$ die Multiplizität 1 haben. (Mit unserer Beschreibung der Schnittmultiplizität ist es aber etwas mühsam, das zu beweisen.) Nach dem Satz von Bézout 3.3.5 ist das genau dann der Fall, wenn $\mathcal{V}_+(f, g)$ aus $d \cdot e$ verschiedenen Punkten besteht. Im Umkehrschluss folgt daraus zum Beispiel: Ist p eine Primzahl, $X \subset \mathbb{P}^2$ eine Menge aus p Punkten und gilt $\mathcal{I}_+(X) = (f, g)$, dann muss $\deg(f) = p$ und $\deg(g) = 1$ oder umgekehrt gelten, mit anderen Worten, die Punkte in X müssen auf einer Geraden liegen. Andernfalls ist X kein vollständiger Durchschnitt.

(2) Jede Hyperfläche in $\mathbb{P}^n$, also jede projektive Varietät in $\mathbb{P}^n$ von reiner Dimension $n-1$, ist ein vollständiger Durchschnitt, das heißt, ihr homogenes Verschwindungsideal ist von einem Element erzeugt. Das kann man leicht analog zu Kor. 2.8.14 beweisen.

(3) Die verdrehte Kubik in $\mathbb{P}^3$ ist kein vollständiger Durchschnitt, wohl aber mengentheoretisch (siehe Übung 3.2.5). $\diamond$

3.4.2 Bemerkung Es ist nicht bekannt, ob jede irreduzible Kurve in $\mathbb{P}^3$ ein mengentheoretisch vollständiger Durchschnitt ist. Allgemein ist es sehr schwierig, mengentheoretisch vollständige Durchschnitte zu charakterisieren und es scheint auch keine einfachen expliziten Beispiele von irreduziblen Varietäten zu geben, von denen sich direkt zeigen ließe, dass sie keine mengentheoretisch vollständigen Durchschnitte sind, obwohl man aus verschiedenen Gründen weiß, dass solche Varietäten existieren. Insgesamt scheint die Eigenschaft für die Theorie auch nicht so bedeutsam zu sein, im Unterschied zu idealtheoretisch vollständigen Durchschnitten, die sehr speziell sind und aus Sicht der Algebra viele gute Eigenschaften besitzen.

Schließlich betrachten wir noch den Tangentialraum an eine projektive Varietät.

Definition Ist $X \subset \mathbb{P}^n$ eine projektive Varietät mit $\mathcal{I}_+(X) = (f_1, \dots, f_\ell)$ und ist $p \in X$, dann ist der **projektive Tangentialraum** an X in p der projektive Unterraum

$$\mathbb{T}_p(X) = \left\{ [v] \in \mathbb{P}^n \mid \sum_{i=0}^{n} \frac{\partial f_j}{\partial x_i}(p) \cdot v_i = 0, j = 1, \dots, \ell \right\} = \mathbb{P}(\text{Kern } J),$$

wobei J die $\ell \times n$-Matrix mit Einträgen $J_{ij} = (\partial f_i / \partial x_j)(p)$ ist.

Diese Definition stimmt für den Fall einer ebenen projektiven Kurve mit der Definition der Tangente im vorigen Abschnitt überein. Aufgrund der Euler-Identität $\sum_{i=0}^{n} \frac{\partial f_j}{\partial x_i} \cdot x_i = \deg(f_j) \cdot f_j$ folgt $p \in \mathbb{T}_p(X)$. Man beachte außerdem, dass die Auswertung $(\partial f_j / \partial x_i)(p)$ für $p \in \mathbb{P}^n$ zwar wie üblich nicht wohldefiniert ist, aber aufgrund der Homogenität der f_j hängt die Definition von $\mathbb{T}_p(X)$ insgesamt nicht von der Wahl eines Repräsentanten von p ab. Das entspricht auch dem ersten Teil der folgenden Aussage über den Zusammenhang zwischen affinen und projektiven Tangentialräumen.

3.4.3 Proposition *Es sei $X \subset \mathbb{P}^n$ eine projektive Varietät und sei $p \in X$.*

(1) Ist $\widehat{X} \subset \mathbb{A}^{n+1}$ der affine Kegel über X und ist $p = [a]$ mit $a \in \mathbb{A}^{n+1} \setminus \{0\}$, dann gilt

$$\mathbb{T}_p(X) = \mathbb{P}\big(T_a(\widehat{X})\big).$$

(2) Ist $p = [1, q] \in D_0$ mit $q \in \mathbb{A}^n$, dann ist $\mathbb{T}_p(X)$ der projektive Abschluss des affinen Tangentialraums $q + T_q(X \cap D_0)$.

Beweis. (1) Nach Lemma 3.2.6 gilt $\mathcal{I}_+(X) = \mathcal{I}(\widehat{X})$. Damit folgt die Behauptung aus der Beschreibung des Tangentialraums in Prop. 2.10.2.

(2) Ist $\mathcal{I}_+(X) = (f_1, \ldots, f_\ell)$, dann sind beide Tangentialräume der Durchschnitt der Tangentialräume an die $\mathcal{V}_+(f_i)$. Es genügt daher, den Fall $\ell = 1$ zu diskutieren. Sei also $X = \mathcal{V}_+(f)$ für ein reduziertes homogenes Polynom f vom Grad d. Dann ist $X \cap D_0$ beschrieben durch $\widetilde{f} = f(1, x_1, \ldots, x_n)$. Ist $q = (a_1, \ldots, a_n)$, dann ist der affine Tangentialraum gegeben durch

$$q + T_q(X) = \left\{ v \in K^n \mid \sum_{i=1}^n \frac{\partial \widetilde{f}}{\partial x_i}(q) \cdot (v_i - a_i) = 0 \right\}.$$

Der projektive Abschluss in $\mathbb{P}^n$ wird dann durch die homogenisierte lineare Gleichung beschrieben, das heißt, es ist

$$\overline{q + T_q(X)} = \left\{ [w] \in \mathbb{P}^n \mid \sum_{i=1}^n \frac{\partial \widetilde{f}}{\partial x_i}(q) \cdot (w_i - a_i w_0) = 0 \right\}.$$

Nun ist $(\partial \widetilde{f} / \partial x_i)(q) = (\partial f / \partial x_i)(p)$ für $i = 1, \ldots, n$. Aus der Euler-Identität $\sum_{i=0}^n \frac{\partial f}{\partial x_i} \cdot x_i = d \cdot f$ folgt wegen $f(1, a_1, \ldots, a_n) = 0$ außerdem

$$\sum_{i=1}^n \frac{\partial f}{\partial x_i}(1, a_1, \ldots, a_n) \cdot (-a_i \cdot w_0) = \frac{\partial f}{\partial x_0}(1, a_1, \ldots, a_n) \cdot w_0.$$

und damit insgesamt

$$\overline{q + T_q(X)} = \left\{ [w] \in \mathbb{P}^n \mid \sum_{i=0}^n \frac{\partial f}{\partial x_i}(p) \cdot w_i = 0 \right\}.$$

Das ist gerade $\mathbb{T}_p(X)$, und die Behauptung ist bewiesen. $\qquad\square$

Definition Es sei $X \subset \mathbb{P}^n$ eine irreduzible projektive Varietät. Ein Punkt $p \in X$ heißt **regulär**, wenn $\dim \mathbb{T}_p(X) = \dim(X)$ gilt, ansonsten **singulär**. Die Varietät X heißt insgesamt regulär, wenn sie keine singulären Punkte besitzt, andernfalls heißt X singulär.

Nach Prop. 3.4.3 ist $p = [a] \in X \cap D_i$ genau dann regulär, wenn a ein regulärer Punkt des affinen Kegels $\widehat{X}$ oder p ein regulärer Punkt der affinen Varietät $X \cap D_i$ ist (für $i = 0, \ldots, n$). Außerdem wird die Menge der singulären Punkte genau wie im affinen Fall durch den Rang der Jacobi-Matrix charakterisiert.

3.4.4 Korollar *Es sei* $X \subset \mathbb{P}^n$ *eine irreduzible projektive Varietät der Dimension d und sei* $\mathcal{I}_+(X) = (f_1, \dots, f_\ell)$. *Der singuläre Ort* X_{sing} *aller singulären Punkte von* X *ist die abgeschlossene Untervarietät von* X, *die durch das Verschwinden aller* $(n-d)$-*Minoren der Jacobi-Matrix von* $f_1, \dots, f_\ell$, *also der* $\ell \times (n+1)$-*Matrix* $J_{i,j} = (\partial f_i / \partial x_j)$, *bestimmt ist.*

Beweis. Übung 3.4.3   □

Übungen

Übung 3.4.1 Zeigen Sie, dass eine projektive Varietät genau dann nulldimensional ist, wenn sie endlich ist.

Übung 3.4.2 Es sei $X \subset \mathbb{P}^2$ eine endliche Menge. Zeigen Sie, dass es $f, g \in K[x_0, x_1, x_2]$ mit $X = \mathcal{V}_+(f, g)$ gibt. (Mit anderen Worten, X ist ein mengentheoretisch vollständiger Durchschnitt.)

Übung 3.4.3 Beweisen Sie Kor. 3.4.4.

Übung 3.4.4 Es sei $C \subset \mathbb{P}^3$ die verdrehte Kubik.

  (a) Zeigen Sie, dass C eindimensional ist.
  (b) Zeigen Sie, dass C regulär ist.
  (c) Wie lassen sich die projektiven Tangentialräume an C mit Hilfe der üblichen Parametrisierung $\varphi \colon \mathbb{P}^1 \to C$ beschreiben?

Übung 3.4.5 Es gelte $\text{char}(K) \neq 2$ und sei $q \in K[x_0, \dots, x_n]$ eine irreduzible quadratische Form. Zeigen Sie, dass der singuläre Ort der Quadrik $\mathcal{V}_+(q) \subset \mathbb{P}^n$ ein projektiver Unterraum ist. Was ist seine Dimension?

Übung 3.4.6 Es sei $X = \mathcal{V}_+(x_0^3 - x_0 x_1^2 - x_0 x_2^2 - x_0 x_3^2 + 2 x_1 x_2 x_3)$ die *Cayley-Kubik* in $\mathbb{P}^3$. Bestimmen Sie den singulären Ort von X.

3.5 Segre- und Veronese-Varietäten

Das kartesische Produkt zweier affiner Räume ist wieder ein affiner Raum, es gilt $\mathbb{A}^m \times \mathbb{A}^n = \mathbb{A}^{m+n}$. Bei projektiven Räumen ist das nicht so. Zum Beispiel ist $\mathbb{P}^1 \times \mathbb{P}^1$ nicht dasselbe wie $\mathbb{P}^2$. Die homogenen Koordinaten sehen völlig anders aus (vier Koordinaten statt drei), aber auch die Geometrie ist grundsätzlich verschieden, wie wir gleich sehen werden.

Mit dem Produkt von projektiven Räumen kann man auf zwei Arten arbeiten. Ein Polynom $f \in K[x_0, \dots, x_m, y_0, \dots, y_n]$ heißt **bihomogen vom Bigrad** (d, e), wenn es homogen vom Grad d in $x_0, \dots, x_m$ und homogen vom Grad e in $y_0, \dots, y_n$ ist. Ist T eine endliche Menge von bihomogenen Polynomen (nicht unbedingt vom gleichen Bigrad), dann ist

$$X = \big\{ (p, q) \in \mathbb{P}^m \times \mathbb{P}^n \mid f(p, q) = 0 \text{ für alle } f \in T \big\}$$

eine wohldefinierte Teilmenge von $\mathbb{P}^m \times \mathbb{P}^n$, und man kann Untervarietäten des Produkts, die Zariski-Topologie auf $\mathbb{P}^m \times \mathbb{P}^n$ usw. in dieser Weise sinnvoll definieren.

3.5.1 Beispiel In $\mathbb{P}^1 \times \mathbb{P}^1$, mit homogenen Koordinaten $([x_0, x_1], [y_0, y_1])$, ist die Diagonale

$$\Delta = \left\{ (p,q) \in \mathbb{P}^1 \times \mathbb{P}^1 \mid p = q \right\}$$

definiert durch die bihomogene Gleichung $x_0 y_1 - x_1 y_0 = 0$ vom Bigrad $(1,1)$. Ebenso durch eine bihomogene Gleichung gegeben ist für einen festen Punkt $p = [a_0, a_1]$ die Menge

$$L_p = \{p\} \times \mathbb{P}^1,$$

nämlich durch die Gleichung $a_1 x_0 - a_0 x_1 = 0$ vom Bigrad $(1,0)$. Dabei gilt offensichtlich $L_p \cap L_q = \emptyset$ für $p \neq q$. Darin zeigt sich ein geometrischer Unterschied zur projektiven Ebene, in der je zwei Kurven (und damit allgemein je zwei unendliche abgeschlossene Untervarietäten) nach dem Satz von Bézout 3.3.4 einen gemeinsamen Punkt haben. ◇

Überprüfen Sie, **?** *dass Δ durch diese Gleichung gegeben ist. Warum ist Δ nicht einfach durch $x_0 = y_0$, $x_1 = y_1$ beschrieben?*

Alternativ können wir $\mathbb{P}^m \times \mathbb{P}^n$ als projektive Varietät auffassen, mit Hilfe der folgenden Konstruktion. Wir betrachten den projektiven Raum

$$\mathbb{P}(\mathrm{Mat}_{(m+1)\times(n+1)}(K)) \cong \mathbb{P}(K^{mn+m+n+1}) = \mathbb{P}^{mn+m+n}$$

aller Matrizen der Größe $(m+1)\times(n+1)$. Das ist ein ganz normaler projektiver Raum, nur mit doppelter Indizierung. Weiter betrachten wir die Abbildung

$$\sigma_{m,n}: \begin{cases} \mathbb{P}^m \times \mathbb{P}^n & \to & \mathbb{P}^{mn+m+n} \\ ([u],[v]) & \mapsto & [u \cdot v^T] \end{cases} .$$

Dabei ist $u \cdot v^T$ also die $(m+1) \times (n+1)$-Matrix, die als Matrizenprodukt des $(m+1)$-Spaltenvektors u mit dem $(n+1)$-Zeilenvektor v^T entsteht. Als Vektor ausgeschrieben sieht das also so aus:

$$\sigma_{m,n}([u],[v]) = \left[u_0 v_0, \ldots, u_0 v_n, u_1 v_0, \ldots, u_1 v_n, \ldots, u_m v_0, \ldots, u_m v_n \right].$$

Zwar schreiben wir Punkte die ganze Zeit als Zeilen, aber wenn wir sie als Vektoren interpretieren, sehen wir sie, wie in der linearen Algebra üblich, als Spaltenvektoren.

Definition Die Abbildung $\sigma_{m,n}$ heißt die **Segre-Einbettung** von $\mathbb{P}^m \times \mathbb{P}^n$. Ihr Bild heißt eine **Segre-Varietät** und wird mit $\Sigma_{m,n}$ bezeichnet.

Die Bezeichnungen sind durch die folgende Aussage gerechtfertigt.

Corrado Segre (1863–1924), italienischer Mathematiker und Mitbegründer der »italienischen Schule« der algebraischen Geometrie

3.5.2 Proposition *Die Segre-Einbettung $\sigma_{m,n}$ ist injektiv. Die Segre-Varietät $\Sigma_{m,n}$ ist abgeschlossen und besteht aus allen Punkten, die durch $(m+1) \times (n+1)$-Matrizen vom Rang 1 repräsentiert werden.*

Beweis. Die Menge $\left\{ uv^T \mid u \in K^m \setminus \{0\}, v \in K^n \setminus \{0\} \right\}$ ist genau die Menge aller Matrizen vom Rang 1 (Übung). Damit ist $\Sigma_{m,n}$ die projektive Varietät, die von allen 2×2-Minoren ausgeschnitten wird, d.h. es gilt

$$\Sigma_{m,n} = \mathcal{V}_+\left(z_{ij} z_{kl} - z_{il} z_{kj} = 0 \text{ für } i,k = 0, \ldots, m, \; j,l = 0, \ldots, n \right).$$

Daraus folgt die zweite Behauptung. Um die Injektivität von $\sigma_{m,n}$ zu zeigen, nehmen wir an, es sind $u, u' \in K^{m+1}$, $v, v' \in K^{n+1}$, alle ungleich 0, mit

$[uv^T] = [u'v'^T]$. Dann gibt es j mit $u_j, u'_j \neq 0$. Ist $u'_j = \lambda u_j, \lambda \in K^*$, so folgt $[u_j v^T] = [\lambda u_j v'^T]$ und damit $[v] = [v']$. Genauso folgt $[u] = [u']$. $\qquad \square$

Mittels der Segre-Einbettung haben wir auch einen neuen Begriff davon, wann eine Teilmenge von $X \subset \mathbb{P}^m \times \mathbb{P}^n$ abgeschlossen ist. Dieser passt zum Glück mit der vorigen Beschreibung durch bihomogene Polynome zusammen, wie die folgende Aussage zeigt.

3.5.3 Proposition *Für eine Teilmenge* $X \subset \mathbb{P}^m \times \mathbb{P}^n$ *ist* $\sigma_{m,n}(X) \subset \mathbb{P}^{mn+m+n}$ *genau dann eine projektive Varietät, wenn es eine endliche Menge* T *von bihomogenen Polynomen in* $K[x_0, \ldots, x_m, y_0, \ldots, y_n]$ *gibt derart, dass*

$$X = \{(p,q) \in \mathbb{P}^m \times \mathbb{P}^n \mid f(p,q) = 0 \text{ für alle } f \in T\}.$$

Beweis. Angenommen $\sigma_{m,n}(X)$ ist abgeschlossen, das heißt, es gibt homogene Polynome $f_1, \ldots, f_r \in K[z_{ij} : i = 0, \ldots, m, j = 0, \ldots, n]$ vom Grad $d_i = \deg(f_i)$ mit $\sigma_{m,n}(X) = \mathcal{V}_+(f_1, \ldots, f_r)$. Dann folgt

$$X = \{(p,q) \mid f_1(\sigma_{m,n}(p,q)) = \cdots = f_r(\sigma_{m,n}(p,q)) = 0\}.$$

Dabei ist $f_i(\sigma_{m,n}(x,y)) \in k[x_0, \ldots, x_m, y_0, \ldots, y_n]$ bihomogen vom Bigrad (d_i, d_i), für $i = 1, \ldots, r$.

Sei umgekehrt $T = \{g_1, \ldots, g_r\}$ eine Menge von bihomogenen Polynomen vom Bigrad $(d_i, e_i), i = 1, \ldots, r$, die X definiert. Falls $d_i \geqslant e_i$ für ein i, so setze $h_{ij} = y_j^{d_i - e_i} g_i$ für $j = 0, \ldots, n$ und falls $d_i < e_i$, so setze $h_{ij} = x_j^{e_i - d_i} g_i$

Überzeugen Sie sich, dass die h_{ij} die Varietät X beschreiben.

für $j = 0, \ldots m$. Dann wird X auch durch die Menge aller h_{ij} beschrieben und jedes h_{ij} ist bihomogen vom Bigrad (d_{ij}, d_{ij}). Ersetzt man in h_{ij} jedes Produkt $x_k y_l$ durch z_{kl} (diese Ersetzung ist nicht eindeutig), so erhält man ein homogenes Polynom $\widetilde{h}_{ij}$ vom Grad d_{ij} in $K[z]$ mit $\widetilde{h}_{ij}(\sigma_{m,n}(x,y)) = h_{ij}$, so dass $\sigma_{m,n}(X)$ von allen $\widetilde{h}_{ij}$ definiert wird. $\qquad \square$

3.5.4 Beispiel Die Segre-Varietät $\Sigma_{1,1}$ ist das Bild der Abbildung

$$\sigma_{1,1} \colon \mathbb{P}^1 \times \mathbb{P}^1 \to \mathbb{P}^3, \ ([x_0, x_1], [y_0, y_1]) \mapsto [x_0 y_0, x_0 y_1, x_1 y_0, x_1 y_1].$$

Sie wird durch eine quadratische Gleichung beschrieben, nämlich

$$\Sigma_{1,1} = \mathcal{V}_+(z_{00} z_{11} - z_{01} z_{10}).$$

Die Teilmengen $L_p = \{p\} \times \mathbb{P}^1$ und $M_p = \mathbb{P}_1 \times \{p\}$ für $p \in \mathbb{P}^1$ entsprechen dabei Geraden in der Segre-Fläche $\Sigma_{1,1}$. Und zwar wird die Menge L_p mit $p = [a, b]$ unter $\sigma_{1,1}$ auf die Gerade

$$\mathcal{V}_+(bz_{00} - az_{10}, bz_{01} - az_{11})$$

in $\mathbb{P}^3$ abgebildet (und analog für M_p). Das reelle affine Bild $\Sigma_{1,1} \cap D_+(z_{00})$ ist ein hyperbolisches Paraboloid (Sattelfläche). Die beiden Scharen von Geraden auf der Fläche sind die Scharen $\{L_p \mid p \in \mathbb{P}^1\}$ und $\{M_p \mid p \in \mathbb{P}^1\}$, die in Abb. 3.3 dargestellt sind (siehe auch Übung 3.5.1). $\qquad \diamond$

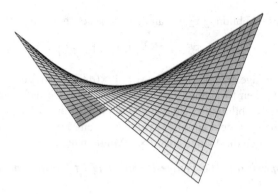

Abb. 3.3: Die Segre-Fläche $\Sigma_{1,1}$

Die Segre-Konstruktion verallgemeinert sich auch auf beliebige endliche kartesische Produkte $\mathbb{P}^{n_1} \times \cdots \times \mathbb{P}^{n_k}$ von projektiven Räumen. Im Prinzip kann man das per Induktion auf den Fall von zwei Faktoren zurückführen. Zum Beispiel können wir $\mathbb{P}^m \times \mathbb{P}^n$ mit $\Sigma_{m,n} \subset \mathbb{P}^{mn+m+n}$ identifizieren und dann $\mathbb{P}^m \times \mathbb{P}^n \times \mathbb{P}^r$ in der Segre-Varietät $\Sigma_{mn+m+n,r}$ realisieren. Wenn man konkret mit dem Produkt arbeiten muss, ist das natürlich nicht sehr elegant. Alternativ kann man eine Segre-Varietät $\Sigma_{n_1,\dots,n_k}$ als Menge der Rang-1-Tensoren im Tensorprodukt $K^{n_1+1} \otimes \cdots \otimes K^{n_k+1}$ definieren. Das ist die natürliche Verallgemeinerung von Prop. 3.5.2.

In gewisser Weise verwandt mit den Segre-Varietäten sind die Veronese-Varietäten. Der Raum aller Formen vom Grad d in $n + 1$ Variablen hat bekanntlich die Dimension $N = \binom{n+d}{d}$. Die **Veronese-Abbildung** (vom Grad d in Dimension n) ist gegeben durch

Giuseppe Veronese (1854–1917), italienischer Mathematiker

$$v_d \colon \begin{cases} \mathbb{P}^n & \to & \mathbb{P}^{N-1} \\ [x_0,\dots,x_n] & \mapsto & [x^\alpha \mid \alpha \in \mathbb{N}_0^{n+1}, |\alpha| = d] \end{cases}.$$

Die Veronese-Abbildung schickt einen Punkt p also auf die Auswertung aller Monome vom Grad d in p. Sie ist eine homogene Polynomabbildung vom Grad d. Dabei muss man sich auf eine Reihenfolge der Monome festlegen; wir nehmen die lexikographische Ordnung.

3.5.5 Beispiele (1) Sei $n = 1$. In diesem Fall ist die Veronese-Abbildung

$$v_d \colon \mathbb{P}^1 \to \mathbb{P}^d, [x_0, x_1] \mapsto [x_0^d, x_0^{d-1} x_1, \dots, x_0 x_1^{d-1}, x_1^d].$$

Das ist gerade die rationale Normalkurve vom Grad d in $\mathbb{P}^d$.

(2) Sei $d = 2$ und $\mathrm{Sym}_{n+1}(K)$ der Raum aller symmetrischen Matrizen der Größe $n + 1$ mit Einträgen in K und

$$\mathbb{P}(\mathrm{Sym}_{n+1}(K)) = \mathbb{P}^{\binom{n+2}{2}-1} = \mathbb{P}^{N-1}.$$

Die Veronese-Abbildung v_2 ist dann gerade gegeben durch

$$v_2 \colon \mathbb{P}^n \to \mathbb{P}^{N-1}, \ [u] \mapsto [u \cdot u^T].$$

In den symmetrischen Matrizen sind hier die Einträge oberhalb und unterhalb der Diagonale zusammengefasst.

Denn die Einträge der symmetrischen $(n+1) \times (n+1)$-Matrix $u \cdot u^T$ sind gerade die quadratischen Monome $(u_i u_j \mid i, j = 0, \dots, n)$. Deshalb kann man mit der Veronese-Abbildung v_2 ähnlich verfahren wie mit der Segre-Abbildung. Das Bild von v_2 besteht aus allen symmetrischen Matrizen vom Rang 1 und wird damit durch die Menge aller 2×2-Minoren definiert.   ◇

3.5.6 Proposition *Die Veronese-Abbildung ist injektiv und ihr Bild ist abgeschlossen in $\mathbb{P}^{N-1}$.*

Das Bild $v_d(\mathbb{P}^n)$ ist die **Veronese-Varietät vom Grad d der Dimension** n.

Beweis. Die Veronese-Abbildung ist eine homogene Polynomabbildung auf $\mathbb{P}^n$. Wir zeigen im nächsten Abschnitt, dass ihr Bild damit automatisch abgeschlossen ist (Kor. 3.6.5). Wir geben jetzt aber einen unabhängigen Beweis und bestimmen explizite Gleichungen für die Veronese-Varietät.

Auf $\mathbb{P}^{N-1}$ arbeiten wir mit homogenen Koordinaten z_α, $\alpha \in \Gamma$, wobei $\Gamma = \{\alpha \in \mathbb{N}_0^{n+1} \mid |\alpha| = d\}$. Wir zeigen, dass das Bild von v_d die Varietät

$$Z = \mathcal{V}_+\bigl(z_\alpha z_\beta - z_\gamma z_\delta \mid \alpha, \beta, \gamma, \delta \in \Gamma \text{ mit } \alpha + \beta = \gamma + \delta,\bigr)$$

ist. Die Inklusion $v_d(\mathbb{P}^n) \subset Z$ ist klar. Sei umgekehrt $[w] \in Z$. Dann gibt es ein $\alpha \in \Gamma$ mit $w_\alpha \neq 0$. Durch Vertauschen der Indizes können wir $\alpha_0 > 0$ annehmen. Ist $\alpha_0 < d$, dann gibt es $\gamma, \delta \in \Gamma$ mit $2\alpha = \gamma + \delta$ und $\gamma_0 > \alpha_0$. Wegen $w_\alpha^2 = w_\gamma w_\delta$ gilt dann $w_\gamma \neq 0$. Wir können also α durch γ ersetzen und, indem wir dieses Argument ggf. wiederholen, schließlich $\alpha = (d, 0, \dots, 0)$ annehmen. Durch Skalieren von w erreichen wir außerdem $w_\alpha = 1$. Wir setzen

$$u_0 = 1 \qquad \text{und} \qquad u_j = w_{(d-1, 0, \dots, 1, \dots, 0)}$$

(mit der 1 auf der rechten Seite an der j-ten Stelle). Dann folgt $v_d([u]) = [w]$ und $v_d(\mathbb{P}^n) = Z$ ist bewiesen.

Für die Injektivität seien $[u], [v] \in \mathbb{P}^n$ mit $v_d([u]) = v_d([v])$. Ist $u_i = 0$ für einen Index i, dann folgt auch $v_i = 0$, und umgekehrt. Ist $u_i \neq 0$ und $v_i \neq 0$, dann sei ohne Einschränkung $u_i = v_i = 1$ und es folgt $u_j = u_j u_i^{d-1} = v_j v_i^{d-1} = v_j$ für alle $j \neq i$. Also ist v_d injektiv.   □

Der Sinn der Veronese-Abbildung besteht darin, dass sie homogene Polynome vom Grad d *linearisiert*. Denn ist $f \in K[x_0, \dots, x_n]$ homogen vom Grad d, $f = \sum_{|\alpha|=d} c_\alpha x^\alpha$, so gilt per Definition

$$v_d(\mathcal{V}_+(f)) = v_d(\mathbb{P}^n) \cap \mathcal{V}_+\Bigl(\sum_{|\alpha|=d} c_\alpha z_\alpha\Bigr).$$

Dabei ist die Gleichung auf der rechten Seite linear in den neuen Variablen z_α. Natürlich linearisiert die Veronese-Abbildung immer nur in einem Grad auf einmal. Das ist aber keine wesentliche Einschränkung, wie die folgende einfache Aussage zeigt.

3.5.7 Proposition *Es sei $X = \mathcal{V}_+(f_1, \ldots, f_r) \subset \mathbb{P}^n$. Dann gibt es homogene Polynome $g_1, \ldots, g_s \in K[x_0, \ldots, x_n]$ vom Grad $d = \max\{\deg(f_i) \mid i = 1, \ldots, r\}$ mit $X = \mathcal{V}_+(g_1, \ldots, g_s)$.*

Beweis. Sei $d_i = \deg(f_i)$, $d = \max\{d_i \mid i = 1, \ldots, r\}$ und $g_{ij} = x_j^{d-d_i} f_i$. Die g_{ij} sind homogen vom Grad d und X wird von allen g_{ij} definiert. $\qquad\square$

3.5.8 Korollar *Es sei $X \subset \mathbb{P}^n$ eine projektive Varietät. Dann gibt es $d \geqslant 1$ und einen linearen Unterraum L von $\mathbb{P}^{N-1}$, $N = \binom{n+d}{d}$, mit*

$$v_d(X) = v_d(\mathbb{P}^n) \cap L. \qquad\qquad\square$$

Da die Veronese-Varietät selbst durch quadratische Gleichungen definiert ist, folgt aus Kor. 3.5.8 insbesondere, dass jedes homogene polynomiale Gleichungssystem zu einem System aus linearen und quadratischen Gleichungen äquivalent ist. Diese Tatsache ist manchmal nützlich. Für algorithmische Zwecke ist die Übersetzung in ein solches quadratisches System allerdings nicht sehr effizient, da sowohl die Zahl der Variablen als auch der Gleichungen schnell wächst.

Übungen

Übung 3.5.1 Sei $\sigma \colon \mathbb{P}^1 \times \mathbb{P}^1 \to \mathbb{P}^3$ die Segre-Einbettung und sei $p \in \mathbb{P}^1$ ein Punkt. Zeigen Sie, dass die Mengen $\sigma(\{p\} \times \mathbb{P}^1)$ und $\sigma(\mathbb{P}^1 \times \{p\})$ Geraden in der Segre-Fläche $\Sigma_{1,1}$ sind und bestimmen Sie Gleichungen für diese Geraden.

Übung 3.5.2 Es seien L_1, L_2, L_3 drei paarweise disjunkte Geraden in $\mathbb{P}^3$ und sei

$$S = \bigcup \{L \subset \mathbb{P}^3 \mid L \text{ ist eine Gerade mit } L \cap L_i \neq \emptyset \text{ für } i = 1, 2, 3\}.$$

Zeigen Sie, dass S projektiv äqiuvalent ist zur Segre-Varietät $\Sigma_{1,1}$, das heißt, es gibt eine Projektivität $[P] \in \mathrm{PGL}_{n+1}(K)$ mit $[P](S) = \Sigma_{1,1}$.

3.6 Elimination

Die Elimination von Variablen haben wir schon im zweiten Kapitel mehrfach betrachtet, unter anderem für den Beweis des Nullstellensatzes in §2.2. Im Allgemeinen ist die affine Varietät, die durch das Eliminationsideal definiert wird, größer als das Bild der Projektion (Beispiel 2.5.1(3)). Wenn man dagegen Variablen eliminiert, die nur homogen vorkommen, tritt dieses Problem nicht auf. Das ist der folgende fundamentale Satz.

3.6.1 Satz (Hauptsatz der Eliminationstheorie) *Gegeben seien Polynome $f_1, \ldots, f_r \in K[x_0, \ldots, x_m, y_1, \ldots, y_n]$, die homogen in $x_0, \ldots, x_m$ sind. Sei*

$$X = \{(p, q) \in \mathbb{P}^m \times \mathbb{A}^n \mid f_1(p, q) = \cdots = f_r(p, q) = 0\}$$

und $\pi \colon \mathbb{P}^m \times \mathbb{A}^n \to \mathbb{A}^n, (p, q) \mapsto q$ die Projektion auf den zweiten Faktor. Dann ist $\pi(X)$ eine abgeschlossene Teilmenge von $\mathbb{A}^n$.

Beweis. Es sei $q \in \mathbb{A}^n$. Genau dann ist $q \in \pi(X)$, wenn

$$\mathcal{V}_+(f_1(x,q), \ldots, f_r(x,q)) \neq \emptyset$$

gilt. Nach dem projektiven Nullstellensatz (Kor. 3.2.8) ist das genau dann der Fall, wenn

$$R_d \not\subset (f_1(x,q), \ldots, f_r(x,q))$$

für alle $d \geqslant 1$ gilt, wobei $R = K[x_0, \ldots, x_m]$. Für $d \geqslant 1$ sei daher

$$Y_d = \{q \in \mathbb{A}^n \mid R_d \not\subset (f_1(x,q), \ldots, f_r(x,q))\}.$$

Dann gelten $Y_1 \supset Y_2 \supset Y_3 \supset \cdots$ und $\pi(X) = \bigcap_{d \geqslant 1} Y_d$. Deshalb reicht es zu zeigen, dass Y_d für alle hinreichend großen d abgeschlossen ist.

Es sei d_j der Totalgrad von f_j in den Variablen $x_0, \ldots, x_m$ und es gelte $d \geqslant \max\{d_1, \ldots, d_r\}$. Für festes $q \in \mathbb{A}^n$ betrachten wir die lineare Abbildung

$$\Phi_q : \begin{cases} R_{d-d_1} \times \cdots R_{d-d_r} & \to & R_d \\ (g_1, \ldots, g_r) & \mapsto & \sum_{i=1}^r g_i f_i(x,q) \end{cases}$$

Genau dann liegt $q \in Y_d$, wenn Φ_q nicht surjektiv ist, der Rang der Abbildung Φ_q also kleiner als $\dim(R_d) = \binom{n+d}{n}$ ist. Schreibt man Φ_q als Matrix bezüglich der Monombasis hin, dann bedeutet das, dass alle Minoren der Größe $\binom{n+d}{n}$ verschwinden. Diese Minoren sind Polynome in q, die die Varietät Y_d definieren (siehe auch Übung 2.10.6). Damit ist der Satz bewiesen. □

3.6.2 Bemerkung Natürlich kann man das Ideal, das die Varietät $\pi(X)$ beschreibt, auch explizit angeben. Ist $I = (f_1, \ldots, f_r)$, dann heißt

$$\widehat{I} = \{f \in K[y_1, \ldots, y_n] \mid \text{Für jedes } i = 0, \ldots, n \text{ gibt es } e_i \geqslant 0 \text{ mit } x_i^{e_i} f \in I\}$$

das **projektive Eliminationsideal** von I und es gilt $\pi(X) = \mathcal{V}(\widehat{I})$. Wir verzichten hier auf den Beweis (siehe z.B. Cox, Little, O'Shea [5], §8, Thm. 6).

3.6.3 Korollar Es sei $X \subset \mathbb{P}^m \times \mathbb{P}^n$ eine abgeschlossene Teilmenge und $\pi : \mathbb{P}^m \times \mathbb{P}^n \to \mathbb{P}^n, (p,q) \mapsto q$ die Projektion auf den zweiten Faktor. Dann ist $\pi(X)$ eine abgeschlossene Teilmenge von $\mathbb{P}^n$.

Beweis. Nach Prop. 3.5.3 wird die projektive Varietät X durch bihomogene Polynome in $K[x_0, \ldots, x_m, y_0, \ldots, y_n]$ definiert. Betrachte die durch die gleichen Polynome definierte Varietät $\widehat{X} \subset \mathbb{P}^m \times \mathbb{A}^{n+1}$. Nach dem Hauptsatz der Eliminationstheorie ist $\pi(\widehat{X})$ abgeschlossen in $\mathbb{A}^{n+1}$. Das ist genau der affine Kegel $\widehat{\pi(X)}$. □

3.6.4 Proposition Ist $X \subset \mathbb{P}^m$ eine projektive Varietät und $\varphi : X \to \mathbb{P}^n$ eine homogene Polynomabbildung, dann ist der Graph von φ

$$\Gamma_\varphi = \{(p,q) \in X \times \mathbb{P}^n \mid p \in X, \ q = \varphi(p)\}$$

eine abgeschlossene Teilmenge von $X \times \mathbb{P}^n$.

Beweis. Es sei $\varphi = (f_0, \ldots, f_n)$ mit $f_0, \ldots, f_n \in K[x_0, \ldots, x_m]$ homogen vom gleichen Grad d. In homogenen Koordinaten $y_0, \ldots, y_n$ auf $\mathbb{P}^n$ gilt dann

$$\Gamma_\varphi = V_+(y_i f_j - y_j f_i \mid i < j, i, j = 0, \ldots, n).$$

Denn für $(p, q) = ([u], [v])$ bedeutet $\varphi(p) = q$ gerade, dass die Vektoren $(f_0(u), \ldots, f_n(u))$ und $(v_1, \ldots, v_n)$ bis auf Skalierung übereinstimmen, was genau dann der Fall ist, wenn sie die angegebenen Gleichungen erfüllen, welche bihomogen vom Grad $(d, 1)$ sind. $\square$

3.6.5 Korollar *Das Bild einer projektiven Varietät unter einer homogenen Polynomabbildung ist abgeschlossen.*

Beweis. Es sei $X \subset \mathbb{P}^m$ eine projektive Varietät und $\varphi \colon X \to \mathbb{P}^n$ eine homogene Polynomabbildung. Nach Prop. 3.6.4 ist der Graph $\Gamma_\varphi \subset \mathbb{P}^m \times \mathbb{P}^n$ eine abgeschlossene Teilmenge. Das Bild $\varphi(X)$ ist die Projektion von Γ_φ auf $\mathbb{P}^n$ und damit abgeschlossen nach Kor. 3.6.3. $\square$

3.6.6 Beispiel Die projektiven rationalen Normalkurven und allgemeiner die Veronese-Varietäten, für die wir bereits explizit Gleichungen bestimmt haben, sind damit aus allgemeinen Gründen abgeschlossen. $\Diamond$

Da das Produkt von projektiven Räumen kein projektiver Raum ist (sondern eine Segre-Varietät) entspricht die Elimination im Hauptsatz der Eliminationstheorie nicht der affinen Projektion. Deren projektives Analogon ist bekanntlich die Projektion von einem Punkt, was auf die folgende Variante des Hauptsatzes führt.

3.6.7 Korollar *Es sei $p = [0, \ldots, 0, 1] \in \mathbb{P}^n$. Sei $I \subset K[x_0, \ldots, x_n]$ ein homogenes Ideal und $X = V_+(I)$. Es gelte $p \notin X$. Dann ist $\pi_p(X)$ wieder eine projektive Varietät, nämlich*

$$\pi_p(X) = V_+(I \cap K[x_0, \ldots, x_{n-1}]).$$

Beweis. Wegen $p \notin X$ ist $\pi_p \colon X \to \mathbb{P}^{n-1}$ eine homogene Polynomabbildung. Deshalb ist das Bild $\pi_p(X)$ eine abgeschlossene Teilmenge von $\mathbb{P}^{n-1}$. Sei $J = I \cap K[x_0, \ldots, x_{n-1}]$. Die Inklusion $\pi_p(X) \subset V_+(J)$ ist leicht zu sehen: Sei $q = [a_0, \ldots, a_{n-1}] \in \pi_p(X)$, dann gibt es $a_n \in K$ mit $[a_0, \ldots, a_n] \in X$. Ist $f \in I \cap K[x_0, \ldots, x_{n-1}]$, dann gilt $f(a_0, \ldots, a_n) = f(a_0, \ldots, a_{n-1}) = 0$ und damit $q \in V_+(J)$. Die umgekehrte Inklusion zeigen wir genauso wie in Satz 2.5.2: Ist $r \notin \pi_p(X)$, dann gibt es $f \in K[x_0, \ldots, x_{n-1}]$ mit $f(\pi_p(q)) = 0$ für alle $q \in X$, aber $f(r) \neq 0$, weil $\pi_p(X)$ eine abgeschlossene Menge ist. Nach dem projektiven Nullstellensatz gibt es $m \geqslant 1$ mit $f^m \in I$. Also gilt $f^m(r) \neq 0$ und $f^m \in I \cap K[x_0, \ldots, x_{n-1}]$ und damit $r \notin V_+(I \cap K[x_0, \ldots, x_{n-1}])$. $\square$

Als weitere Anwendung der Eliminationstheorie betrachten wir noch kurz die allgemeine Diskriminante von homogenen Polynomen: Es sei $f \in K[x_0, \ldots, x_n]$ homogen vom Grad d, wobei wir der Einfachheit halber annehmen, dass d nicht durch $\mathrm{char}(K)$ teilbar ist. Die Hyperfläche $V_+(f) \subset \mathbb{P}^n$ ist genau dann regulär, wenn $V_+(\frac{\partial f}{\partial x_0}, \ldots, \frac{\partial f}{\partial x_n}) = \emptyset$ gilt. Was lässt sich über die Menge aller homogenen Polynome mit dieser Eigenschaft sagen? Sei dazu $V_d = K[x_0, \ldots, x_n]_d$ und

$$\Theta_d = \{(p, [f]) \in \mathbb{P}^n \times \mathbb{P}V_d \mid \nabla f(p) = 0\}.$$

Die Menge Θ_d ist abgeschlossen in $\mathbb{P}^n \times \mathbb{P}V_d$, denn $\nabla f(p) = 0$ ist ein System von Polynomgleichungen in p und den Koeffizienten von f. Es folgt aus dem Hauptsatz der Eliminationstheorie, dass die Projektion $\Delta_d = \pi_2(\Theta_d)$ von Θ_d auf den zweiten Faktor abgeschlossen in $\mathbb{P}V_d$ ist.

Die Varietät Δ_d besteht aus allen irreduziblen $f \in V_d$, für die die Hyperfläche $\mathcal{V}_+(f)$ singulär ist, sowie allen reduziblen Polynomen in V_d. Es gilt $\Delta_d \subsetneq \mathbb{P}V_d$, denn für jeden Grad d gibt es reguläre Hyperflächen vom Grad d. (Unter der Annahme $\mathrm{char}(K) \nmid d$ ist zum Beispiel $\mathcal{V}_+(x_0^d + \cdots + x_n^d)$ für $n \geqslant 2$ regulär.) Tatsächlich ist Δ_d selbst eine irreduzible Hyperfläche. (Das ist mit etwas Dimensionstheorie nicht allzu schwer zu beweisen, indem man die Projektion von Θ_d auf den ersten Faktor genauer untersucht.) Die Varietät Δ_d ist also durch ein einziges irreduzibles Polynom in den Koeffizienten von f definiert, genannt die **Diskriminante**.

Für $d = 1$ gilt offenbar $\Delta_1 = \emptyset$. Der Fall $d = 2$, quadratische Formen, ist ebenfalls elementar: Beschreibt man eine quadratische Form $f \in K[x_0, \ldots, x_n]_d$ durch eine symmetrische $(n+1) \times (n+1)$-Matrix A als $f = x^T A x$ (wobei $\mathrm{char}(K) \neq 2$), so gilt $\mathcal{V}_+(\nabla f) = \emptyset$ genau dann, wenn A invertierbar ist (siehe auch Übung 3.4.5). Die Diskriminante ist also gerade die Determinante, aufgefasst als Polynom vom Grad $n+1$ in den $\binom{n+2}{2}$ Einträgen von A.

Man kann beweisen, dass die Diskriminante im Allgemeinen ein irreduzibles Polynom vom Grad $(n+1)(d-1)^n$ ist. In den meisten interessanten Fällen ist dieses Polynom viel zu groß, um direkt damit zu rechnen. Allerdings ist allein schon seine Existenz von Bedeutung. Für die Beweise und viele weiterführende Aussagen verweisen wir auf das (fortgeschrittene) Buch von Gelfand, Kapranov und Zelevinski [9], Ch. 13.

Übungen

Übung 3.6.1 Geben Sie einen alternativen Beweis für Kor. 3.6.7 mit Hilfe von Resultanten, indem Sie Lemma 2.2.6 verwenden oder geeignet anpassen.

Übung 3.6.2 Es sei $v \colon \mathbb{P}^1 \to \mathbb{P}^2$ die quadratische Veronese-Abbildung und $\sigma \colon \mathbb{P}^1 \times \mathbb{P}^2 \to \mathbb{P}^5$ die Segre-Abbildung. Es sei $\mathrm{id} \times v \colon \mathbb{P}^1 \times \mathbb{P}^1 \to \mathbb{P}^1 \times \mathbb{P}^2$, $(p, q) \mapsto (p, v(q))$. Setze $\varphi = \sigma \colon (\mathrm{id} \times v)$ und $X = \varphi(\mathbb{P}^1 \times \mathbb{P}^1)$.

(a) Bestimmen Sie Gleichungen für X.

(b) Finden Sie eine Hyperebene $H \subset \mathbb{P}^5$ so, dass $H \cap X \subset \mathbb{P}^4$ eine rationale Normalkurve vom Grad 4 ist.

Übung 3.6.3 Berechnen Sie die Diskriminante für binäre Formen (homogene Polynome in $K[x_0, x_1]$) vom Grad d für $d \leqslant 4$.

3.7 Hilbert-Funktion und Hilbert-Polynom

In diesem Abschnitt untersuchen wir die Struktur des homogenen Koordinatenrings einer projektiven Varietät. Es sei im Folgenden immer

$$R = K[x_0, \ldots, x_n]$$

der Polynomring mit der Graduierung durch den Totalgrad. Sei I ein homogenes Ideal in R. Wie zuvor bezeichne R_d den homogenen Teil vom Grad d von R und $I_d = I \cap R_d$ den von I. Sei S der graduierte Restklassenring $S = R/I$ und $S_d = R_d/I_d$ der homogene Teil vom Grad d. Nach der Dimensionsformel gilt dann

$$\dim(I_d) + \dim(S_d) = \dim(R_d) = \binom{n+d}{n}.$$

Definition Die **Hilbert-Funktion** von I ist die Funktion

$$H_I : \begin{cases} \mathbb{N}_0 & \to & \mathbb{N}_0 \\ d & \mapsto & \dim(S_d) \end{cases}.$$

Ist $X \subset \mathbb{P}^n$ eine projektive Varietät mit homogenem Verschwindungsideal $\mathcal{I}_+(X)$, so schreiben wir für $H_{\mathcal{I}_+(X)}$ auch H_X, die Hilbert-Funktion von X.

Die Dimension von $\mathcal{I}(X)_d$ ist die Anzahl unabhängiger Formen vom Grad d, die auf X verschwinden, also die Anzahl der Hyperflächen vom Grad d, die X enthalten. Die Hilbert-Funktion von X drückt dies aus durch die **Codimension** von $\mathcal{I}(X)_d$ in R_d.

3.7.1 Beispiele (1) Die Hilbert-Funktion des Nullideals (und damit die Hilbert-Funktion von $\mathbb{P}^n$) ist

$$H_{\mathbb{P}^n}(d) = \dim R_d = \binom{n+d}{n}.$$

(2) Die Varietät $X = \{p, q, r\}$ bestehe aus drei verschiedenen Punkten in $\mathbb{P}^2$. Ob das Ideal $\mathcal{I}_+(X)$ eine Linearform enthält oder nicht, sagt gerade, ob die drei Punkte p, q, r kollinear sind oder nicht. Es gilt also

$$H_X(1) = \begin{cases} 2 & \text{falls } p, q, r \text{ kollinear sind,} \\ 3 & \text{falls nicht.} \end{cases}$$

Andererseits gilt immer $H_X(2) = 3$. Um das einzusehen, betrachten wir die Abbildung

$$\Phi : \begin{cases} K[x_0, x_1, x_2]_2 & \to & K^3 \\ f & \mapsto & (f(p), f(q), f(r)) \end{cases}.$$

Damit Φ wohldefiniert ist, müssen wir Vertreter von p, q, r in $K^3 \setminus \{0\}$ wählen. Wir interessieren uns aber nur für die Dimension von Kern und Bild, die von den Vertretern unabhängig ist.

Für jede Wahl von zwei der drei Punkte p, q, r gibt es eine quadratische Form, die in diesen beiden Punkten verschwindet, aber nicht in dem verbleibenden Punkt, zum Beispiel ein Produkt von zwei geeigneten Linearformen. Deshalb liegen die drei Einheitsvektoren im Bild von Φ, so dass Φ surjektiv ist. Damit hat der Kern von Φ, welcher genau $\mathcal{I}(X)_2$ ist, nach der Dimensionsformel die Dimension 3. $\diamond$

Das Hauptergebnis für diesen Abschnitt ist der folgende Satz.

3.7.2 Satz (Hilbert) *Für jedes homogene Ideal I in $K[x_0, \dots, x_n]$ gibt es eine Zahl $d_0 \geqslant 0$ und ein eindeutig bestimmtes Polynom $P_I \in \mathbb{Q}[t]$ mit*

$$H_I(d) = P_I(d)$$

für alle $d \geqslant d_0$.

Das Polynom P_I heißt das **Hilbert-Polynom** von I. Ist $I = \mathcal{I}_+(X)$ das homogene Verschwindungsideal einer projektiven Varietät, dann schreiben wir wieder P_X anstelle von $P_{\mathcal{I}_+(X)}$.

Wir geben für diesen Satz zwei verschiedene Beweise. Der erste Beweis führt die Aussage auf den Fall monomialer Ideale zurück und verwendet dafür einige Aussagen aus Anhang B.

3.7.3 Proposition *Es sei I ein homogenes Ideal in R und $\leqslant$ eine Monomordnung auf R.*

(1) Ist $f \in R$ homogen vom Grad d, dann auch jeder Rest von f modulo I bezüglich $\leqslant$.

(2) Das Ideal I und sein Leitideal $\mathrm{LI}(I)$ bezüglich $\leqslant$ haben dieselbe Hilbert-Funktion.

Beweis. (1) Sei r ein Rest von f modulo I bezüglich $\leqslant$. Per Definition gilt $f - r \in I$ und r enthält kein Monom aus $\mathrm{LI}(I)$. Für $e \neq d$ gilt also $r_e = -(f - r)_e \in I_e$. Wäre $r_e \neq 0$, so läge das Leitmonom von r_e also in $\mathrm{LI}(I)$, ein Widerspruch dazu, dass r ein Rest der Division ist.

(2) Sei $d \geqslant 1$. Nach Lemma B.1.1 liegt eine Form f vom Grad d genau dann im monomialen Ideal $\mathrm{LI}(I)_d$, wenn alle in f vorkommenden Monome in $\mathrm{LI}(I)_d$ liegen. Deshalb bilden die Monome x^α vom Grad d, die nicht in $\mathrm{LI}(I)_d$ enthalten sind, eine Basis des Vektorraums $R_d/\mathrm{LI}(I)_d$.

Ist $f \in R$ homogen vom Grad d, so ist ein Rest r von f modulo I bezüglich $\leqslant$ wieder homogen vom Grad d, nach (1). Außerdem gilt $f - r \in I_d$ und kein Monom in r liegt in $\mathrm{LI}(I)$. Deshalb bilden die Monome x^α vom Grad d, die nicht in $\mathrm{LI}(I)_d$ liegen, auch eine Vektorraum-Basis von R_d/I_d. Damit haben beide Räume die gleiche Dimension und die Hilbert-Funktionen damit denselben Wert an der Stelle d. $\square$

Beweis von Satz 3.7.2. Nach Prop. 3.7.3(2) können wir I durch sein Leitideal bezüglich irgendeiner Monomordnung ersetzen und deshalb ohne Einschränkung annehmen, dass I ein monomiales Ideal ist. Es sei also I erzeugt von k Monomen, und wir zeigen die Behauptung durch Induktion nach k. Für $k = 0$ ist $I = (0)$ und die Hilbert-Funktion ist $H_{(0)}(d) = \binom{n+d}{n}$. Dies ist ein Polynom in d, nämlich

$$P_{(0)}(t) = \binom{t+n}{n} = \frac{1}{n!}(t+1)\cdots(t+n).$$

Sei $k \geqslant 0$ und sei $I = J + (x^\beta)$, wobei J von k Monomen erzeugt ist, etwa

$$J = (x^{\alpha_1}, \ldots, x^{\alpha_k}).$$

Setze

$$J' = (J : x^\beta) = \{f \in R : x^\beta f \in J\}.$$

Nach Lemma B.1.1 gilt nun

$$J' = \left(\frac{x^{\alpha_i}}{\mathrm{ggT}(x^{\alpha_i}, x^\beta)} : i = 1, \ldots, k \right).$$

Setze $e = |\beta|$ und betrachte für $d \geqslant e$ die lineare Abbildung

$$R_{d-e} \to (I/J)_d, f \mapsto \overline{x^\beta f}.$$

Sie ist surjektiv und ihr Kern ist gerade J'_{d-e}. Nach der Dimensionsformel gilt deshalb $\dim(R_{d-e}) = \dim(J'_{d-e}) + \dim(I/J)_d$. Außerdem ist $\dim(I/J)_d = \dim(I_d) - \dim(J_d)$ und deshalb zusammen

$$\dim(R_{d-e}) = \dim(J'_{d-e}) + \dim(I_d) - \dim(J_d).$$

Daraus folgt $\dim(R_{d-e}) - \dim(J'_{d-e}) = (\dim(R_d) - \dim(J_d)) - (\dim(R_d) - \dim(I_d))$, also

$$H_I(d) = H_J(d) - H_{J'}(d - e).$$

Nach Induktionsvoraussetzung angewandt auf J und J' gibt es also $d_0 \geqslant e$ mit

$$H_I(d) = P_J(d) - P_{J'}(d - e)$$

für alle $d \geqslant d_0$. Also ist $P_J(t) - P_{J'}(t - e)$ das Hilbert-Polynom von I. Die Eindeutigkeit folgt daraus, dass zwei Polynome, die an unendlich vielen Stellen übereinstimmen, gleich sind. $\qquad\square$

3.7.4 Beispiele (1) Die Hilbert-Funktion von $\mathbb{P}^n$ ist bereits ein Polynom und stimmt deshalb mit dem Hilbert-Polynom überein, nämlich

$$P_{\mathbb{P}^n}(t) = \binom{t+n}{n}.$$

(2) Es sei $X \subset \mathbb{P}^2$ eine Kurve, gegeben durch ein reduziertes homogenes Polynom $f \in K[x_0, x_1, x_2]$ vom Grad d. Dann gilt $\mathcal{I}_+(X) = (f)$, und für $e \geqslant d$ besteht der homogene Teil $(f)_e$ gerade aus allen Formen vom Grad e, die durch f teilbar sind. Mit anderen Worten, die Multiplikation mit f definiert einen Vektorraumisomorphismus

$$K[x_0, x_1, x_2]_{e-d} \xrightarrow{\sim} (f)_e, g \mapsto g \cdot f.$$

Es folgt

$$\dim((f)_e) = \begin{cases} \binom{e-d+2}{2} & \text{für } e \geqslant d \\ 0 & \text{für } e < d. \end{cases}$$

und damit

$$H_X(e) = \binom{e+2}{2} - \binom{e-d+2}{2} = d \cdot e - \frac{d(d-3)}{2} \quad \text{(für } e \geqslant d\text{)},$$

$$P_X(t) = dt - \frac{d(d-3)}{2}.$$

(3) Genauso geht das für $n > 2$. Das Hilbert-Polynom einer Hyperfläche $X \subset \mathbb{P}^n$ vom Grad d ist

$$P_X(t) = \binom{t+n}{n} - \binom{t-d+n}{n} =$$

$$= \frac{d}{(n-1)!} t^{n-1} + \text{Terme von niedrigerem Grad in } t \qquad \diamond$$

Die Werte des Hilbert-Polynoms in den natürlichen Zahlen stimmen per Definition ab einem gewissen Grad mit der Hilbert-Funktion überein. Aber auch der *Grad* und die *Koeffizienten* des Hilbert-Polyoms einer projektiven Varietät enthalten wichtige Informationen.

3.7.5 Satz *Ist $I \subset R$ ein homogenes Ideal, dann gilt $\dim(\mathcal{V}_+(I)) = \deg(P_I)$. Insbesondere stimmt die Dimension einer projektiven Varietät mit dem Grad des Hilbertpolynoms ihres homogenen Koordinatenrings überein.*

Man beachte, dass nicht vorausgesetzt wird, dass I ein Radikalideal ist. Der übliche Beweis für Satz 3.7.2 hat den Vorteil, dass er die Dimensions-aussage gleich mit beweist. Der kurze Beweis mit Hilfe von Gröbner-Basen liefert diese Information leider nicht. Einige Beispiele, bevor wir den Beweis diskutieren.

3.7.6 Beispiele Die folgenden Dimensionen ergeben sich sofort aus den Berechnungen in den Beispielen 3.7.4 und den Übungen.

(1) Der projektive Raum $\mathbb{P}^n$ hat die Dimension n.
(2) Eine Hyperfläche $\mathcal{V}_+(f)$ in $\mathbb{P}^n$ hat die Dimension $n - 1$.
(3) Die rationale Normalkurve in $\mathbb{P}^n$ hat die Dimension 1 (siehe Übung).
(4) Die Veronese-Varietät $v_d(\mathbb{P}^n)$ hat die Dimension n (siehe Übung).
(5) Die Segre-Varietät $\Sigma_{m,n}$ hat die Dimension $m + n$ (siehe Übung).
(6) Jede endliche Varietät hat die Dimension 0. $\diamond$

Unser nächstes Ziel ist der Beweis von Satz 3.7.5, wobei wir auch einen *Wie üblich benutzen* zweiten Beweis für die Existenz des Hilbert-Polynoms geben.

wir die Als erstes bemerken wir, dass das Hilbert-Polynom ein **numerisches** *Kurzschreibweise* **Polynom** ist, das heißt, ein Polynom $f \in \mathbb{Q}[t]$ mit $f(d) \in \mathbb{Z}$ für alle $d \gg 0$. *$d \gg 0$ in Aussagen,* Diese Polynome bilden einen Teilring von $\mathbb{Q}[t]$, der $\mathbb{Z}[t]$ enthält. Er enthält *die für alle* noch weitere Elemente, wie etwa die Binomialkoeffizienten *hinreichend großen d* *gelten sollen.*

$$\binom{t}{k} = \frac{1}{k!} t(t-1) \cdots (t-k+1)$$

für jedes $k \geq 0$, aufgefasst als Polynome in t. Das folgende Lemma und sein Beweis finden sich so oder ähnlich in mehreren Büchern über kommutative Algebra. Für jede Funktion $h\colon \mathbb{Q} \to \mathbb{Q}$ verwenden wir die Notation

$$\Delta h(t) = h(t+1) - h(t).$$

3.7.7 Lemma *(1) Jedes numerische Polynom vom Grad m in $\mathbb{Q}[t]$ ist eine $\mathbb{Z}$-Linearkombination der Polynome $\binom{t}{k}$ mit $0 \leq k \leq m$.*

(2) Es sei $h\colon \mathbb{Z} \to \mathbb{Z}$ eine Funktion. Genau dann gibt es ein Polynom $p \in \mathbb{Q}[t]$ vom Grad $m+1$ mit $h(d) = p(d)$ für alle $d \gg 0$, wenn es $q \in \mathbb{Q}[t]$ vom Grad m mit $\Delta h(d) = q(d)$ für alle $d \gg 0$ gibt.

Beweis. (1) Das beweisen wir durch Induktion nach m. Für $m = 0$ ist nichts zu zeigen. Sei also $m > 0$. Da jedes der Polynome $\binom{t}{k}$ den Grad k hat, ist klar, dass diese Polynome für $k = 0, \ldots, m$ eine $\mathbb{Q}$-Basis von $\mathbb{Q}[t]_{\leq m}$ bilden. Ist also q ein numerisches Polynom vom Grad m, dann können wir zunächst

$$q(t) = c_m \binom{t}{m} + c_{m-1}\binom{t}{m-1} + \cdots + c_0 \tag{$*$}$$

mit $c_0, \ldots, c_m \in \mathbb{Q}$ schreiben. Es gilt $\Delta\binom{t}{k} = \binom{t}{k-1}$ (nach der Identität von Pascal für die Binomialkoeffizienten) und damit

$$\Delta q(t) = c_m \binom{t}{m-1} + c_{m-1}\binom{t}{m-2} + \cdots + c_1.$$

Nach Induktionsannahme folgt daraus $c_1, \ldots, c_m \in \mathbb{Z}$. Da q numerisch ist, muss dann auch $c_0 \in \mathbb{Z}$ gelten.

(2) Wir können q wie in $(*)$ darstellen. Setze dann

$$p(t) = c_m \binom{t}{m+1} + c_{m-1}\binom{t}{m} + \cdots + c_0 \binom{t}{1}.$$

Daraus folgt $\Delta p = q$ und nach Voraussetzung damit $\Delta(h-p)(d) = 0$ für alle $d \gg 0$. Das bedeutet gerade, dass es eine Konstante $c \in \mathbb{Z}$ mit $h(d) - p(d) = c$ für alle $d \gg 0$ gibt, und damit $h(d) = p(d) + c$ für alle $d \gg 0$. $\square$

Als weiteres Hilfsmittel brauchen wir die Primärzerlegung eines Ideals (siehe §A.2; dort besonders Übung A.2.7). Jedes homogene Ideal $I \subset R$ besitzt eine **homogene Primärzerlegung**

$$I = I_1 \cap \cdots \cap I_r$$

was insbesondere bedeutet, dass die Radikalideale $\sqrt{I_j}$ prim sind (dies sind die *assoziierten Primideale von I*). Für die projektiven Varietäten heißt das

$$\mathcal{V}_+(I) = \mathcal{V}_+(I_1) \cup \cdots \cup \mathcal{V}_+(I_r),$$

wobei die Varietäten $\mathcal{V}_+(I_j)$ irreduzibel sind. Dabei sind drei verschiedene Fälle zu unterscheiden:

Überlegen Sie, warum jede Folge $f_0, \ldots, f_m \in \mathbb{Q}[t]$ mit $\deg(f_i) = i$ eine Basis von $\mathbb{Q}[t]_{\leq m}$ ist.

Wenn wir voraussetzen, dass I ein Radikalideal ist, dann entspricht die Primärzerlegung einfach der Zerlegung von $\mathcal{V}_+(I)$ in irreduzible Komponenten.

(i) $\mathcal{V}_+(I_j)$ ist eine irreduzible Komponente von $\mathcal{V}_+(I)$.

(ii) $\mathcal{V}_+(I_j) \subset \mathcal{V}_+(I_k)$ für ein $k \neq j$. In diesem Fall ist I_j für die Varietät $\mathcal{V}_+(I)$ unwesentlich (eine sogenannte eingebettete Komponente von I).

(iii) $\mathcal{V}_+(I_j) = \emptyset$; dann gilt $(x_0, \ldots, x_n) \subset \sqrt{I_j}$ nach dem projektiven Nullstellensatz 3.2.7.

3.7.8 Lemma *Es sei $I \subset R$ ein homogenes Ideal mit homogener Primärzerlegung*

$$I = I_1 \cap \cdots \cap I_r.$$

Sei $S = R/I$ der graduierte Restklassenring und $X = \mathcal{V}_+(I) \subset \mathbb{P}^n$. Angenommen $f \in R$ ist homogen vom Grad e mit der Eigenschaft, dass $\mathcal{V}_+(f)$ keine der Varietäten $\mathcal{V}_+(I_j)$ enthält, es sei denn $\mathcal{V}_+(I_j) = \emptyset$. Dann gibt es $e' \geqslant e$ derart, dass die lineare Abbildung

$$\alpha_d : \begin{cases} S_{d-e} & \to & S_d \\ \overline{g} & \mapsto & \overline{fg} \end{cases}$$

für alle $d \geqslant e'$ injektiv ist.

Beweis. Für die Ideale I_j in der Primärzerlegung müssen wir zwei Fälle unterscheiden. Falls $\mathcal{V}_+(I_j) = \emptyset$ gilt, so gibt es $d_j \geqslant 0$ mit $R_{d_j} \subset I_j$ nach dem projektiven Nullstellensatz (Kor. 3.2.8). Falls keine solche Komponente existiert, setze $e' = e$, andernfalls setze $e' = \max\{e + d_j : \mathcal{V}_+(I_j) = \emptyset\}$. Ist nun $\overline{g} \in S_{d-e}$ mit $d \geqslant e'$ und $\overline{fg} = 0$ in S_d, dann also $fg \in I$ und damit $fg \in I_j$ für $j = 1, \ldots, r$. Falls $\mathcal{V}(I_j) \neq \emptyset$, so folgt $f \notin \sqrt{I_j}$ aus der Voraussetzung an f und deshalb $g \in I_j$. Falls $\mathcal{V}(I_j) = \emptyset$, so folgt ebenfalls $g \in I_j$ wegen $\deg(g) \geqslant d_j$. Es folgt also $g \in I$ und damit $\overline{g} = 0$, wie behauptet. $\qquad\square$

3.7.9 Beispiel Es sei $I = \left(x_0 x_1, x_1^2\right) \subset K[x_0, x_1]$ und $X = \mathcal{V}_+(I)$. Dann gilt $X = \{[1,0]\} \subset \mathbb{P}^1$, so dass x_0 auf keiner irreduziblen Komponente von X verschwindet. Es ist aber $I \subsetneq \mathcal{I}_+(X)$ wegen $x_1 \in \mathcal{I}_+(X) \setminus I$. Betrachte wie im Beweis des Lemmas die lineare Abbildung

$$\alpha_d : \begin{cases} (K[x_0, x_1]/I)_{d-1} & \to & (K[x_0, x_1]/I)_d \\ \overline{g} & \mapsto & \overline{g \cdot x_0} \end{cases} .$$

Dann ist α_1 nicht injektiv, denn $\alpha_1(\overline{x_1}) = \overline{x_0 x_1} = 0$, aber $\overline{x_1} \neq 0$. Aber α_2 ist injektiv, da I_2 jede quadratische Form enthält, die in $[1,0]$ verschwindet. $\diamond$

Zweiter Beweis von Satz 3.7.2 und von Satz 3.7.5. Es sei $X = \mathcal{V}_+(I)$ und $m = \dim(X)$. Wir zeigen die Existenz des Hilbert-Polynoms P_I mit $H_I(d) = P_I(d)$ für $d \gg 0$ und $m = \deg(P_I)$ durch Induktion nach m. Als Induktionsanfang nehmen wir den Fall $X = \emptyset$. Nach dem projektiven Nullstellensatz (Kor. 3.2.8) gilt dann $I_d = R_d$ für $d \gg 0$. Also gilt für die Hilbert-Funktion $h_I(d) = 0$ für $d \gg 0$ und $P_I = 0$ ist das passende Hilbert-Polynom. Außerdem ist $\dim(X) = \deg(P_I) = -\infty$.

Sei nun $m \geqslant 0$. Dann können wir durch Koordinatenwechsel ohne Einschränkung annehmen, dass die Voraussetzungen des vorangehenden Lemmas für $f = x_0$ erfüllt sind. Es sei also $S = R/I$. Nach dem Lemma ist die lineare Abbildung

$$\alpha_d \colon S_{d-1} \to S_d, \overline{g} \mapsto \overline{g \cdot x_0}.$$

injektiv für alle $d \gg 0$. Das Bild von α_d ist gerade das Ideal $(\overline{x_0})_d$. Für die Hilbert-Funktionen gilt $H_I(d) = \dim S_d$ und

$$H_{I+(x_0)}(d) = \dim(S/(\overline{x_0}))_d = \dim(S_d) - \dim((\overline{x_0})_d) = H_I(d) - H_I(d-1)$$

für $d \gg 0$. Nun gilt $\dim\big(X \cap \mathcal{V}_+(x_0)\big) = m - 1$ nach Satz 2.9.1 (bzw. Satz 4.5.3). Nach Induktionsvoraussetzung stimmt $H_{I+(x_0)}(d)$ also für $d \gg 0$ mit einem Polynom $P_{I+(x_0)}$ vom Grad $m - 1$ überein. Damit folgt die Behauptung für H_I aus Lemma 3.7.7(2). $\qquad\square$

3.7.10 Bemerkung Das Hilbert-Polynom einer projektiven Varietät enthält noch weitere Invarianten. Ist $X \subset \mathbb{P}^n$ eine projektive Varietät der Dimension m, dann kann man sich überlegen, dass der Leitkoeffizient von P_X multipliziert mit $m!$ eine positive ganze Zahl ist (Übung 3.7.2). Diese Zahl heißt der **Grad von** X. Aus der Berechnung des Hilbert-Polynoms in Beispiel 3.7.4(3) folgt, dass der Grad einer Hyperfläche $\mathcal{V}_+(f)$ mit $\deg(f) = d$ gleich d ist, also mit dem üblichen Grad übereinstimmt.

Auch der konstante Term des Hilbert-Polynoms hat einen Namen. Ist X eine projektive Varietät der Dimension m, so heißt die Zahl $(-1)^m(p_X(0) - 1)$ das **arithmetische Geschlecht von** X. Besonders wichtig ist diese Invariante für Kurven, also im Fall $m = 1$. Nach Beispiel 3.7.4(2) hat eine ebene Kurve vom Grad d das arithmetische Geschlecht

$$g_a = \binom{d-1}{2} = \frac{(d-1)(d-2)}{2}.$$

Das arithmetische Geschlecht spielt eine große Rolle in der systematischen Theorie der algebraischen Kurven bzw. der Riemannschen Flächen.

Übungen

Übung 3.7.1 Es sei X eine Menge von m Punkten in $\mathbb{P}^n$ und sei H_X die Hilbert-Funktion von X. Zeigen Sie: Für alle $d \geq m - 1$ gilt $H_X(d) = m$.

Übung 3.7.2 Sei $f \in \mathbb{Q}[t]$ ein numerisches Polynom vom Grad d. Zeigen Sie, dass der Leitkoeffizient von f multipliziert mit $d!$ und der konstante Term von f ganzzahlig sind.

Übung 3.7.3   (1) Bestimmen Sie das Hilbert-Polynom, den Grad und das arithmetische Geschlecht der rationalen Normalkurve in $\mathbb{P}^n$.

(2) Bestimmen Sie das Hilbert-Polynom und den Grad der Veronese-Varietäten.

Übung 3.7.4 Es sei $X \subset \mathbb{P}^n$ eine Menge von m Punkten und sei $d \geq 0$. Beweisen Sie, dass die folgenden Aussagen äquivalent sind.

(1) Die Hilbert-Funktion H_X erfüllt $H_X(d) = m$.

(2) Die Punktauswertungen $\{\mu_p \mid p \in X\}$, gegeben durch $\mu_p \colon K[x_0, \ldots, x_n]_d \to K, f \mapsto f(p)$, sind linear unabhängige Elemente im Dualraum $K[x_0, \ldots, x_n]_d^*$.

(3) Für jedes $p \in X$ gibt es ein $f \in K[x_0, \ldots, x_n]_d$ mit $f(q) = 0$ für alle $q \in X$, $q \neq p$ und $f(p) \neq 0$.

3.8 Graßmann-Varietäten

Die Graßmann-Varietäten sind bestimmte projektive Varietäten, die lineare und projektive Unterräume parametrisieren. Die Darstellung in diesem Abschnitt folgt weitgehend der im Buch von Harris [13]. Es sei wie immer K ein Körper und V ein endlichdimensionaler K-Vektorraum.

Definition Wir schreiben

$$G(k,V) = \left\{ U \subset V \mid U \text{ ist ein } k\text{-dimensionaler Unterraum von } V \right\}$$

$$G(k,n) = \left\{ U \subset K^n \mid U \text{ ist ein } k\text{-dimensionaler Unterraum von } K^n \right\}$$

Nach HERMANN
GRASSMANN
(1809-1877), dem
Begründer der
linearen Algebra

und nennen diese Mengen **Graßmann'sche** oder **Graßmann-Varietäten** (auch wenn sie im Moment nur Mengen ohne Struktur einer Varietät sind).

Da die $(k + 1)$-dimensionalen linearen Unterräume von K^{n+1} eindeutig den projektiven Unterräumen von $\mathbb{P}^n$ der projektiven Dimension k entsprechen, werden wir auch die Notation

$$\mathbb{G}(k,n) = G(k + 1, n + 1)$$

verwenden, wenn es um Unterräume von $\mathbb{P}^n$ geht. Per Definition gilt außerdem $G(1, n + 1) = \mathbb{G}(0,n) = \mathbb{P}^n$.

Unser erstes Ziel besteht darin zu zeigen, dass die Graßmann'schen als projektive Varietäten realisiert werden können. Dazu brauchen wir ein geeignetes Koordinatensystem für Unterräume. In $\mathbb{P}^n$ repräsentiert ein homogenenes Koordinatentupel $[a_0, \ldots, a_n]$ eine Äquivalenzklasse von Punkten in $\mathbb{A}^{n+1}$: Die multiplikative Gruppe K^* operiert auf $\mathbb{A}^{n+1} \setminus \{0\}$ durch Skalarmultiplikation und jeder Punkt von $\mathbb{P}^n$ entspricht einer Bahn dieser Operation. Mit anderen Worten, $\mathbb{P}^n$ ist der *Bahnenraum* oder *Quotient* $(\mathbb{A}^{n+1} \setminus \{0\})/K^*$.

Dasselbe können wir auch für die Mengen $G(k,n)$ versuchen: Ein k-dimensionaler Unterraum von K^n wird durch k Vektoren aufgespannt. Wir betrachten also die Menge aller k-Tupel von linear unabhängigen Vektoren, die wir als Zeilen von $k \times n$-Matrizen realisieren können. Die Gruppe $\mathrm{GL}_k(K)$ operiert durch Linksmultiplikation auf diesem Raum

$$\begin{pmatrix} \lambda_{1,1} & \cdots & \lambda_{1,k} \\ \vdots & \ddots & \vdots \\ \lambda_{k,1} & \cdots & \lambda_{k,k} \end{pmatrix} \cdot \begin{pmatrix} a_{1,1} & a_{1,2} & \cdots & a_{1,n} \\ \vdots & \vdots & \ddots & \vdots \\ a_{k,1} & a_{k,2} & \cdots & a_{k,n} \end{pmatrix}$$

und zwei $k \times n$-Matrizen haben genau dann den gleichen Zeilenraum, wenn sie unter dieser Gruppenoperation in derselben Bahn liegen. Wir können deshalb $G(k,n)$ mit dem Quotienten

$$\mathrm{Mat}_{k \times n}^{(k)}(K)/\mathrm{GL}_k(K)$$

identifizieren, wobei $\mathrm{Mat}^{(k)}$ die Menge der Matrizen vom Rang k bezeichnet.

Bei genauerer Betrachtung sehen wir Folgendes: Ist der erste $k \times k$-Minor der Matrix auf der rechten Seite ungleich 0, dann enthält die Bahn eine eindeutige bestimmte Matrix der Form

$$
\begin{pmatrix}
1 & 0 & \cdots & 0 & b_{1,1} & b_{1,2} & \cdots & b_{1,n-k} \\
0 & 1 & \cdots & 0 & b_{2,1} & b_{2,2} & \cdots & b_{2,n-k} \\
\vdots & & & \vdots & \vdots & & & \vdots \\
0 & 0 & \cdots & 1 & b_{k,1} & b_{k,2} & \cdots & b_{k,n-k}
\end{pmatrix}.
$$

Umgekehrt ist das für jede $k \times (n - k)$-Matrix B eine Matrix vom Rang k. Mit anderen Worten, die Zeilenräume von Matrizen dieser Form stehen in Bijektion mit einem affinen Raum $\mathbb{A}^{k(n-k)}$.

Leider hängt dies an einer Wahl, die sich aus der Annahme ergibt, dass der erste $k \times k$-Minor ungleich 0 ist. Im Allgemeinen können wir diese Voraussetzung erst durch Vertauschung der Spalten erreichen. Das bedeutet, dass die Graßmann'sche $G(n, k)$ durch $\binom{n}{k}$ Kopien des affinen Raums $\mathbb{A}^{k(n-k)}$ überdeckt wird, in Analogie mit dem projektiven Raum. Insbesondere hat die Graßmann'sche als Varietät, wie auch immer sie schließlich realisiert wird, die Dimension $k(n - k)$.

Um mit dieser Beschreibung der Graßmann'schen besser arbeiten zu können, ist etwas multilineare Algebra hilfreich. Für eine Einführung in das Tensorprodukt von Vektorräumen verweisen wir auf das Buch von Fischer [7, Kap. 6]. Im Grunde genügen aber die unten angegebenen Eigenschaften (1)–(4) der äußeren Algebra, um korrekt damit zu operieren.

Sei V ein Vektorraum der endlichen Dimension n. Die **Tensoralgebra** über V ist die nicht-kommutative Algebra

$$
T(V) = \bigoplus_{k \geqslant 0} V^{\otimes k}
$$

wobei $V^{\otimes k}$ die k-te Tensorpotenz von V ist, aufgespannt von allen Elementartensoren $v_1 \otimes \cdots \otimes v_k$ mit $v_1, \ldots, v_k \in V$. Das Produkt auf $T(V)$ ist das Aneinanderhängen von Tensoren, also die Abbildung

$$
V^{\otimes k} \times V^{\otimes \ell} \to V^{\otimes k+\ell}
$$

die durch bilineare Ausdehnung aus der Zuordnung

$$
(v_1 \otimes \cdots \otimes v_k, w_1 \otimes \cdots \otimes w_\ell) \mapsto v_1 \otimes \cdots \otimes v_k \otimes w_1 \otimes \cdots \otimes w_\ell.
$$

von Elementartensoren entsteht.

Definition Die **äußere Algebra** (oder *Graßmann-Algebra*) $\bigwedge V$ über einem Vektorraum V ist der Restklassenring von $T(V)$ modulo dem (beidseitigen) Ideal, das von allen Tensoren der Form $v \otimes v$ $(v \in V)$ erzeugt wird. Die Restklasse eines Basistensors $v_1 \otimes \ldots \otimes v_k$ wird mit

$$
v_1 \wedge \cdots \wedge v_k
$$

bezeichnet. Die Elemente von $\bigwedge V$ sind also Linearkombinationen solcher Restklassen und werden kurz **Multivektoren** genannt.

Die äußere Algebra erbt von der Tensoralgebra die Graduierung, das heißt es gibt eine Zerlegung

$$\bigwedge V = \bigoplus_{k \geqslant 0} \bigwedge{}^k V$$

wobei $\bigwedge^k V$ von allen Multivektoren der Form $v_1 \wedge \cdots \wedge v_k$, für $v_1, \ldots, v_k \in V$, aufgespannt wird. Insbesondere gelten $\bigwedge^1 V = V$ und $\bigwedge^0 V = K$.

In der äußeren Algebra $\bigwedge V$ gelten für alle $\omega, \eta, \vartheta \in \bigwedge V$, $\alpha \in K$ und $v \in V = \bigwedge^1 V$ die folgenden Rechenregeln:

(1) $\omega \wedge (\eta \wedge \vartheta) = (\omega \wedge \eta) \wedge \vartheta$

(2) $\omega \wedge (\eta + \vartheta) = \omega \wedge \eta + \omega \wedge \vartheta$ und $(\omega + \eta) \wedge \vartheta = \omega \wedge \vartheta + \eta \wedge \vartheta$

(3) $\alpha(\omega \wedge \eta) = (\alpha\omega) \wedge \eta = \omega \wedge (\alpha\eta)$

(4) $v \wedge v = 0$.

! Aus (4) folgt nicht $\omega \wedge \omega = 0$ für alle $\omega \in \bigwedge V$, da in einem solchen Ausdruck auch gemischte Terme vorkommen.

Für $v, w \in V$ folgt aus $(v + w) \wedge (v + w) = 0$ außerdem

(4') $v \wedge w = -w \wedge v$

was im Fall $\mathrm{char}(K) \neq 2$ zu (4) äquivalent ist. Per Induktion folgt weiter

(4'') $v_1 \wedge \cdots \wedge v_k = \mathrm{sgn}(\sigma)(v_{\sigma(1)} \wedge \cdots \wedge v_{\sigma(k)})$

für alle Permutationen $\sigma \in S_k$.

Wesentlich für das Rechnen mit diesem Kalkül ist der Zusammenhang mit Determinanten bzw. Minoren, der in folgendem Lemma steckt.

3.8.1 Lemma *Es sei $v_1, \ldots, v_n$ eine Basis von V. Dann gilt*

$$\left(\sum a_{i,1} v_i \right) \wedge \cdots \wedge \left(\sum a_{i,k} v_i \right) = \sum_{i_1 < \cdots < i_k} \begin{vmatrix} a_{i_1,1} & \cdots & a_{i_1,k} \\ \vdots & & \vdots \\ a_{i_k,1} & \cdots & a_{i_k,k} \end{vmatrix} v_{i_1} \wedge \cdots \wedge v_{i_k}$$

für $k \leqslant n$. Außerdem ist das System von Multivektoren $v_{i_1} \wedge \cdots \wedge v_{i_k}$ für $1 \leqslant i_1 < \cdots < i_k \leqslant n$ linear unabhängig.

Beweis. Das folgt aus der Leibniz-Formel für die Determinante und Gleichheit (4'') (siehe Übung 3.8.1). □

Aus dem Lemma folgt insbesondere, dass jeder Multivektor in $\bigwedge^n V$ (mit $n = \dim(V)$) ein Vielfaches von $v_1 \wedge \cdots \wedge v_n$ ist, wobei der Koeffizient eines Multivektors der Form $w_1 \wedge \cdots \wedge w_n$ durch die Determinante der Koeffizientenmatrix von $w_1, \ldots, w_n$ in der Basis $v_1, \ldots, v_n$ gegeben ist.

Man beachte, dass wir, wegen (4), niemals wiederholte Basiselemente benötigen. Insbesondere schließen wir:

3.8.2 Korollar *Ist $n = \dim(V)$, dann gilt*

$$\dim \bigwedge{}^k V = \binom{n}{k}$$

für alle $k \leqslant n$ und $\bigwedge^k V = 0$ für alle $k > n$. □

Wir benutzen die Graßmann-Algebra nun, um die Graßmann'sche als
projektive Varietät zu realisieren: Es sei W ein k-dimensionaler Unterraum
von V mit Basis $v_1, \ldots, v_k$. Der Multivektor $v_1 \wedge \cdots \wedge v_k \in \bigwedge^k V$ ist durch W
bis auf Skalierung bestimmt, wie wir gerade gesehen haben: Wenn wir eine
andere Basis von W wählen, dann entsteht der neue Multivektor in $\bigwedge^k V$
durch Multiplikation mit der Determinante des Basiswechsels. Wir erhalten
also eine wohldefinierte Abbildung

$$\psi \colon G(k,V) \to \mathbb{P}\big(\textstyle\bigwedge^k V\big).$$

Das Bild von ψ ist die Menge der **total zerlegbaren Multivektoren** in $\bigwedge^k V$.
(Während allgemeine Multivektoren in $\bigwedge^k V$ Summen von total zerlegbaren
sind.) Wir zeigen in Kürze, dass ψ außerdem injektiv ist. Wir haben dann die
Graßmann'sche $G(k,V)$ mit der Menge aller total zerlegbaren Multivektoren
in $\mathbb{P}(\bigwedge^k V)$ identifiziert. Das ist die **Plücker-Einbettung** von $G(k,V)$. Es
bleibt zu zeigen, dass dies eine abgeschlossene Teilmenge von $\mathbb{P}(\bigwedge^k V)$ ist,
und geeignete Gleichungen zu bestimmen.

3.8.3 Lemma *Es sei $\omega \in \bigwedge^k V$, $\omega \neq 0$. Der lineare Unterraum*

$$L_\omega = \{v \in V \mid \omega \wedge v = 0\}$$

*hat höchstens die Dimension k, wobei Gleichheit genau dann eintritt, wenn
ω total zerlegbar ist.*

Beweis. Wir wählen eine Basis $v_1, \ldots, v_s$ von L_ω und erweitern diese zu
einer Basis $v_1, \ldots, v_n$ von V. Wir schreiben ω in dieser Basis: Für jede Wahl
von Indizes $I = \{i_1, \ldots, i_k\}$ mit $1 \leqslant i_1 < \cdots < i_k \leqslant n$ sei $\omega_I = v_{i_1} \wedge \cdots \wedge v_{i_k}$.
Dann können wir ω schreiben als

$$\omega = \sum_{I \subset \{1, \ldots, n\}, |I| = k} c_I \omega_I$$

für Skalare $c_I \in K$. Für $j \in \{1, \ldots, n\}$ gilt

$$\omega \wedge v_j = \sum c_I \omega_I \wedge v_j = \sum_{I \,:\, j \notin I} c_I \omega_I \wedge v_j.$$

Für $j \leqslant s$ gilt nun $v_j \in L_\omega$ und die Gleichheit $\omega \wedge v_j = 0$ zeigt $c_I = 0$ für alle I
mit $j \notin I$. Mit anderen Worten, alle I mit $c_I \neq 0$ müssen $\{1, \ldots, s\}$ enthalten.
Falls $s > k$, dann gibt es kein solches I der Länge k, im Widerspruch zu
$\omega \neq 0$. Falls $s = k$, dann gibt es genau ein solches I, nämlich $I = \{1, \ldots, k\}$,
also ist ω ein Vielfaches von $v_1 \wedge \cdots \wedge v_k$. Ist umgekehrt ω total zerlegbar, etwa
$\omega = w_1 \wedge \cdots \wedge w_k$, dann gilt $w_1, \ldots, w_k \in L_\omega$ und damit $\dim L_\omega \geqslant k$. $\square$

Das ist alles, was wir für den Beweis des folgenden Satzes brauchen:

3.8.4 Satz *Die Graßmann'sche $G(k,V)$ ist eine projektive Varietät, einge-
bettet in $\mathbb{P}(\bigwedge^k V)$ unter der Plücker-Einbettung.*

Beweis. Es sei $\psi \colon G(k,V) \to \mathbb{P}(\bigwedge^k V)$ die Plücker-Einbettung. Für $W \in$
$G(k,V)$ und $\omega \in \bigwedge^k V$ mit $[\omega] = \psi(W)$ gilt dann $L_\omega = W$. Denn es gilt

offenbar $W \subset L_\omega$, und andererseits $\dim(L_\omega) \leqslant k = \dim(W)$ nach dem vorangehenden Lemma. Das zeigt, dass ψ injektiv ist.

Wir fixieren nun einen beliebigen Multivektor $\omega \in \bigwedge^k V$, $\omega \neq 0$ und betrachten die Abbildung

$$\varphi(\omega): \begin{cases} V & \to & \bigwedge^{k+1} V \\ v & \mapsto & \omega \wedge v \end{cases}.$$

Nach dem Lemma gilt $[\omega] \in G(k, V)$ genau dann, wenn der Rang von $\varphi(\omega)$ höchstens $n - k$ ist, wobei $n = \dim(V)$.

Die Abbildung $\bigwedge^k V \to \mathrm{Hom}(V, \bigwedge^{k+1} V)$ gegeben durch $\omega \mapsto \varphi(\omega)$ ist linear. Wenn wir Koordinaten fixieren, also eine Basis von V wählen, dann hat die Matrix $A(\omega)$, die $\varphi(\omega)$ beschreibt, lineare Einträge, also homogen vom Grad 1 in den Koordinaten. Daher wird $G(k, V)$ durch das Verschwinden aller $(n - k + 1) \times (n - k + 1)$-Minoren dieser Matrix beschrieben. $\square$

Wir fixieren eine Basis $v_1, \ldots, v_n$ von V und die zugehörige Basis $v_{i_1} \wedge \cdots \wedge v_{i_k}$, $1 \leqslant i_1 < \cdots < i_k \leqslant n$ von $\bigwedge^k V \cong K^{\binom{n}{k}}$. Wenn ein Unterraum W als Zeilenraum einer $k \times n$-Matrix A repräsentiert ist, dann zeigt die Formel aus Lemma 3.8.1 wie die Plücker-Einbettung in diesen Koordinaten aussieht: Sie bildet die Matrix A auf das Tupel aller $k \times k$-Minoren von A ab (wovon es $\binom{n}{k} = \dim(\bigwedge^k V)$ Stück gibt). Die Relationen zwischen diesen Minoren entsprechen den Gleichungen, welche $G(k, n)$ in $\mathbb{P}(\bigwedge^k V)$ definieren, und heißen die **Plücker-Relationen**.

3.8.5 Beispiel Die Graßmann'sche $\mathbb{G} = \mathbb{G}(1, 3) = G(2, 4)$ parametrisiert alle Geraden in $\mathbb{P}^3$. Die Plücker-Einbettung realisiert $\mathbb{G}$ in $\mathbb{P}(\bigwedge^2 K^4) \cong \mathbb{P}^5$. Wenn wir $z_{ij} = e_i \wedge e_j$ setzen ($0 \leqslant i < j \leqslant 3$), dann ist das Bild die quadratische Hyperfläche

$$\mathcal{V}_+(z_{01}z_{23} - z_{02}z_{13} + z_{03}z_{12})$$

genannt die **Plücker-Quadrik** — siehe dazu Übung 3.8.2. $\diamond$

Wir haben bereits gesehen, dass die Graßmann'sche $G(k, n)$ durch $\binom{n}{k}$ Kopien von $\mathbb{A}^{k(n-k)}$ überdeckt wird. Wie sieht diese Überdeckung unter der Plücker-Einbettung aus? Es sei Γ ein Unterraum der Dimension $n - k$ von V, entsprechend einem Multivektor $\eta \in \bigwedge^{n-k} V$. Die Menge

$$H_\Gamma = \left\{ W \in G(k, V) \mid \Gamma \cap W \neq \{0\} \right\}$$

ist eine Hyperebene in $G(k, V)$: Ist nämlich $W = [\omega]$ für ein $\omega \in \bigwedge^k V$, dann ist $\Gamma \cap W \neq \{0\}$ äquivalent zu $\omega \wedge \eta = 0$. Da $\omega \wedge \eta$ ein Element von $\bigwedge^n V$ ist und dieser Raum eindimensional ist, können wir $\bigwedge^n V$ mit K identifizieren und so η als Linearform auf $\bigwedge^k V$ interpretieren, gegeben durch $\omega \mapsto \omega \wedge \eta$. (Formal korrekter gesagt: Die Paarung $\bigwedge^{n-k} V \times \bigwedge^k V \to \bigwedge^n V$ ist perfekt und liefert deshalb einen natürlichen Isomorphismus $\bigwedge^k V \cong \mathrm{Hom}(\bigwedge^{n-k} V, \bigwedge^n V)$.)

Also ist H_Γ die durch η bestimmte Hyperebene, so dass $U_\Gamma = \mathbb{P}(\bigwedge^k V) \setminus H_\Gamma$ ein affiner Raum ist. Die Schnittmenge $G(k, V) \cap U_\Gamma$ entspricht den

k-dimensionalen Unterräumen von V, die zu Γ komplementär sind. Wenn
wir einen solchen Unterraum W_0 fixieren, dann können wir jeden weiteren
solchen Unterraum W auffassen als den Graph einer linearen Abbildung
$W_0 \to \Gamma$, und umgekehrt. (Gegeben W, dann ist die zugehörige lineare
Abbildung durch $w_0 \mapsto \gamma$ gegeben, wobei $\gamma \in \Gamma$ das eindeutige Element
mit $w_0 + \gamma \in W$ ist. Ist umgekehrt $\alpha: W_0 \to \Gamma$ linear, dann setze $W =
\{w_0 + \alpha(w_0) \mid w_0 \in W_0\}$. Diese Zuordnungen sind zu einander invers.)
Wegen $W_0 \cong K^k$ und $\Gamma \cong K^{n-k}$, erhalten wir

$$G(k,V) \cap U_\Gamma \cong \mathrm{Hom}(W_0,\Gamma) \cong \mathrm{Mat}_{k\times(n-k)}(K) = \mathbb{A}^{k(n-k)}.$$

Das ist die abstrakte Beschreibung der offenen Überdeckung der Graßmann'schen, die wir zu Beginn schon betrachtet haben.

Sei nun $V = K^n$ und $\Gamma = \mathrm{Lin}(e_{k+1},\ldots,e_n)$. Dann hat jeder zu Γ kom-
plementäre Unterraum W eine eindeutige Basis aus Zeilenvektoren einer
$k \times n$-Matrix der Form

$$A = \begin{pmatrix} 1 & 0 & \cdots & 0 & b_{1,1} & b_{1,2} & \cdots & b_{1,n-k} \\ 0 & 1 & \cdots & 0 & b_{2,1} & b_{2,2} & \cdots & b_{2,n-k} \\ \vdots & & & \vdots & \vdots & & & \vdots \\ 0 & 0 & \cdots & 1 & b_{k,1} & b_{k,2} & \cdots & b_{k,n-k} \end{pmatrix}.$$

Dadurch erhalten wir eine Bijektion zwischen $G(k,n) \cap U_\Gamma$ und $\mathbb{A}^{k(n-k)}$.

Die Plücker-Einbettung bildet die Matrix A auf das Tupel aller ihrer
$k \times k$-Minoren ab. Da der linke Block von A die Einheitsmatrix ist, sind
die $k \times k$-Minoren von A aber tatsächlich die Minoren der Matrix B von
beliebiger Größe. Die Plücker-Einbettung von $G(k,n) \cap U_\Gamma$ ist also durch
alle Minoren der Matrix B gegeben.

Da die affinen Teile $G(k,n) \cap U_\Gamma$ allesamt irreduzible offene Teilmengen
der Dimension $k(n-k)$ sind und sich paarweise schneiden, können wir
außerdem Folgendes festhalten:

3.8.6 Korollar *Die Graßmann'sche $G(k,n)$ ist eine irreduzible Varietät
der Dimension $k(n-k)$.* □

Die Graßmann'schen bieten für viele geometrische Probleme den richti-
gen Umgebungsraum. Als Beispiel betrachten wir die Menge der Unterräume, die in einer gegebenen projektiven Varietät enthalten sind.

3.8.7 Satz *Es sei $X \subset \mathbb{P}^n$ eine projektive Varietät. Für $k \leqslant n$ ist*

$$F_k(X) = \left\{ \Lambda \in \mathbb{G}(k,n) \mid \Lambda \subset X \right\}$$

eine abgeschlossene Teilmenge der Graßmann'schen $\mathbb{G}(k,n)$.

Die Varietät $F_k(X)$ parametrisiert also alle k-dimensionalen Unterräume,
die in X enthalten sind, und heißt die k-te **Fano-Varietät** von X.

*Nach GINO FANO
(1871–1952),
italienischer
Mathematiker*

Beweis. Es sei X definiert durch homogene Polynome $X = \mathcal{V}_+(f_1, \ldots, f_r)$. Wir fixieren einen $(n - k)$-dimensionalen Unterraum Γ von K^{n+1} und betrachten die affine offene Teilmenge U_Γ von $\mathbb{G}(k,n)$, die aus den zu Γ komplementären Unterräumen besteht. Wir bestimmen explizite Gleichungen für $U_\Gamma \cap F_k(X)$. Nach einem linearen Koordinatenwechsel können wir wieder annehmen, dass Γ von den Basisvektoren $e_{k+1}, \ldots, e_n$ aufgespannt wird. Wie wir gesehen haben, ist dann jeder Punkt in $\mathbb{G}(k,n) \cap U_\Gamma$ eindeutig gegeben als der Zeilenraum einer Matrix der Form

$$A = \begin{pmatrix} 1 & 0 & \cdots & 0 & b_{0,1} & b_{0,2} & \cdots & b_{0,n-k} \\ 0 & 1 & \cdots & 0 & b_{1,1} & b_{1,2} & \cdots & b_{1,n-k} \\ \vdots & & & \vdots & \vdots & & & \vdots \\ 0 & 0 & \cdots & 1 & b_{k,1} & b_{k,2} & \cdots & b_{k,n-k} \end{pmatrix}.$$

Die Einträge $b_{i,j}$ sind dabei reguläre Funktionen auf U_Γ unter der Plücker-Einbettung. Für $\lambda \in K^{k+1}$ sei $a(\lambda) = \sum_{i=0}^{k} \lambda_i a_{i\bullet}$, wobei $a_{i\bullet}$ den i-ten Zeilenvektor von A bezeichnet. Der von den Zeilen von A aufgespannte Unterraum ist genau dann in X enthalten, wenn

$$f_i(a(\lambda)_0, \ldots, a(\lambda)_n) = 0$$

für alle $\lambda \in K^{k+1}$ und $i = 1, \ldots, r$ gilt. Das bedeutet das Verschwinden aller Koeffizienten dieser Gleichung als Polynom in λ. Dies sind Polynomgleichungen in den Koordinaten $b_{i,j}$, die $F_k(X)$ in U_Γ definieren. $\qquad\square$

3.8.8 Beispiel In $\mathbb{P}^3$ mit Koordinaten $z_{00}, z_{01}, z_{10}, z_{11}$ ist die Quadrik

$$\Sigma = \mathcal{V}_+(z_{00}z_{11} - z_{01}z_{10})$$

gerade das Bild der Segre-Einbettung $\sigma \colon \mathbb{P}^1 \times \mathbb{P}^1 \to \mathbb{P}^3$. Sie enthält zwei Scharen von Geraden, nämlich $\sigma(\{p\} \times \mathbb{P}^1)$ und $\sigma(\mathbb{P}^1 \times \{p\})$ jeweils für $p \in \mathbb{P}^1$. Die Fano-Varietät $F_1(\Sigma)$ besteht deshalb aus zwei irreduziblen Komponenten, genauer zwei ebenen Kegelschnitten in $\mathbb{G}(1,3)$ (Übung 3.8.5). $\qquad\diamond$

Einige weitere geometrische Konstruktionen, die die Graßmann'sche verwenden, werden in den Übungen vorgestellt.

Übungen

Übung 3.8.1 Beweisen Sie Lemma 3.8.1.

Übung 3.8.2 Zeigen Sie, dass die Graßmann'sche $\mathbb{G}(1,3) = G(2,4)$ aller Geraden in $\mathbb{P}^3$ unter der Plücker-Einbettung in $\mathbb{P}(\bigwedge^2 K^4) \cong \mathbb{P}^5$ in den Koordinaten $z_{ij} = e_i \wedge e_j$ mit der quadratischen Hyperfläche

$$\mathcal{V}_+(z_{01}z_{23} - z_{02}z_{13} + z_{03}z_{12})$$

übereinstimmt, der **Plücker-Quadrik**. Interpretieren Sie diese Gleichung noch einmal explizit als Relation zwischen den 2×2-Minoren einer 2×4-Matrix.

Übung 3.8.3 Sei $p \in \mathbb{P}^3$ ein Punkt und $H \subset \mathbb{P}^3$ eine Ebene mit $p \in H$. Sei $\Sigma_{p,H} \subset \mathbb{G}(1,3)$ die Menge aller Geraden in $\mathbb{P}^3$, die durch p gehen und in H enthalten sind. Zeigen Sie:

(a) Unter der Plücker-Einbettung ist $\Sigma_{p,H}$ eine Gerade in $\mathbb{P}^5$.

(b) Jede Gerade in $\mathbb{G}(1,3) \subset \mathbb{P}^5$ ist von der Form $\Sigma_{p,H}$ für geeignete p, H.

Übung 3.8.4 Sei $p \in \mathbb{P}^3$ ein Punkt und $\Sigma_p \subset \mathbb{G}(1,3)$ die Menge aller Geraden durch p in $\mathbb{P}^3$. Sei entsprechend $H \subset \mathbb{P}^3$ eine Ebene und $\Sigma_H \subset \mathbb{G}(1,3)$ die Menge aller Geraden in H. Zeigen Sie:

(a) Unter der Plücker-Einbettung von $\mathbb{G}(1,3)$ werden sowohl Σ_p als auch Σ_H zu Ebenen in $\mathbb{P}^5$.

(b) Jede Ebene $\Lambda \subset \mathbb{G}(1,3) \subset \mathbb{P}^5$ ist entweder von der Form Σ_p für einen Punkt p oder Σ_H für eine Ebene H.

Übung 3.8.5 Bestimmen Sie die Fano-Varietät $F_1(\Sigma)$ für die Segre-Quadrik $\Sigma = \mathcal{V}_+(z_{00}z_{11} - z_{01}z_{10})$ in $\mathbb{P}^3$ (Beispiel 3.8.8).

Übung 3.8.6   (a) Es sei

$$\Sigma = \big\{ (\Lambda, x) \in \mathbb{G}(k,n) \times \mathbb{P}^n \mid x \in \Lambda \big\}.$$

Zeigen Sie die Gleichheit $\Sigma = \big\{ (v_1 \wedge \cdots \wedge v_k, w) \mid v_1 \wedge \cdots \wedge v_k \wedge w = 0 \big\}$ und folgern Sie, dass Σ eine abgeschlossene Teilmenge von $\mathbb{G}(k,n) \times \mathbb{P}^n$ ist.

(b) Es sei $\Phi \subset \mathbb{G}(k,n)$ eine abgeschlossene Untervarietät. Zeigen Sie, dass

$$\bigcup_{\Lambda \in \Phi} \Lambda$$

eine abgeschlossene Teilmenge von $\mathbb{P}^n$ ist.

(c) Es sei $X \subset \mathbb{P}^n$ eine projektive Varietät. Zeigen Sie, dass

$$\mathcal{C}_k(X) = \big\{ \Lambda \in \mathbb{G}(k,n) \mid \Lambda \cap X \neq \emptyset \big\}$$

abgeschlossen in $\mathbb{G}(k,n)$ ist.

Übung 3.8.7 Es seien $X, Y \subset \mathbb{P}^n$ zwei disjunkte projektive Varietäten und sei $J(X,Y)$ die Vereinigung aller Geraden $\overline{pq}$ mit $p \in X$ und $q \in Y$, genannt die *Verbindung* von X und Y. Zeigen Sie, dass $J(X,Y)$ in $\mathbb{P}^n$ abgeschlossen ist.

KAPITEL 4

Lokale Geometrie

In der projektiven Geometrie haben wir affine Varietäten durch Hinzunahme von Punkten im Unendlichen vergrößert. In diesem Kapitel gehen wir in gewisser Weise den umgekehrten Weg und verkleinern die Varietäten, indem wir zu offenen Teilmengen übergehen. Das führt auf die sogenannten quasiprojektiven Varietäten, die für viele Fragen flexibler sind als affine oder projektive und beide Typen von Varietäten beinhalten.

4.1 Topologische Räume

Bislang haben wir die Zariski-Topologie nur als Sprechweise gebraucht. In diesem Kapitel wird die Topologie eine größere Rolle spielen.

Definition Es sei X eine Menge. Eine **Topologie** auf X ist eine Menge von Teilmengen von X, die **offenen Mengen** von X, mit folgenden Eigenschaften:

(1) Die leere Menge und die ganze Menge X sind offen.
(2) Der Durchschnitt endlich vieler offener Mengen ist offen.
(3) Die Vereinigung beliebig vieler offener Mengen ist offen.

Eine Teilmenge $Y \subset X$ heißt **abgeschlossen**, wenn $X \setminus Y$ offen ist. Die Menge X zusammen mit einer Topologie heißt ein **topologischer Raum**.

Die abgeschlossenen Mengen in einem topologischen Raum X haben entsprechend die Eigenschaften:

(1') Die leere Menge und die ganze Menge X sind abgeschlossen.
(2') Die Vereinigung endlich vieler abgeschlossener Mengen ist abgeschlossen.
(3') Der Durchschnitt beliebig vieler abgeschlossener Mengen ist abgeschlossen.

Da sich offene und abgeschlossene Mengen gegenseitig bestimmen, kann eine Topologie wahlweise durch Angabe der offenen oder der abgeschlossenen Teilmengen spezifiziert werden.

© Springer-Verlag GmbH Deutschland, ein Teil von Springer Nature 2020
D. Plaumann, *Einführung in die Algebraische Geometrie*,
https://doi.org/10.1007/978-3-662-61779-3_4

4.1.1 Beispiele (1) Die Menge aller affinen Varietäten in $\mathbb{A}^n$ und die Menge aller projektiven Varietäten in $\mathbb{P}^n$ erfüllen die Eigenschaften der abgeschlossenen Mengen einer Topologie und bestimmen damit die **Zariski-Topologie** auf $\mathbb{A}^n$ und $\mathbb{P}^n$.

(2) Auf jeder Menge X gibt es die **diskrete Topologie**, in der alle Teilmengen offen (und damit auch alle Teilmengen abgeschlossen) sind. Die Zariski-Topologie auf einer nulldimensionalen (endlichen) Varietät ist die diskrete Topologie. Ebenso gibt es die **indiskrete Topologie**, in der nur $\emptyset$ und X offen bzw. abgeschlossen sind. Etwas interessanter ist die **co-endliche Topologie**, in der genau die endlichen Teilmengen von X sowie X selbst abgeschlossen sind. Die Zariski-Topologie auf $\mathbb{A}^1$ oder $\mathbb{P}^1$ stimmt mit der co-endlichen Topologie überein.

(3) Auf $\mathbb{R}^n$ und $\mathbb{C}^n$ hat man die übliche Topologie, in der eine Teilmenge Y abgeschlossen ist, wenn sie zu jeder konvergenten Folge aus Y auch den Grenzwert enthält. Wenn wir darauf Bezug nehmen wollen, nennen wir sie zur Unterscheidung von der Zariski-Topologie die **euklidische Topologie**. Jede Zariski-abgeschlossene Teilmenge von $\mathbb{C}^n$ ist auch abgeschlossen in der euklidischen Topologie — die euklidische Topologie ist **feiner** als die Zariski-Topologie, die Zariski-Topologie ist **gröber** als die euklidische. ◇

Begründen Sie, warum die euklidische Topologie feiner ist als die Zariski-Topologie.

Definition Es sei X ein topologischer Raum. Für $x \in X$ heißt jede offene Teilmenge U von X, die x enthält, eine **offene Umgebung** von x in X.

Definition Der **Abschluss** einer Teilmenge $W \subset X$ ist die kleinste abgeschlossene Teilmenge von X, die W enthält, also der Durchschnitt aller abgeschlossenen Teilmengen, die W enthalten, und wird mit $\overline{W}$ bezeichnet. Die Teilmenge W heißt **dicht**, wenn $\overline{W} = X$ gilt.

*Entsprechend definiert ist das **Innere** von W, die größte offene Teilmenge von X, die in W enthalten ist.*

Genau dann liegt ein Punkt im Abschluss von W, wenn er keine offene Umgebung besitzt, die W nicht schneidet. Insbesondere ist $W \subset X$ genau dann dicht, wenn jede offene Teilmenge von X Punkte aus W enthält.

!

Der Zusatz »in W« ist oft der einzige Hinweis darauf, dass von der Teilraumtopologie die Rede ist.

Definition Es sei X ein topologischer Raum und $W \subset X$ eine Teilmenge. Eine Teilmenge $U \subset W$ heißt **offen in** W, wenn es eine offene Teilmenge U' von X gibt mit $U = U' \cap W$. Die so definierte Topologie auf W heißt die **Teilraumtopologie** (oder *Spurtopologie*) auf W in X.

Entsprechend ist $Z \subset W$ genau dann abgeschlossen in W, wenn es eine abgeschlossene Teilmenge $Y \subset X$ mit $Z = Y \cap W$ gibt.

4.1.2 Beispiel Es sei $X = \mathbb{R}^3$ mit der euklidischen Topologie und $Y = S^2$ die Sphäre mit Radius 1 um den Ursprung mit der Teilraumtopologie, interpretiert als die Erdoberfläche. Die Menge aller Punkte auf der Erdoberfläche, die von Dortmund höchstens ($\leqslant$) 100 km entfernt sind, ist abgeschlossen in Y und auch abgeschlossen in X. Die Menge aller Punkte auf der Erdoberfläche, die von Dortmund weniger ($<$) als 100 km entfernt sind, ist offen in Y, aber nicht offen in X; siehe auch Übung 4.1.1. ◇

Definition Eine **offene Überdeckung** eines topologischen Raums X ist eine Familie $(U_i)_{i \in I}$ von offenen Teilmengen von X mit $X = \bigcup_{i \in I} U_i$.

4.1.3 Lemma *Es sei X ein topologischer Raum und $X = \bigcup_{i \in I} U_i$ eine offene Überdeckung von X. Genau dann ist eine Teilmenge $Y \subset X$ abgeschlossen, wenn $Y \cap U_i$ für alle $i \in I$ abgeschlossen in U_i ist.*

Beweis. Ist Y abgeschlossen, dann sind die Schnitte $Y \cap U_i$ abgeschlossen in U_i, nach Definition der Teilraumtopologie. Ist umgekehrt Y nicht abgeschlossen, dann gibt es einen Punkt $x \in \overline{Y} \setminus Y$ und einen Index i mit $x \in U_i$. Da U_i offen ist, ist jede offene Umgebung V von x in U_i auch offen in X, woraus $V \cap Y \neq \emptyset$ folgt. Also ist $Y \cap U_i$ auch nicht abgeschlossen in U_i. $\square$

Ähnlich einfach aber weniger vertraut ist der folgende Begriff, der im nächsten Abschnitt wichtig sein wird.

4.1.4 Lemma und Definition Sei X ein topologischer Raum. Eine Teilmenge $W \subset X$ heißt **lokal abgeschlossen**, wenn sie die folgenden äquivalenten Bedingungen erfüllt:

(i) Die Menge W ist der Durchschnitt einer offenen und einer abgeschlossenen Teilmenge von X.

(ii) Die Menge W ist offen in ihrem Abschluss $\overline{W}$.

Beweis. (i)$\Rightarrow$(ii). Es sei $W = U \cap Y$ mit $U \subset X$ offen und $Y \subset X$ abgeschlossen. Dann gilt $\overline{W} \subset Y$ und damit $W = U \cap \overline{W}$, was zeigt, dass W offen in $\overline{W}$ ist. (ii)$\Rightarrow$(i) ist trivial. $\square$

4.1.5 Beispiele (1) Jede offene Teilmenge eines topologischen Raums ist lokal abgeschlossen, ebenso jede abgeschlossene Teilmenge.

(2) In $\mathbb{A}^2$ ist die Menge $\mathcal{V}(x_1) \setminus \{(0,0)\}$ (also die senkrechte Achse ohne den Ursprung) lokal abgeschlossen in der Zariski-Topologie. (Für $K = \mathbb{C}$ ist sie auch lokal abgeschlossen in der euklidischen Topologie). Sie ist aber weder offen noch abgeschlossen in $\mathbb{A}^2$.

(3) Ihr Komplement $(\mathbb{A}^2 \setminus \mathcal{V}(x_1)) \cup \{(0,0)\}$ ist nicht lokal abgeschlossen (weder in der Zariski-Topologie noch in der euklidischen für $K = \mathbb{C}$). $\diamond$

Sind X_1 und X_2 topologische Räume, dann kann man das kartesische Produkt $X_1 \times X_2$ mit einer Topologie versehen, die aus der von X_1 und X_2 zusammengesetzt ist, der *Produkt-Topologie*. Das ist schön und gut, allerdings ist die Zariski-Topologie auf $\mathbb{A}^m \times \mathbb{A}^n = \mathbb{A}^{m+n}$ für $m, n \geqslant 1$ *nicht* die Produkttopologie. Das Beispiel $m = n = 1$ suggeriert dies bereits: Denn die Zariski-Topologie auf $\mathbb{A}^1$ ist die co-endliche Topologie, während die Zariski-Topologie auf $\mathbb{A}^1 \times \mathbb{A}^1 = \mathbb{A}^2$ viele unendliche abgeschlossene Teilmengen hat, nämlich alle ebenen Kurven. Sie ist also nicht in einfacher Weise aus der Topologie auf den beiden Faktoren zusammengesetzt. (Für diese Aussage und die Definition der Produkttopologie siehe Übung 4.1.2.) !

Definition Es sei $X \neq \emptyset$ ein topologischer Raum. Der Raum X heißt **reduzibel**, wenn es zwei abgeschlossene Teilmengen Y_1, Y_2 von X gibt mit

$$X = Y_1 \cup Y_2 \text{ und } Y_1, Y_2 \neq X.$$

Der Raum X heißt **unzusammenhängend**, wenn es solche Teilmengen Y_1, Y_2 gibt, die zusätzlich $Y_1 \cap Y_2 = \emptyset$ erfüllen.

Ein nicht-leerer Raum, der nicht reduzibel ist, heißt **irreduzibel**. Ein Raum, der nicht unzusammenhängend ist, heißt **zusammenhängend**. Eine Teilmenge $Y \subset X$ heißt (ir)reduzibel bzw. (un)zusammenhängend, wenn sie in der Teilraumtopologie die entsprechende Eigenschaft hat. Die leere Menge ist nicht irreduzibel und nicht zusammenhängend.

4.1.6 Beispiele (1) Jede irreduzible Menge ist zusammenhängend.

(2) Für affine oder projektive Varietäten mit der Zariski-Topologie stimmt die Definition von irreduzibel mit den vorigen Definitionen überein.

(3) In der euklidischen Topologie auf $\mathbb{R}^n$ oder $\mathbb{C}^n$ spielt Zusammenhang für die Analysis und Geometrie eine wichtige Rolle. Irreduzibilität ist dagegen völlig uninteressant, denn die einpunktigen Mengen sind die einzigen Beispiele (siehe Übung 4.1.7).

(4) In $\mathbb{A}^2$ ist die Varietät $\mathcal{V}(x_1 x_2) = \mathcal{V}(x_1) \cup \mathcal{V}(x_2)$ (die Vereinigung zweier sich schneidender Geraden) reduzibel aber zusammenhängend.   ◇

4.1.7 Proposition *Es sei X ein topologischer Raum.*

(1) Der Abschluss einer irreduziblen Teilmenge von X ist irreduzibel.

(1) stimmt auch für Zusammenhang statt Irreduzibilität, (2) dagegen nicht.

(2) Ist X irreduzibel, so ist jede nicht-leere offene Teilmenge von X irreduzibel und dicht in X, das heißt je zwei nicht-leere offene Teilmengen von X haben nicht-leeren Schnitt.

Beweis. (1) Sei $Y \subset X$ irreduzibel. Falls $\overline{Y} = Y_1 \cup Y_2$ mit Y_1, Y_2 abgeschlossen in $\overline{Y}$, so folgt $Y \subset Y_1$ oder $Y \subset Y_2$, weil Y irreduzibel ist. Weil Y_1 und Y_2 abgeschlossen sind, folgt $\overline{Y} = Y_1$ oder $\overline{Y} = Y_2$.

(2) Sei $U \subset X$ offen, $U \neq \emptyset$. Dann gilt $X = \overline{U} \cup (X \setminus U)$. Da X irreduzibel ist und $X \setminus U \subsetneq X$ gilt, folgt $\overline{U} = X$. Seien Y_1 und Y_2 abgeschlossene Teilmengen von X mit $U = (Y_1 \cap U) \cup (Y_2 \cap U)$. Wäre $Y_1 \cup Y_2 \subsetneq X$, so wäre $\overline{U} \subsetneq X$. Also folgt $Y_1 = X$ oder $Y_2 = X$, weil X irreduzibel ist.   □

Schließlich betrachten wir noch Abbildungen zwischen topologischen Räumen, beginnend mit der folgenden vertrauten Definition.

Definition Eine Abbildung $\varphi\colon X \to Y$ zwischen zwei topologischen Räumen heißt **stetig**, wenn Folgendes gilt: Für jede offene Teilmenge $U \subset Y$ ist $\varphi^{-1}(U)$ offen in X. Eine stetige Bijektion zwischen X und Y mit stetiger Umkehrabbildung heißt ein **Homöomorphismus**.

Äquivalent zur Stetigkeit ist, dass die Urbilder abgeschlossener Mengen abgeschlossen sind.

4.1.8 Beispiele (1) Die Projektion $\mathbb{A}^m \times \mathbb{A}^n \to \mathbb{A}^m$ auf den ersten Faktor ist stetig in der Zariski-Topologie.

(2) Für jedes Polynom $f \in K[x_1, \ldots, x_n]$ ist die Funktion $f\colon \mathbb{A}^n \to K$ stetig in der Zariski-Topologie.   ◇

Allgemeiner sind Morphismen bzw. homogene Polynomabbildungen zwischen affinen bzw. projektiven Varietäten stetig in der Zariski-Topologie, was wir später beweisen. Die Stetigkeit allein sagt dagegen nicht viel aus.

4.1.9 Beispiel Sind C_1 und C_2 zwei affine Kurven, dann ist die Zariski-Topologie die co-endliche Topologie. Deshalb ist jede Abbildung $C_1 \to C_2$ mit endlichen Fasern stetig, zum Beispiel jede injektive Abbildung.   ◇

4.1.10 Lemma *Sei $\varphi\colon X \to Y$ eine stetige Abbildung zwischen topologischen Räumen. Ist $Z \subset X$ zusammenhängend bzw. irreduzibel, so ist auch $\varphi(Z)$ zusammenhängend bzw. irreduzibel.*

Beweis. Sei $Z \subset X$ irreduzibel. Ist $\varphi(Z) \subset Z_1 \cup Z_2$ mit $Z_1, Z_2 \subset Y$ abgeschlossen, so folgt $Z \subset \varphi^{-1}(Z_1) \cup \varphi^{-1}(Z_2)$. Da φ stetig ist, sind $\varphi^{-1}(Z_1)$ und $\varphi^{-1}(Z_2)$ abgeschlossen. Also folgt $Z \subset \varphi^{-1}(Z_1)$ oder $Z \subset \varphi^{-1}(Z_2)$ und damit $\varphi(Z) = Z_1$ oder $\varphi(Z) = Z_2$, was zeigt, dass $\varphi(Z)$ irreduzibel ist. Ist Z zusammenhängend und gilt zusätzlich $Z_1 \cap Z_2 = \emptyset$, dann auch $\varphi^{-1}(Z_1) \cap \varphi^{-1}(Z_2) = \emptyset$ und die Behauptung folgt entsprechend. $\qquad\square$

Definition Eine Abbildung $\varphi\colon X \to Y$ zwischen topologischen Räumen heißt **offen** bzw. **abgeschlossen**, wenn $\varphi(W)$ für jede offene bzw. abgeschlossene Teilmenge W von X wieder offen bzw. abgeschlossen in Y ist.

4.1.11 Beispiel Im Allgemeinen muss eine stetige Abbildung weder offen noch abgeschlossen sein. Wir haben schon mehrfach gesehen, dass die Projektion $\mathbb{A}^2 \to \mathbb{A}^1$ auf den ersten Faktor nicht abgeschlossen ist, denn die abgeschlossene Teilmenge $\mathcal{V}(1 - x_1 x_2)$ hat das Bild $\mathbb{A}_1 \setminus \{0\}$. Allerdings sind Projektionen immer offen (Übung 4.1.6). Außerdem haben wir mit Eliminationstheorie bewiesen, dass homogene Polynomabbildungen zwischen projektiven Varietäten abgeschlossen sind (Kor. 3.6.5). $\qquad\diamond$

Definition Ein topologischer Raum X heißt **noethersch**, wenn er die absteigende Kettenbedingung für abgeschlossene Mengen besitzt: Ist

$$Y_1 \supset Y_2 \supset \cdots$$

eine absteigende Folge von abgeschlossenen Teilmengen von X, dann gibt es einen Index m mit $Y_k = Y_{k+1}$ für alle $k \geqslant m$.

Die affinen und projektiven Varietäten in $\mathbb{A}^n$ bzw. $\mathbb{P}^n$ (allgemeiner alle Teilmengen in der Teilraumtopologie) sind noethersch in der Zariski-Topologie (nach Lemma 2.3.4). Wie die Irreduzibilität ist diese Eigenschaft auf die Zariski-Topologie zugeschnitten und für andere topologische Räume selten relevant (siehe auch Übung 4.1.7).

4.1.12 Proposition *Für einen topologischen Raum X sind äquivalent:*

- *(i) X ist noethersch.*
- *(ii) Jede nicht-leere Menge von abgeschlossenen Teilmengen von X besitzt ein minimales Element.*
- *(iii) X besitzt die aufsteigende Kettenbedingung für offene Mengen.*
- *(iv) Jede nicht-leere Menge von offenen Teilmengen von X besitzt ein maximales Element.*

Beweis. Übung 4.1.8. $\qquad\square$

4.1.13 Korollar *Jeder noethersche topologische Raum ist quasikompakt, das heißt, jede offene Überdeckung besitzt eine endliche Teilüberdeckung.*

Ein Raum heißt
»kompakt«, wenn er
sowohl quasikompakt
ist als auch das
Hausdorff'sche
Trennungsaxiom
erfüllt.

Beweis. Ist $X = \bigcup_{i \in I} U_i$ eine offene Überdeckung von X, dann betrachten wir die Menge $\mathcal{U}$ aller endlichen Vereinigungen der Mengen U_i. Nach Prop. 4.1.12 besitzt $\mathcal{U}$ ein maximales Element, etwa $Y = U_{i_1} \cup \cdots \cup U_{i_k}$. Aus der Maximalität von Y folgt dann unmittelbar $Y = X$.   □

Die Kompaktheit in der Zariski-Topologie ist nur gelegentlich von Nutzen und ist nicht annähernd so wichtig wie Kompaktheit in der euklidischen Topologie in $\mathbb{R}^n$ oder $\mathbb{C}^n$.

Schließlich definieren wir noch irreduzible Komponenten, die sich im Wesentlichen genauso verhalten wie für affine oder projektive Varietäten.

4.1.14 Proposition *In einem noetherschen topologischen Raum X ist jede nicht-leere abgeschlossene Teilmenge Y eine endliche Vereinigung*

$$Y = Y_1 \cup \cdots \cup Y_m$$

von irreduziblen abgeschlossenen Teilmengen $Y_1, \ldots, Y_m$ mit $Y_i \not\subset Y_j$ für $i \neq j$. Diese Teilmengen sind bis auf Vertauschung eindeutig bestimmt und heißen die irreduziblen Komponenten von X.

Beweis. Völlig analog zum Beweis von Satz 2.3.5.   □

Übungen

Übung 4.1.1 Es sei X ein topologischer Raum und $Y \subset X$ eine Teilmenge. Überzeugen Sie sich, dass die Teilraumtopologie auf Y eine Topologie ist. Überlegen Sie, was folgende Aussage bedeutet: Die Teilraumtopologie ist die gröbste Topologie auf Y, die die Inklusionsabbildung $Y \to X$ stetig macht.

Übung 4.1.2 Es seien X_1 und X_2 topologische Räume. Die **Produkttopologie** auf $X_1 \times X_2$ ist wie folgt definiert: Eine Menge ist *offen* in $X_1 \times X_2$, wenn sie als (beliebige) Vereinigung von Mengen der Form $U_1 \times U_2$, mit $U_1 \subset X_1$ und $U_2 \subset X_2$ offen, geschrieben werden kann.

(a) Zeigen Sie, dass die Produkttopologie eine Topologie ist.
(b) Zeigen Sie, dass die Zariski-Topologie auf $\mathbb{A}^{m+n}$ für $m, n \geq 1$ echt feiner als die Produkttopologie von $\mathbb{A}^m$ und $\mathbb{A}^n$ ist.

Übung 4.1.3 Zeigen Sie, dass ein topologischer Raum genau dann irreduzibel ist, wenn je zwei nicht-leere offene Teilmengen nicht-leeren Schnitt haben.

Übung 4.1.4 Ein topologischer Raum X heißt **Hausdorff'sch**, wenn zu je zwei Punkten $x \neq y$ in X offene Teilmengen $U, V \subset X$ mit $x \in U$, $y \in V$ und $U \cap V = \emptyset$ existieren. Zeigen Sie, dass $\mathbb{A}^n$ und $\mathbb{P}^n$ mit der Zariski-Topologie für $n \geq 1$ niemals Hausdorff'sch sind.

Übung 4.1.5 Sei $\varphi \colon X \to Y$ stetig. Zeigen Sie, dass $\varphi(\overline{X}) \subset \overline{\varphi(X)}$ gilt.

Übung 4.1.6 Zeigen Sie: Die Projektion $\pi \colon \mathbb{A}^m \times \mathbb{A}^n \to \mathbb{A}^m$ auf den ersten Faktor ist offen in der Zariski-Topologie. (*Hinweise:* Reduzieren Sie auf den Fall $n = 1$; bestimmen Sie $\pi(\mathbb{A}^{m+1} \setminus \mathcal{V}(f))$ für $f \in K[x_1, \ldots, x_m][y]$.)

Übung 4.1.7 Zeigen Sie:

(a) Die irreduziblen Teilmengen von $\mathbb{R}^n$ in der euklidischen Topologie sind genau die einelementigen Teilmengen.

(b) Die noetherschen Teilmengen von $\mathbb{R}^n$ in der euklidischen Topologie sind genau die endlichen Teilmengen.

Übung 4.1.8 Beweisen Sie Prop. 4.1.12.

Übung 4.1.9 Zeigen Sie:

(a) Jeder Teilraum eines noetherschen topologischen Raums ist noethersch.

(b) Ist X ein noetherscher topologischer Raum und $\varphi\colon X \to Y$ eine stetige Abbildung, dann ist $\varphi(X)$ noethersch.

Übung 4.1.10 Es sei R ein Ring und $X_R = \mathrm{Spec}(R)$ die Menge aller Primideale von R. Für jede Teilmenge $M \subset R$ sei

$$\mathcal{V}(M) = \{P \in X_R \mid M \subset P\}.$$

(a) Zeigen Sie, dass $\{\mathcal{V}(M) \mid M \subset R\}$ das System der abgeschlossenen Mengen einer Topologie auf X_R bildet. Diese Topologie heißt die **spektrale Topologie**.

(b) Zeigen Sie: Ist R noethersch, dann ist X_R ein noetherscher Raum.

(c) Sei V eine affine Varietät und $R = K[V]$ ihr Koordinatenring. Nach dem Nullstellensatz entsprechen die Punkte von V eindeutig den maximalen Idealen von R. Zeigen Sie: Wenn wir V in dieser Weise als Teilmenge von X_R auffassen, dann ist die Zariski-Topologie auf V die Teilraumtopologie der spektralen Topologie auf X_R.

(d) Seien V und R wie in (b). Zeigen Sie: Zu jeder irreduziblen Komponente Z von V gibt es einen eindeutigen Punkt $P \in X_R$ mit $Z = \overline{\{P\}} \cap V$.

4.2 Quasiaffine und quasiprojektive Varietäten

Definition Eine **quasiaffine Varietät** ist eine lokal abgeschlossene Teilmenge des affines Raums $\mathbb{A}^n$. Eine **quasiprojektive Varietät** ist eine lokal abgeschlossene Teilmenge des projektiven Raums $\mathbb{P}^n$. Eine **Varietät** ist eine quasiaffine oder quasiprojektive Varietät.

Eine Varietät ist (nach Lemma 4.1.4) also gerade eine offene Teilmenge einer affinen oder einer projektiven Varietät. Wir versehen jede solche Menge mit der Teilraumtopologie in der Zariski-Topologie.

Definition   (1) Es sei $V \subset \mathbb{A}^n$ eine quasiaffine Varietät. Eine Funktion

$$f\colon V \to K$$

heißt **regulär auf** V, wenn Folgendes gilt: Für jeden Punkt $p \in V$ gibt es eine offene Umgebung U von p in V und Polynome $g, h \in K[x_1, \ldots, x_n]$ mit $\mathcal{V}(h) \cap U = \emptyset$ und

$$f(q) = \frac{g(q)}{h(q)} \qquad \text{für alle } q \in U.$$

(2) Es sei $V \subset \mathbb{P}^n$ eine quasiprojektive Varietät. Eine Funktion

$$f : V \to K$$

heißt **regulär auf** V, wenn Folgendes gilt: Für jeden Punkt $p \in V$ gibt es eine offene Umgebung U von p in V und homogene Polynome $g, h \in K[x_0, \ldots, x_n]$ vom gleichen Grad mit $\mathcal{V}_+(h) \cap U = \emptyset$ und

Dass g und h homogen vom gleichen Grad sind, sorgt dafür, dass die Funktion in Punkten des projektiven Raums wohldefiniert ist.

$$f(q) = \frac{g(q)}{h(q)} \qquad \text{für alle } q \in U.$$

Die Summe und das Produkt zweier regulärer Funktionen ist wieder regulär (denn für jeden Punkt kann man die Umgebungen schneiden und dann die entsprechenden Brüche addieren bzw. multiplizieren). Die regulären Funktionen auf einer Varietät V bilden damit einen Ring

$$\mathcal{O}(V) = \left\{ f : V \to K \mid f \text{ ist regulär} \right\}$$

den **Ring der regulären Funktionen** auf V. Dieser Ring ist eine K-Algebra. Formal definieren wir außerdem $\mathcal{O}(\emptyset) = \{0\}$.

4.2.1 Lemma *Jede reguläre Funktion ist stetig in der Zariski-Topologie.*

Beweis. Sei $V \subset \mathbb{P}^n$ quasiprojektiv und $f : V \to K$ eine reguläre Funktion. Wir zeigen, dass Urbilder abgeschlossener Mengen abgeschlossen sind. Sei also $Z \subset K = \mathbb{A}^1$ eine abgeschlossene Menge, etwa $Z = \mathcal{V}(r)$, $r \in K[x]$. Sei $p \in V$ und sei U eine offene Umgebung mit $f(q) = g(q)/h(q)$ für alle $q \in U$, mit $g, h \in K[x_0, \ldots, x_n]$ homogen vom selben Grad. Dann gilt also $q \in f^{-1}(Z) \cap U$ genau dann, wenn $r(f(q)) = r(g(q)/h(q)) = 0$. Wir bereinigen die Nenner und setzen

$$s(x_0, \ldots, x_n) = h^{\deg(r)} \cdot r\left(\frac{g}{h}\right) \in K[x_0, \ldots, x_n],$$

dann ist s homogen und es folgt $f^{-1}(Z) \cap U = \mathcal{V}_+(s) \cap U$. Damit ist $f^{-1}(Z) \cap U$ abgeschlossen in U. Weil f auf V regulär ist, wird V von solchen offenen Mengen überdeckt und die Behauptung ist bewiesen (Lemma 4.1.3). Der Beweis im quasiaffinen Fall ist vollkommen analog. $\qquad\square$

Ist $V \subset \mathbb{A}^n$ eine affine Varietät und $f \in K[V]$, dann schreiben wir

$$\mathcal{D}(f) = \{ p \in V \mid f(p) \neq 0 \}.$$

Jede Teilmenge dieser Form nennen wir eine **basis-offene** Teilmenge von V.

Allgemein bezeichnet eine Basis in der Topologie ein System von offenen Teilmengen mit der Eigenschaft, dass jede offene Menge eine Vereinigung von Basis-Mengen ist.

Für alle $f_1, \ldots, f_r \in K[V]$ gelten offenbar

$$\mathcal{D}(f_1 \cdots f_r) = \mathcal{D}(f_1) \cap \cdots \cap \mathcal{D}(f_r)$$

sowie

$$V \setminus \mathcal{V}(f_1, \ldots, f_r) = \mathcal{D}(f_1) \cup \cdots \cup \mathcal{D}(f_r).$$

Ist $X \subset \mathbb{P}^n$ eine projektive Varietät und $f \in K_+[X]$ ein homogenes Element, dann definieren wir entsprechend

$$\mathcal{D}_+(f) = \{p \in X \mid f(p) \neq 0\} \subset X.$$

Es gelten die gleichen Aussagen wie im Affinen. In beiden Fällen zeigt die vorangehende Diskussion:

4.2.2 Lemma *Jede offene Teilmenge einer Varietät ist eine endliche Vereinigung von basis-offenen Mengen.* □

Wir stellen nun für affine Varietäten die Verbindung zwischen regulären Funktionen und dem Koordinatenring her.

4.2.3 Satz *Es sei $V \subset \mathbb{A}^n$ eine affine Varietät und sei $s \in K[V]$. Dann gibt es einen natürlichen Isomorphismus von K-Algebren*

$$K[V][s^{-1}] \cong \mathcal{O}(\mathcal{D}(s)).$$

Insbesondere gilt $K[V] \cong \mathcal{O}(V)$ (nämlich für $s = 1$).

Dabei ist $K[V][s^{-1}]$ die Lokalisierung $\{f/s^i \mid f \in K[V], i \geqslant 0\}$.

Beweis. Jedes Element $f \in K[V]$ definiert offenbar eine reguläre Funktion auf V und damit auf $\mathcal{D}(s)$, und die zugehörige Abbildung $K[V] \rightarrow \mathcal{O}(\mathcal{D}(s))$ ist ein K-Homomorphismus. Da s auf $\mathcal{D}(s)$ nicht verschwindet, ist auch durch $1/s$ eine reguläre Funktion auf $\mathcal{D}(s)$ gegeben. Also wird s in $\mathcal{O}(\mathcal{D}(s))$ zu einer Einheit und wir bekommen einen K-Homomorphismus $K[V][s^{-1}] \rightarrow \mathcal{O}(\mathcal{D}(s))$ (vgl. Übung 2.7.5). Dieser Homomorphismus ist injektiv, denn ist $f = \frac{g}{s^i}$ die Nullfunktion auf $\mathcal{D}(s)$, dann ist $sf = 0$ auf V und damit $sg = 0$ in $K[V]$, also $f = 0$ in $K[V][s^{-1}]$.

Für die Surjektivität sei umgekehrt $f \in \mathcal{O}(\mathcal{D}(s))$. Da f auf einer offenen Überdeckung von $\mathcal{D}(s)$ durch Brüche von Elementen aus $K[V]$ dargestellt wird und $\mathcal{D}(s)$ nach Kor. 4.1.13 quasikompakt ist, gibt es endlich viele Elemente $g_i, h_i \in K[V]$ $(i = 1, \ldots, k)$ mit $\mathcal{D}(s) \subset \mathcal{D}(h_1) \cup \cdots \cup \mathcal{D}(h_k)$ und

$$f|_{\mathcal{D}(s) \cap \mathcal{D}(h_i)} = \frac{g_i}{h_i}.$$

Wir können diesen Bruch mit s erweitern und h_i durch $h_i s$ ersetzen, und so $\mathcal{D}(h_i) \subset \mathcal{D}(s)$ annehmen. Außerdem können wir den Bruch mit h_i erweitern und dadurch $g_i = 0$ auf $\mathcal{V}(h_i)$ erreichen. Für alle i, j gilt mit diesen Annahmen

$$g_i h_j = g_j h_i$$

Denn für $p \in \mathcal{V}(h_i) \cup \mathcal{V}(h_j)$ sind beide Seiten 0, während wir für $p \in V \setminus (\mathcal{V}(h_i) \cup \mathcal{V}(h_j)) = \mathcal{D}(h_i h_j)$ durch $h_i h_j$ teilen können, woraufhin beide Seiten mit $f|_{\mathcal{D}(h_i h_j)}$ übereinstimmen. Wegen $\mathcal{D}(s) = \mathcal{D}(h_1) \cup \cdots \cup \mathcal{D}(h_k)$ gilt außerdem $\mathcal{V}(h_1, \ldots, h_k) = \mathcal{V}(s)$. Nach dem starken Nullstellensatz gibt es also $m \in \mathbb{N}$ und $a_1, \ldots, a_k \in K[V]$ mit $s^m = a_1 h_1 + \cdots + a_k h_k$. Wir setzen $h = \sum_{j=1}^{k} a_j g_j$. Für jedes $i \in \{1, \ldots, k\}$ gilt dann $h_i \cdot h = \sum_{j=1}^{k} a_j g_j h_i =$

$\sum_{j=1}^{k} a_j g_i h_j = g_i \cdot s^m$. Für jedes $p \in \mathcal{D}(h_i)$ folgt daraus

$$\frac{g_i}{h_i}(p) = \frac{h}{s^m}(p),$$

was insgesamt $f = \frac{h}{s^m}$ auf $\mathcal{D}(s)$ zeigt. $\qquad\qquad\qquad\qquad\qquad$ $\square$

4.2.4 Beispiel Sei $V \subset \mathbb{A}^n$ eine affine Varietät und $s \in K[V]$. Die Lokalisierung $K[V][s^{-1}]$ aus Satz 4.2.3 können wir auch schreiben als

$$K[V][s^{-1}] \cong K[V][y]/(sy - 1).$$

(siehe auch Übung 2.7.3). Der Ring auf der rechten Seite ist dabei der Koordinatenring der affinen Varietät $\mathcal{V}(sy - 1) \subset V \times \mathbb{A}^1$. Für etwa $V = \mathbb{A}^1$ und $s = x$ ist das die Hyperbel $\mathcal{V}(xy - 1) \subset \mathbb{A}^2$. Diese Beschreibung von $\mathcal{O}(\mathcal{D}(s))$ werden wir gleich noch brauchen. $\qquad\qquad\qquad\qquad\quad$ $\diamond$

Für eine projektive Varietät $X \subset \mathbb{P}^n$ sind die Elemente des homogenen Koordinatenrings $K_+[X]$ dagegen gar keine Funktionen auf X, weshalb wir für $\mathcal{O}(X)$ zunächst keine entsprechende Beschreibung haben. Darauf kommen wir später zurück (Kor. 4.3.17).

Definition Es sei V eine Varietät und sei $p \in V$. Ein **Funktionskeim** auf V in p ist eine Äquivalenzklasse von Paaren (U, f) aus einer offenen Umgebung U von p in V und einer regulären Funktion $f\colon U \to K$, wobei zwei Paare (U, f) und (U', f') äquivalent sind, wenn

$$f|_{U \cap U'} = f'|_{U \cap U'}$$

gilt. Die Menge aller solcher Funktionskeime bezeichnen wir mit $\mathcal{O}_{V,p}$.

4.2.5 Lemma *Es sei V eine Varietät und sei $p \in V$. Die Menge $\mathcal{O}_{V,p}$ bildet mit der vertreterweisen Addition und Multiplikation einen lokalen Ring mit maximalem Ideal*

$$\mathfrak{m}_{V,p} = \left\{ f \in \mathcal{O}_{V,p} \mid f(p) = 0 \right\}.$$

Beweis. Als erstes prüft man die Verträglichkeit von Addition und Multiplikation mit der Äquivalenzrelation nach (Übung 4.2.1). Ist ferner $f \in \mathcal{O}_{V,p}$, $f \notin \mathfrak{m}_{V,p}$, dann besitzt p eine offene Umgebung U, auf der f nicht verschwindet, so dass $1/f$ auf U regulär ist. Also ist f eine Einheit in $\mathcal{O}_{V,p}$. Damit ist $\mathcal{O}_{V,p}$ ein lokaler Ring mit maximalem Ideal $\mathfrak{m}_{V,p}$ (Übung 4.2.2). $\qquad$ $\square$

Ist V eine affine Varietät, dann ist die Notation $\mathcal{O}_{V,p}$ bereits belegt. Im affinen Fall müssen wir wieder zeigen, dass wir nichts Neues definiert haben.

4.2.6 Satz *(1) Für jede affine Varietät $V \subset \mathbb{A}^n$ und jedes $p \in V$ gibt es einen natürlichen Isomorphismus von K-Algebren $K[V]_{\mathfrak{m}_p} \cong \mathcal{O}_{V,p}$.*

(2) Für jede projektive Varietät $X \subset \mathbb{P}^n$ und jedes $p \in X$ gibt es einen natürlichen Isomorphismus von K-Algebren $(K_+[X]_{\mathcal{I}_+(\{p\})})_0 \cong \mathcal{O}_{X,p}$.

In (2) ist die linke Seite der Teilring aller Brüche $\frac{g}{h}$, die homogen vom selben Grad sind.

Beweis. (1) Ist $p \in V$ und $\frac{g}{h} \in K[V]_{\mathfrak{m}_p}$, dann ist durch $q \mapsto g(q)/h(q)$ eine reguläre Funktion $\mathcal{D}(h) \to K$ gegeben. Der so definierte Ringhomomorphismus $K[V]_{\mathfrak{m}_p} \to \mathcal{O}_{V,p}$ ist surjektiv nach Definition der Funktionenkeime. Er ist auch injektiv: Denn ist U eine offene Umgebung von p mit $g(q)/h(q) = 0$ für alle $q \in U$, dann gibt es nach Lemma 4.2.2 ein Element $s \in K[V] \setminus \mathfrak{m}_p$ mit $p \in \mathcal{D}(s) \subset U$. Damit gilt $(sg)(q) = 0$ für alle $q \in V$, also $sg = 0$ in $K[V]$ und damit $\frac{g}{h} = \frac{sg}{sh} = 0$ in $K[V]_{\mathfrak{m}_p}$.

(2) völlig analog zu (1). □

4.2.7 Beispiel Für $V = \mathbb{A}^1$ und $p = 0$ ist $\mathcal{O}_{\mathbb{A}^1,p} = \{f/g \mid g(0) \neq 0\}$. Nach Satz 4.2.6(2) können wir denselben Ring in $D_0 \subset \mathbb{P}^1$ auch durch

$$\mathcal{O}_{\mathbb{P}^1,p} \cong \left\{ \frac{g}{h} \mid g, h \in K[x_0, x_1] \text{ homogen, } \deg(g) = \deg(h), h(1,0) \neq 0 \right\}$$

Prüfen Sie die Isomorphie $\mathcal{O}_{\mathbb{P}^1,p} \cong \mathcal{O}_{\mathbb{A}^1,p}$ explizit nach.

beschreiben. ◇

4.2.8 Bemerkung Ist V eine Varietät, dann erfüllt die Zuordnung $U \mapsto \mathcal{O}(U)$, die jeder offenen Teilmenge von V den Ring der regulären Funktionen auf U zuordnet, die Axiome einer *Garbe* auf V, genannt die *Strukturgarbe* der Varietät V. Die lokalen Ringe $\mathcal{O}_{V,p}$ heißen die *Halme* der Garbe. Die Theorie der Garben ist ein wichtiges Hilfsmittel in der Geometrie, besonders die zugehörige Cohomologie-Theorie.

Mit Hilfe der lokalen Ringe können wir auch die Definition des Tangentialraums aus der affinen Situation übertragen.

Definition Es sei V eine Varietät und sei $p \in V$. Der **Tangentialraum** an V in p ist der endlichdimensionale K-Vektorraum

$$T_p(V) = \left(\mathfrak{m}_{V,p}/\mathfrak{m}_{V,p}^2 \right)^\vee.$$

Der Punkt p heißt **regulär**, wenn er in nur einer irreduziblen Komponente V_0 von V enthalten ist und $\dim_K(T_p(V)) = \dim(V_0)$ gilt. Andernfalls heißt p **singulär**. Die Varietät V heißt regulär, wenn sie in allen Punkten regulär ist.

Wenn wir diesen Tangentialraum vom eingebetteten affinen Tangentialraum $p + T_p(V)$ an eine affine Varietät $V \subset \mathbb{A}^n$ oder vom projektiven Tangentialraum $\mathbb{T}_p(X)$ an eine projektive Varietät $X \subset \mathbb{P}^n$ unterscheiden wollen, bezeichnen wir ihn als **abstrakten Tangentialraum**.

Übungen

Übung 4.2.1 Es sei V eine Varietät und sei $p \in V$. Überprüfen Sie die Ringaxiome für den lokalen Ring $\mathcal{O}_{V,p}$.

Übung 4.2.2 Sei R ein Ring und $I \subset R$ ein Ideal. Zeigen Sie, dass R genau dann ein lokaler Ring mit maximalem Ideal I ist, wenn $R \setminus I = R^*$ gilt.

Übung 4.2.3 Es sei $W = \mathbb{A}^2 \setminus \{(0,0)\}$ die »gelochte Ebene«. Zeigen Sie, dass die Einschränkung

$$K[x, y] = \mathcal{O}(\mathbb{A}^2) \to \mathcal{O}(W), \quad f \mapsto f|_W$$

ein Isomorphismus ist. (*Hinweise:* Sei $f \in \mathcal{O}(W)$ und U eine offene Teilmenge von W mit $f|_U = g/h$, $g,h \in K[x,y]$, mit $\mathrm{ggT}(g,h) = 1$ und $\deg(h) > 0$. Zeigen Sie, dass U echt in W enthalten sein muss. Überlegen Sie, was gelten muss, wenn f auf zwei verschiedenen offenen Mengen durch solche Darstellungen gegeben ist.)

Übung 4.2.4 Finden Sie heraus, was eine Garbe (von Funktionen) ist und was es bedeutet, dass die Zuordnung $U \mapsto \mathcal{O}(U)$ auf den offenen Teilmengen U einer Varietät V eine Garbe auf V bildet.

4.3 Morphismen

Wir geben nun eine allgemeine Definition von Morphismen zwischen Varietäten, die sich für den quasiaffinen und den quasiprojektiven Fall gleichartig formulieren lässt.

Definition Es seien V und W zwei Varietäten. Eine Abbildung $\varphi\colon V \to W$ heißt ein **Morphismus**, wenn sie die folgenden Eigenschaften besitzt:

(1) Die Abbildung φ ist stetig (in der Zariski-Topologie).

(2) Ist $U \subset W$ eine offene Teilmenge und $f\colon U \to K$ eine reguläre Funktion, dann ist auch $f \circ \varphi\colon \varphi^{-1}(U) \to K$ regulär.

Ein Morphismus $\varphi\colon V \to W$ induziert also für jede offene Teilmenge $U \subset W$ die Abbildung

$$\varphi_U^{\#}\colon \mathcal{O}(U) \to \mathcal{O}(\varphi^{-1}(U)), \quad f \mapsto f \circ \varphi$$

Diese Abbildungen sind Homomorphismen von K-Algebren. Wie üblich definiert man:

Definition Ein Morphismus $\varphi\colon V \to W$ heißt ein **Isomorphismus**, wenn es einen Morphismus $\varphi^{-1}\colon W \to V$ mit $\varphi^{-1} \circ \varphi = \mathrm{id}_V$ und $\varphi \circ \varphi^{-1} = \mathrm{id}_W$ gibt. Wenn ein solcher Isomorphismus existiert, dann heißen V und W **isomorph**.

4.3.1 Satz *Die Bijektion*

$$\rho_i \colon \begin{cases} \mathbb{A}^n & \to & D_i \\ (a_0, \ldots, a_{i-1}, a_{i+1}, \ldots, a_n) & \mapsto & [a_0, \ldots, a_{i-1}, 1, a_{i+1}, \ldots, a_n] \end{cases}$$

zwischen $\mathbb{A}^n$ und $D_i = \mathcal{D}_+(x_i) \subset \mathbb{P}^n$ ist ein Isomorphismus.

Beweis. Wir können ohne Einschränkung $i = 0$ annehmen. Die Abbildung ρ_0 ist bijektiv mit Umkehrabbildung $\rho_0^{-1}\colon [a_0, \ldots, a_n] \mapsto (a_1/a_0, \ldots, a_n/a_0)$. Die Stetigkeit von ρ_0 und ρ_0^{-1} folgt aus den Eigenschaften des projektiven Abschlusses (insbesondere Prop. 3.2.21).

Eine reguläre Funktion auf D_0 ist lokal durch einen Bruch f/g von homogenen Polynomen gleichen Grades gegeben. Dann ist durch $(f/g) \circ \rho_0 = f(1, y_1, \ldots, y_n)/g(1, y_1, \ldots, y_n)$ entsprechend lokal eine reguläre Funktion auf $\mathbb{A}^n$ gegeben. Also ist ρ_0 ein Morphismus. Umgekehrt ist eine reguläre

Funktion auf $\mathbb{A}^n$ lokal durch einen Bruch f/g, $f, g \in K[y_1, \ldots, y_n]$ gegeben. Sei $d = \max\{\deg(f), \deg(g)\}$, dann gilt

$$\frac{f}{g} \circ \rho_0^{-1} = \frac{f(x_1/x_0, \ldots, x_n/x_0)}{g(x_1/x_0, \ldots, x_n/x_0)} = \frac{x_0^d f(x_1/x_0, \ldots, x_n/x_0)}{x_0^d g(x_1/x_0, \ldots, x_n/x_0)} = \frac{x_0^{d-\deg(f)} f^*}{x_0^{d-\deg(g)} g^*},$$

wobei f^*, g^* die Homogenisierung von f, g bezüglich x_0 ist. Dadurch ist eine reguläre Funktion auf D_0 definiert, so dass ρ_0^{-1} ein Morphismus ist. $\quad\square$

Die lokale Charakterisierung von Morphismen ist technisch sehr flexibel. Es ist zum Beispiel leicht zu sehen, dass jeder Morphismus $\varphi\colon V \to W$ zwischen Varietäten in jedem Punkt $p \in V$ einen Homomorphismus

$$\varphi_p^\#\colon \mathcal{O}_{W,\varphi(p)} \to \mathcal{O}_{V,p}$$

von K-Algebren induziert. Dabei ist φ genau dann ein Isomorphismus, wenn φ bijektiv ist und die Homomorphismen $\varphi_p^\#$ in allen Punkten von V Isomorphismen sind (Übung 4.3.4).

Häufig verwendet man die Bezeichnungen für die verschiedenen Klassen von Varietäten nur »bis auf Isomorphie«, das heißt entsprechend der folgenden Definition.

Definition Eine Varietät heißt **(quasi)affin** bzw. **(quasi)projektiv**, wenn sie zu einer (lokal) abgeschlossenen Teilmenge eines affinen bzw. projektiven Raums isomorph ist.

Mit dieser Sprechweise sind zum Beispiel die Varietäten $\mathcal{D}_+(x_i) \cong \mathbb{A}^n$ **offene affine Untervarietäten** von $\mathbb{P}^n$. Allgemein gilt:

4.3.2 Korollar *Jede quasiaffine Varietät ist quasiprojektiv.*

Beweis. Aus Satz 4.3.1 folgt, dass jede quasiaffine Varietät in $\mathbb{A}^n$ isomorph zu einer quasiprojektiven Varietät ist, die in $\mathcal{D}_+(x_0) \subset \mathbb{P}^n$ enthalten ist. $\quad\square$

Die quasiprojektiven Varietäten sind die allgemeinste Klasse von Varietäten, die wir betrachten. Für später halten wir noch Folgendes fest:

4.3.3 Lemma *Es seien V und W zwei irreduzible Varietäten und sei $U \subset V$ eine nicht-leere offene Teilmenge. Sind $\varphi, \psi\colon V \to W$ zwei Morphismen mit $\varphi|_U = \psi|_U$, dann gilt $\varphi = \psi$.*

Beweis. Die Menge $\Delta_W = \{(p, q) \in W \times W \mid p = q\}$ ist abgeschlossen in $W \times W$ (wie man zum Beispiel nach Wahl von Koordinaten für W direkt überprüfen kann). Da φ und ψ Morphismen sind, ist auch $\varphi \times \psi\colon V \to W \times W$, $p \mapsto (\varphi(p), \psi(p))$ ein Morphismus (Übung 4.3.2). Also ist $Z = (\varphi \times \psi)^{-1}(\Delta_W)$ in V abgeschlossen, und nach Voraussetzung gilt $U \subset Z$. Da U in V offen ist, gilt $\overline{U} = V$ und damit $Z = V$. $\quad\square$

Dass die Diagonale Δ_W abgeschlossen ist, kann man als Ersatz für das Hausdorff'sche Trennungsaxiom verstehen; siehe dazu Übung 4.3.3.

Als nächstes untersuchen wir die Morphismen zwischen verschiedenen Typen von Varietäten genauer und setzen sie mit den bekannten Begriffen in Verbindung, angefangen bei den affinen Varietäten.

4.3.4 Lemma *Es sei V eine Varietät, $W \subset \mathbb{A}^n$ eine affine Varietät. Eine Abbildung $\varphi\colon V \to W$ ist genau dann ein Morphismus, wenn $\overline{y_i} \circ \varphi$ für jedes $i = 1, \ldots, n$ eine reguläre Funktion auf V ist, wobei $y_i\colon \mathbb{A}^n \to K$ die i-te Koordinatenfunktion ist.*

Beweis. Ist φ ein Morphismus, so sind die $\overline{y_i} \circ \varphi$ nach Definition regulär. Umgekehrt seien die $\overline{y_i} \circ \varphi$ alle regulär. Für jedes $f \in K[x_1, \ldots, x_n]$ ist dann auch $f \circ \varphi$ regulär. Da die abgeschlossenen Teilmengen von $\mathbb{A}^n$ von der Form $\mathcal{V}(f_1) \cap \cdots \cap \mathcal{V}(f_r)$ mit $f_1, \ldots, f_r \in K[y_1, \ldots, y_n]$ sind und reguläre Funktionen stetig sind, folgt, dass φ stetig ist. Außerdem sind die regulären Funktionen auf W lokal durch Quotienten von Polynomen definiert, woraus folgt, dass $g \circ \varphi$ für jede reguläre Funktion g auf einer offenen Teilmenge von W wieder regulär ist. $\qquad\square$

Aus dem Lemma folgt, dass die Morphismen $V \to \mathbb{A}^1$ von einer Varietät V in die affine Gerade genau die regulären Funktionen auf V sind. Außerdem folgt, dass die neue Definition von Morphismus für affine Varietäten mit der alten übereinstimmt, das heißt es gilt das Folgende:

4.3.5 Proposition *Es seien $V \subset \mathbb{A}^m$ und $W \subset \mathbb{A}^n$ affine Varietäten. Genau dann ist eine Abbildung $\varphi\colon V \to W$ ein Morphismus, wenn es Funktionen $f_1, \ldots, f_n \in K[V]$ gibt mit $\varphi = (f_1, \ldots, f_n)$.*

Beweis. Ist φ ein Morphismus und sind $y_1, \ldots, y_n$ die Koordinatenfunktionen auf $\mathbb{A}^n$, dann ist $f_i = \overline{y_i} \circ \varphi \in K[V]$ für $i = 1, \ldots, n$ und es gilt offenbar $\varphi = (f_1, \ldots, f_n)$. Ist umgekehrt $\varphi = (f_1, \ldots, f_n)$, so gilt $\overline{y_i} \circ \varphi = f_i \in \mathcal{O}(V) = K[V]$. Also ist φ ein Morphimus nach Lemma 4.3.4. $\qquad\square$

Auch offene Untervarietäten von affinen Varietäten (also quasiaffine Varietäten) können wieder affin sein, wie die folgende Aussage zeigt.

4.3.6 Proposition *Es sei V eine affine Varietät und $s \in K[V]$. Dann ist auch $\mathcal{D}(s) = V \setminus \mathcal{V}(s)$ affin, mit Koordinatenring $K[\mathcal{D}(s)] = K[V][s^{-1}]$.*

Beweis. Wir haben bereits $\mathcal{O}(\mathcal{D}(s)) \cong K[V][s^{-1}]$ bewiesen (Satz 4.2.3). Wir folgen Beispiel 4.2.4 und betrachten die affine Varietät

$$W = \{(p, t) \in V \times \mathbb{A}^1 \mid t \cdot s(p) = 1\}.$$

Dann ist die Abbildung $\varphi\colon \mathcal{D}(s) \to W, p \mapsto (p, 1/s(p))$ ein Isomorphismus, dessen Inverses gerade die Projektion $\pi\colon W \to \mathcal{D}(s)$, $(p, t) \mapsto p$ ist. $\qquad\square$

Die Beschreibung der Primideale von $K[V][s^{-1}]$ in Prop. 2.7.3 entspricht der Tatsache, dass die irreduziblen abgeschlossenen Untervarietäten von $\mathcal{D}(s)$ in Bijektion sind mit den irreduziblen abgeschlossenen Untervarietäten von V, die nicht in $\mathcal{V}(s)$ enthalten sind.

4.3.7 Beispiele   (1) Es sei $V = \mathbb{A}^1$ und $s = x$. Die offene Untervarietät $V \setminus \mathcal{V}(s) = \mathbb{A}^1 \setminus \{0\}$ ist affin mit Koordinatenring $K[x][x^{-1}]$. Dieser Ring ist isomorph zu $K[x, y]/(xy - 1)$. Also ist $\mathbb{A}^1 \setminus \{0\}$ zu einer Hyperbel isomorph.

(2) Dagegen ist die quasi-affine Varietät $\mathbb{A}^n \setminus \{0\}$, der affine Raum ohne den Ursprung, für $n \geqslant 2$ nicht affin. Siehe dazu Übung 4.3.6.

(3) Ist V eine affine Varietät und $W \subset V$ eine abgeschlossene Untervarietät mit irreduziblen Komponenten $W_1, \ldots, W_k$, dann können wir $g_2, \ldots, g_k \in K[V]$ mit $g_i \in \mathcal{I}_V(W_i) \setminus \mathcal{I}_V(W_1)$ wählen und die affin-offene Untervarietät $U = \mathcal{D}(g_2 \cdots g_k)$ betrachten. Nach Wahl der g_i gilt $W_1 \cap U \neq \emptyset$ und $W_i \cap U = \emptyset$ für $i = 2, \ldots, n$. Aus der Beschreibung der Primideale von $K[U]$ folgt $\dim(U \cap W_1) = \dim(W_1)$. Außerdem gilt $W_1 = \overline{U \cap W_1}$, wie man sich leicht überlegt. Die offene Untervarietät U enthält also genau eine Komponente von W, bis auf Abschluss. Diesen Trick haben wir bereits im Beweis von Satz 2.9.1 benutzt. $\diamond$

4.3.8 Korollar *Sei V eine Varietät. Jede offene Teilmenge von V ist eine endliche Vereinigung von affinen offenen Untervarietäten. Insbesondere besitzt jeder Punkt eine affine offene Umgebung.*

Beweis. Ist $V \subset \mathbb{P}^n$ quasiprojektiv, so gilt zunächst $V = \bigcup_{i=0}^{n} (V \cap \mathcal{D}_+(x_i))$ und diese Teilmengen von V sind offen und quasiaffin. Es reicht deshalb, die Behauptung für den Fall zu zeigen, dass V selbst quasiaffin ist. Sei also $Z \subset \mathbb{A}^n$ eine affine Varietät und $V \subset Z$ offen in Z. Dann ist jede offene Teilmenge von V auch offen in Z und damit von der Form $Z \setminus \mathcal{V}(f_1, \ldots, f_r)$ für $f_1, \ldots, f_r \in K[Z]$. Nach Prop. 4.3.6 ist $Z \setminus \mathcal{V}(f_i)$ affin für jedes i und es gilt $Z \setminus \mathcal{V}(f_1, \ldots, f_r) = \bigcup_{i=1}^{r} (Z \setminus \mathcal{V}(f_i))$. Damit ist die Behauptung bewiesen. $\square$

Mit Hilfe solcher affiner Überdeckungen lassen sich zahlreiche Aussagen über allgemeine Varietäten auf den affinen Fall zurückführen. Hier ist ein Beispiel für eine solche Aussage:

4.3.9 Proposition *Es sei V eine Varietät. Die Menge V_{reg} aller regulären Punkte ist offen und dicht in V.*

Beweis. Ist $p \in V$ ein Punkt und $U \subset V$ eine affine offene Umgebung von p in V, dann stimmt die Definition von Regularität über den lokalen Ring $\mathcal{O}_{V,p}$ mit der Definition im Affinen überein (nach Kor. 2.10.8 und Satz 4.2.6). Nach Satz 2.10.10 ist $V_{\mathrm{reg}} \cap W$ damit offen und dicht in jeder offenen affinen Untervarietät $W \subset V$, woraus die Behauptung folgt. $\square$

Wie im Affinen heißt V_{reg} der **reguläre Ort** von V, das Komplement $V_{\mathrm{sing}} = V \setminus V_{\mathrm{reg}}$ der **singuläre Ort**.

Als nächstes setzen wir Morphismen von quasiprojektiven Varietäten mit homogenen Polynomabbildungen in Verbindung.

4.3.10 Proposition *Es seien $V \subset \mathbb{P}^m$, $W \subset \mathbb{P}^n$ quasiprojektive Varietäten, und sei $\varphi \colon V \to W$ eine Abbildung. Genau dann ist φ ein Morphismus, wenn zu jedem Punkt $p \in V$ eine offene Umgebung U und homogene Polynome $f_0, \ldots, f_n \in K[x_0, \ldots, x_m]$ vom selben Grad existieren mit $U \cap \mathcal{V}_+(f_1, \ldots, f_n) = \emptyset$ und*

$$\varphi(q) = \big[f_0(q), \ldots, f_n(q) \big]$$

für alle $q \in U$.

Insbesondere ist jede homogene Polynomabbildung (wie in Kapitel 3) ein Morphismus.

Beweis. Es sei φ ein Morphismus und $p \in V$ ein Punkt. Wähle i mit $\varphi(p) \in D_i \subset \mathbb{P}^n$ und setze $V_i = \varphi^{-1}(D_i)$. Ohne Einschränkung sei $i = 0$. Betrachte die regulären Funktionen $y_j/y_0 \in \mathcal{O}(D_0)$ für $j = 1, \ldots, n$. Dann sind die Kompositionen $\psi_j = (y_j/y_0) \circ \varphi$ regulär auf V_0. Deshalb gibt es eine offene Umgebung U von p in V_0 und homogene Polynome $g_1, \ldots, g_n, h_1, \ldots, h_n \in K[x_0, \ldots, x_m]$ mit $\deg(g_j) = \deg(h_j)$, $\mathcal{V}_+(h_j) \cap U = \emptyset$ und $\psi_j = g_j/h_j$ auf U. Für alle $q \in U$ gilt deshalb

$$\varphi(q) = \left[1, \psi_1(q), \ldots, \psi_n(q)\right] = \left[1, \frac{g_1(q)}{h_1(q)}, \ldots, \frac{g_n(q)}{h_n(q)}\right]$$
$$= \left[(h_1 \cdots h_n)(q), (g_1 h_2 \cdots h_n)(q), \ldots, (h_1 \cdots h_{n-1} g_n)(q)\right].$$

Diese Produkte sind alle homogen vom selben Grad.

Sind umgekehrt zu einem Punkt p eine offene Umgebung U und homogene Polynome $f_0, \ldots, f_n$ wie in der Behauptung gegeben, dann muss $f_i(p) \neq 0$ für ein i gelten, ohne Einschränkung etwa $f_0(p) \neq 0$. Setze $U_0 = U \cap \mathcal{D}_+(f_0)$, dann stimmt φ auf U_0 mit der Abbildung $U_0 \to W \cap \mathcal{D}_+(y_0)$, $q \mapsto [1, f_1(q)/f_0(q), \ldots, f_n(q)/f_0(q)]$ überein. Nach Lemma 4.3.4 ist die Einschränkung von φ auf U_0 ein Morphismus, und da V insgesamt von solchen Mengen überdeckt wird, ist auch φ ein Morphismus (siehe Übung 4.3.1). $\square$

Die Aussage ist also, dass ein Morphismus zwischen quasiprojektiven Varietäten lokal als homogene Polynomabbildung gegeben ist, aber nicht unbedingt global. Ein solches Beispiel haben wir bereits in Kapitel 3 gesehen.

4.3.11 Beispiel Wir betrachten den Kegelschnitt $X = \mathcal{V}_+(x_0^2 - x_1 x_2)$ in $\mathbb{P}^2$ und die Abbildung $\pi_p \colon [a_0, a_1, a_2] \mapsto [a_0, a_1]$, die Projektion mit Zentrum $p = [0, 0, 1]$, wie in Beispiel 3.3.3. Hier gilt $p \in X$, so dass π_p zunächst nicht auf ganz X definiert ist. Für jeden Punkt $[a_0, a_1, a_2] \in X$ mit $a_0 \neq 0$ gilt auch $a_2 \neq 0$ und damit $\pi_p[a_0, a_1, a_2] = [a_0, a_1] = [a_0, a_0^2/a_2] = [a_0 a_2, a_0^2] = [a_2, a_0]$. Auf der offenen Menge $X \cap D_0$ stimmt π_p deshalb mit der homogenen Polynomabbildung $[a_0, a_1, a_2] \mapsto [a_2, a_0]$ überein. Diese ist aber auch im Punkt p definiert und bildet ihn auf $[1, 0]$ ab. Sie ist dafür aber undefiniert im Punkt $q = [0, 1, 0]$, der ebenfalls auf X liegt. Insgesamt gilt also

$$\pi_p[a_0, a_1, a_2] = \begin{cases} [a_0, a_1] & \text{für } [a_0, a_1, a_2] \in X \setminus \{p\} \\ [a_2, a_0] & \text{für } [a_0, a_1, a_2] \in X \setminus \{q\} \end{cases}$$

Da X von diesen beiden offenen Mengen überdeckt wird, ist $\pi_p \colon X \to \mathbb{P}^1$ damit ein Morphismus. $\diamond$

Ein allgemeines Beispiel für dasselbe Phänomen ist die Projektion als Morphismus auf der Segre-Varietät.

4.3.12 Satz *Es sei* $\sigma \colon \mathbb{P}^m \times \mathbb{P}^n \to \Sigma_{m,n}$ *die Segre-Abbildung und*

$$\pi \colon \mathbb{P}^m \times \mathbb{P}^n \to \mathbb{P}^m$$

die Projektion auf den ersten Faktor. Dann ist $\pi \circ \sigma^{-1} \colon \Sigma_{m,n} \to \mathbb{P}^m$ *ein Morphismus.*

Beweis. Per Definition ist $\sigma\colon \mathbb{P}^m \times \mathbb{P}^n \to \mathbb{P}^{mn+m+n}$ für $[u] \in \mathbb{P}^m$ und $[v] \in \mathbb{P}^n$ gegeben durch

$$\sigma([u],[v]) = [uv^T] = \left[u_0 v_0, \ldots, u_0 v_n, u_1 v_0, \ldots, u_1 v_n, \ldots, u_m v_0, \ldots, u_m v_n\right].$$

Wir wählen homogene Koordinaten z_{ij} auf $\mathbb{P}^{mn+m+n} = \mathbb{P}(\mathrm{Mat}_{(m+1)\times(n+1)}(K))$. Sei U_j die offene Menge von Matrizen, in denen in der j-ten Spalte mindestens ein Eintrag ungleich 0 ist. Ist $[uv^T] \in \Sigma_{m,n} \cap U_j$, dann muss $v_j \neq 0$ gelten. Es gilt deshalb $[uv^T] = [v_j^{-1} \cdot uv^T]$ und in dieser Matrix ist die j-te Spalte gleich u. Deshalb stimmt $\pi \circ \sigma^{-1}$ auf $U_j \cap \Sigma_{m,n}$ mit der Projektion

$$\pi_i\colon [(a_{kl})_{k,l}] \mapsto [a_{0j}, \ldots, a_{mj}]$$

auf die j-te Spalte überein, und das ist eine homogene Polynomabbildung. Weil $\Sigma_{m,n}$ von den offenen Teilmengen $U_j \cap \Sigma_{m,n}$ überdeckt wird, ist $\pi \circ \sigma^{-1}$ damit ein Morphismus. $\qquad\square$

Man kann beweisen, dass die Projektion $\mathbb{P}^m \times \mathbb{P}^n \to \mathbb{P}^m$ auf der Segre-Varietät $\Sigma_{m,n}$ nicht global durch eine homogene Polynomabbildung gegeben ist (siehe zum Beispiel Übung 4.5.1). Sie ist damit ein weiteres Beispiel für einen Morphismus, der nur lokal eine homogene Polynomabbildung ist.

Da wir die Segre-Einbettung benutzt haben, um $\mathbb{P}^m \times \mathbb{P}^n$ mit einer projektiven Varietät zu identifizieren, bekommen wir als Folgerung, dass das kartesische Produkt von endlich vielen quasiprojektiven Varietäten wieder eine quasiprojektive Varietät ist und dass dieses Produkt die üblichen formalen Eigenschaften eines Produkts besitzt (Übung 4.3.2).

Als nächstes betrachten wir die Veronese-Einbettung von $\mathbb{P}^n$.

4.3.13 Satz *Die Veronese-Abbildung $v_d\colon \mathbb{P}^n \to \mathbb{P}^{N-1}$, $N = \binom{n+d}{n}$, ist ein Isomorphismus $\mathbb{P}^n \xrightarrow{\sim} v_d(\mathbb{P}^n)$.*

Beweis. Setze $\Gamma = \{\alpha \in \mathbb{N}_0^{n+1} \mid |\alpha| = d\}$. Dann ist die Veronese-Abbildung in Multiindex-Notation durch $v_d\colon [x] \mapsto [x^\alpha | \alpha \in \Gamma]$ gegeben und damit eine homogene Polynomabbildung, also ein Morphismus. Nach Prop. 3.5.6 ist v_d außerdem injektiv. Sei $Z = v_d(\mathbb{P}^n)$. Dann müssen wir zeigen, dass die Umkehrabbildung $v_d^{-1}\colon Z \to \mathbb{P}^n$ ein Morphismus ist. Auf $\mathbb{P}^{N-1}$ arbeiten wir wieder mit homogenen Koordinaten z_α, $\alpha \in \Gamma$. Wir haben gesehen, dass Z durch die quadratischen Gleichungen

$$Z = \mathcal{V}_+\bigl(z_\alpha z_\beta - z_\gamma z_\delta \mid \alpha,\beta,\gamma,\delta \in \Gamma \text{ mit } \alpha + \beta = \gamma + \delta\bigr)$$

gegeben ist. Betrachte für $i \in \{0, \ldots, n\}$ und $\alpha \in \Gamma$ mit $\alpha_i \geqslant 1$ die Abbildung

$$\varphi_{\alpha,i}\colon Z \cap \mathcal{D}_+(z_\alpha) \to \mathbb{P}^n, z \mapsto [z_{\alpha-e_i+e_0}, z_{\alpha-e_i+e_1}, \ldots, z_{\alpha-e_i+e_n}].$$

Diese Abbildung ist wohldefiniert, weil $z_\alpha \neq 0$ auf der rechten Seite vorkommt. Für $z \in Z \cap \mathcal{D}_+(z_\alpha z_\beta)$ mit $\alpha_i \geqslant 1$ und $\beta_j \geqslant 1$ gilt außerdem $\varphi_{\alpha,i}(z) = \varphi_{\beta,j}(z)$ wegen

$$z_{\alpha-e_i+e_k} z_{\beta-e_j+e_l} = z_{\alpha-e_i+e_l} z_{\beta-e_j+e_k}.$$

Damit definieren die $\varphi_{\alpha,i}$ einen Morphismus $\varphi\colon Z \to \mathbb{P}^n$ (Übung 4.3.1). Es gilt $\varphi \circ v_d = \mathrm{id}$, denn ist $p \in \mathcal{D}_+(x_i)$, etwa $p = [a_0,\dots,a_{i-1},1,a_{i+1},\dots,a_n]$, und ist $\alpha = d\cdot e_i$, dann gilt $v_d(p) \in \mathcal{D}_+(z_\alpha)$ und $z_{\alpha-e_i+e_j} = a_i^{d-1}\cdot a_j = a_j$, also $\varphi_{\alpha,i}(v_d(p)) = p$. Also gilt $\varphi = v_d^{-1}$ und die Behauptung ist bewiesen. $\qquad\square$

4.3.14 Korollar *Es sei $f \in K[x_0,\dots,x_n]$ ein homogenes Polynom vom Grad $d > 0$. Dann ist die offene Untervarietät $\mathcal{D}_+(f) \subset \mathbb{P}^n$ affin.*

Beweis. Wir schreiben $f = \sum_{|\alpha|=d} c_\alpha x^\alpha$. Unter der Veronese-Abbildung $v_d\colon \mathbb{P}^n \to \mathbb{P}^{N-1}$ gilt dann $v_d(\mathcal{D}_+(f)) = v_d(\mathbb{P}^n)\cap\mathcal{D}_+(\ell)$ mit $\ell = \sum_{|\alpha|=d} c_\alpha z_\alpha$ (vgl. Kor. 3.5.8). Diese Varietät ist affin nach Satz 4.3.1, denn durch einen Koordinatenwechsel auf $\mathbb{P}^{N-1}$ können wir etwa $\ell = z_{e_0}$ erreichen. $\qquad\square$

4.3.15 Beispiel Das Bild einer Varietät unter einem Morphismus ist im Allgemeinen keine Varietät, auch nicht in der nun erweiterten Kategorie aller quasiprojektiven Varietäten. Beispielsweise ist das Bild von $\varphi\colon \mathbb{A}^2 \to \mathbb{A}^2$, $(x_1,x_2) \mapsto (x_1,x_1 x_2)$ die Menge $\mathcal{D}(y_1) \cup \{(0,0)\}$ und damit nicht lokal abgeschlossen in $\mathbb{A}^2$. $\qquad\qquad\diamond$

Für projektive Varietäten können wir dagegen wieder den Hauptsatz der Eliminationstheorie anwenden.

4.3.16 Satz *Es sei X eine projektive Varietät und sei $\varphi\colon X \to \mathbb{P}^n$ ein Morphismus. Dann ist $\varphi(X)$ abgeschlossen.*

Beweis. Es gelte $X \subset \mathbb{P}^m$. Wir betrachten den Graph

$$\Gamma_\varphi = \bigl\{(p,q) \in X \times \mathbb{P}^n \mid \varphi(p) = q\bigr\}.$$

Er ist eine abgeschlossene Teilmenge von $\mathbb{P}^m \times \mathbb{P}^n$. Um das zu sehen, sei U eine offene Teilmenge von X, auf der $\varphi|_U = [f_0,\dots,f_n]$ durch homogene Polynome $f_0,\dots,f_n \in K[x_0,\dots,x_m]$ gleichen Grades gegeben ist, und sei $\widetilde{U} = U \times \mathbb{P}^n$. In homogenen Koordinaten $y_0,\dots,y_n$ auf $\mathbb{P}^n$ gilt dann

$$\Gamma_\varphi \cap \widetilde{U} = \mathcal{V}(y_i f_j - y_j f_i \mid i < j, i,j = 0,\dots,n)\cap\widetilde{U}$$

(wie im Beweis von Prop. 3.6.4). Also ist $\Gamma_\varphi \cap \widetilde{U}$ abgeschlossen in $\widetilde{U}$. Da X von solchen offenen Mengen U überdeckt wird, ist Γ_φ abgeschlossen. Nach dem Hauptsatz der Eliminationstheorie (in der Form von Kor. 3.6.3) ist dann auch die Projektion von Γ_φ auf $\mathbb{P}^n$ abgeschlossen. Das ist gerade $\varphi(X)$. $\qquad\square$

Unter der Projektion auf den ersten Faktor ist Γ_φ zu X isomorph.

Das zeigt einen ganz wesentlichen Unterschied zwischen projektiven und affinen Varietäten. Affine Varietäten, die zunächst als abgeschlossene Teilmengen von $\mathbb{A}^n$ definiert sind, können auch zu nicht-abgeschlossenen Untervarietäten von affinen oder projektiven Räumen isomorph sein. Dagegen kann eine projektive Varietät immer nur als abgeschlossene Teilmenge eines projektiven Raums auftreten.

Als Folgerung daraus können wir nun auch die regulären Funktionen auf einer projektiven Varietät bestimmen: Sie sind alle (lokal) konstant.

4.3.17 Korollar *Für jede irreduzible projektive Varietät X gilt $\mathcal{O}(X) = K$.*

Beweis. Es sei $f \in \mathcal{O}(X)$ eine reguläre Funktion auf X. Zusammen mit der Inklusion $\mathbb{A}^1 \xrightarrow{\sim} D_0 \subset \mathbb{P}^1$ können wir f auch als Morphismus $f \colon X \to \mathbb{P}^1$ auffassen. Nach Satz 4.3.16 ist $f(X)$ dann abgeschlossen in $\mathbb{P}^1$. Wegen $f(X) \subset D_0 \subsetneq \mathbb{P}^1$ muss $f(X)$ endlich sein und damit, da X irreduzibel ist, einpunktig. Also ist f konstant. $\square$

4.3.18 Bemerkung Diese Aussage kann man in Analogie zur komplexen Analysis sehen: Jede holomorphe Funktion auf einer zusammenhängenden, kompakten komplexen Mannigfaltigkeit ist konstant. Dies folgt aus dem Maximumprinzip (siehe etwa Kaup und Kaup [18], §6). Tatsächlich sind komplexe projektive Varietäten kompakt (in der euklidischen Topologie), da $\mathbb{P}^n_{\mathbb{C}}$ kompakt ist.

4.3.19 Korollar *Eine Varietät ist genau dann sowohl affin als auch projektiv, wenn sie endlich ist.*

Beweis. Jede endliche Varietät ist sowohl affin als auch projektiv (Übung 4.3.5). Sei umgekehrt X eine projektive Varietät, die auch affin ist. Dann gilt das auch für jede irreduzible Komponente X' von X. Nach Kor. 4.3.17 gilt $\mathcal{O}(X') = K$, und andererseits $\mathcal{O}(X') = K[X']$ nach Satz 4.2.3. Also gilt $K[X'] = K$, woraus folgt, dass X' ein Punkt ist. $\square$

Diese Aussage hat eine überraschende Anwendung, die man als eine schwache Verallgemeinerung des Satzes von Bézout in beliebige projektive Räume verstehen kann.

4.3.20 Korollar *Es sei $X = \mathcal{V}_+(f)$ eine Hyperfläche in $\mathbb{P}^n$ und $Y \subset \mathbb{P}^n$ eine unendliche projektive Varietät. Dann gilt $X \cap Y \neq \emptyset$.*

Beweis. Denn wäre $X \cap Y = \emptyset$, dann würde $Y \subset \mathcal{D}_+(f)$ folgen. Nach Kor. 4.3.14 ist $\mathcal{D}_+(f)$ aber affin, also wäre auch Y affin, im Widerspruch zur Aussage des vorangehenden Korollars. $\square$

Übungen

Übung 4.3.1 Es seien V und W zwei Varietäten. Zeigen Sie:

(1) Eine Abbildung $\varphi \colon V \to W$ ist genau dann ein Morphismus, wenn jeder Punkt $p \in V$ eine offene Umgebung U in V besitzt derart, dass die Einschränkung $\varphi|_U \colon U \to W$ ein Morphismus ist.

(2) Gegeben eine offene Überdeckung $V = \bigcup_{i \in I} U_i$ von V und Morphismen $\varphi_i \colon U_i \to W$ für jedes $i \in I$ mit $\varphi_i|_{U_i \cap U_j} = \varphi_j|_{U_i \cap U_j}$ für alle i, j, dann ist $\varphi \colon V \to W$, $p \mapsto \varphi_i(p)$ für $p \in U_i$ ein Morphismus.

Übung 4.3.2 Es seien V und W Varietäten, sei $V \times W$ das kartesische Produkt und seien $\pi_1 \colon V \times W \to V$ und $\pi_2 \colon V \times W \to W$ die Projektionen auf die beiden Faktoren. Wir fassen $V \times W$ über die Segre-Einbettung als quasiprojektive Varietät auf.

(a) Zeigen Sie, dass $V \times W$ ein Produkt in der Kategorie der quasiprojektiven Varietäten ist: Gegeben eine Varietät Z und Morphismen $\varphi \colon Z \to V$ und $\psi \colon Z \to W$, dann gibt es einen eindeutig bestimmten Morphismus $\rho \colon Z \to V \times W$ mit $\varphi = \pi_1 \circ \rho$ und $\psi = \pi_2 \circ \rho$.

(b) Verallgemeinern Sie diese Aussagen und die Konstruktion des Produkts auf eine beliebige endliche Anzahl von Faktoren.

Übung 4.3.3 Es sei X ein topologischer Raum.

(a) Zeigen Sie, dass X genau dann ein Hausdorff-Raum ist, wenn die Diagonale $\Delta = \{(p,p) \mid p \in X\}$ in der Produkttopologie auf $X \times X$ abgeschlossen ist (vgl. Übungen und 4.1.2 und 4.1.4).
(b) Folgern Sie, dass die Zariski-Topologie auf $V \times V$ für eine unendliche Varietät V niemals die Produkttopologie sein kann.

Übung 4.3.4 Es seien V und W Varietäten und sei $\varphi\colon V \to W$ ein Morphismus. Zeigen Sie:

(a) Für jeden Punkt $p \in V$ induziert φ einen K-Homomorphismus

$$\varphi_p^\#\colon \mathcal{O}_{W,\varphi(p)} \to \mathcal{O}_{V,p}$$

mit $\varphi_p^\#(\mathfrak{m}_{W,\varphi(p)}) \subset \mathfrak{m}_{V,p}$.
(b) Genau dann ist φ ein Isomorphismus, wenn φ bijektiv ist und $\varphi_p^\#$ für alle $p \in V$ ein Isomorphismus ist (siehe auch Übungen 2.7.8–2.7.10).

Übung 4.3.5 Begründen Sie, warum jede endliche Varietät sowohl affin als auch projektiv ist.

Übung 4.3.6 Zeigen Sie mit Hilfe von Übung 4.2.3, dass $\mathbb{A}^n \setminus \{(0,\dots,0)\}$ für $n \geqslant 2$ keine affine Varietät ist.

Übung 4.3.7 Es gelte $\operatorname{char}(K) \neq 2$. Modifizieren Sie Beispiel 4.3.11 um zu zeigen, dass die stereographische Projektion auf dem Einheitskreis (vgl. Beispiel 1.0.4(2)) einem Isomorphismus $\mathcal{V}_+(x_0^2 - x_1^2 - x_2^2) \to \mathbb{P}^1$ entspricht.

4.4 Rationale Abbildungen und Funktionenkörper

Der Definitionsbereich einer rationalen Abbildung wie in §2.6 ist eine offene Teilmenge einer Varietät. Das können wir nun technisch besser formulieren.

Definition Es seien V und W zwei irreduzible Varietäten. Eine **rationale Abbildung** von V nach W ist eine Äquivalenzklasse von Paaren (U,φ), wobei $U \subset V$ eine nicht-leere offene Teilmenge von V ist und φ ein Morphismus $U \to W$. Dabei sind zwei Paare (U,φ) und (U',φ') äquivalent, wenn

$$\varphi|_{U\cap U'} = \varphi'|_{U\cap U'}$$

gilt. Wir schreiben wieder kurz $\psi\colon V \dashrightarrow W$, gelegentlich auch $\psi = [U,\varphi]$ für die Äquivalenzklasse von (U,φ). Der **Definitionsbereich** $\operatorname{dom}(\psi)$ von ψ ist die Vereinigung aller offenen Teilmengen U von V, für die ein Morphismus $\varphi\colon U \to W$ mit $\psi = [U,\varphi]$ existiert.

Wie zuvor heißt eine rationale Abbildung ψ **dominant**, wenn ihr Bild dicht in W ist, das heißt, falls $\overline{\varphi(U)} = W$ für einen Repräsentant $\psi = [U,\varphi]$

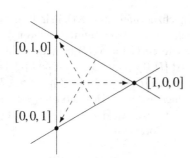

Abb. 4.1: Cremona-Transformation von $\mathbb{P}^2$

gilt. Da nicht-leere offene Mengen nicht-leeren Schnitt haben, ist die Komposition $\rho \circ \psi$ für zwei rationale Abbildungen $\psi\colon V \dashrightarrow W$ und $\rho\colon W \dashrightarrow Z$ sinnvoll definiert, falls ψ dominant ist. Existiert zu ψ eine rationale Abbildung $\psi'\colon W \dashrightarrow V$ mit $\psi' \circ \psi = \mathrm{id}_V$ und $\psi \circ \psi' = \mathrm{id}_W$ dann heißt ψ wieder **birational** und die Varietäten V und W sind **birational äquivalent**.

4.4.1 Beispiele (1) Die Projektion von $\mathbb{P}^n$ auf $\mathbb{P}^{n-1}$ mit Zentrum p (wie in §3.1) ist eine rationale Abbildung.

(2) Es sei $W \subset \mathbb{P}^m$ eine Varietät und seien $f_0, \ldots, f_n \in K[x_0, \ldots, x_m]$ homogene Polynome gleichen Grades, und sei $Z = \mathcal{V}_+(f_0, \ldots, f_n)$. Ist W nicht in Z enthalten, dann ist $W \backslash Z \to \mathbb{P}^n$, $p \mapsto [f_0(p), \ldots, f_n(p)]$ ein Morphismus, repräsentiert also eine rationale Abbildung $W \dashrightarrow \mathbb{P}^n$. Umgekehrt besitzt jede rationale Abbildung $W \dashrightarrow \mathbb{P}^n$ einen solchen Repräsentanten (nach Prop. 4.3.10).

(3) Birationale Abbildungen des projektiven Raums in sich werden **Cremona-Transformationen** genannt. Ein Beispiel ist die Abbildung

Luigi Cremona (1830—1903), italienischer Geometer und Politiker

$$\psi\colon \mathbb{P}^2 \dashrightarrow \mathbb{P}^2, \quad [x_0, x_1, x_2] \mapsto [x_1 x_2, x_0 x_2, x_0 x_1].$$

Offenbar ist ψ höchstens in den drei Punkten $[1,0,0]$, $[0,1,0]$ und $[0,0,1]$ undefiniert. Für alle $[x_0, x_1, x_2] \in \mathbb{P}^2$ mit $x_0 x_1 x_2 \neq 0$ gilt $\psi(\psi(x_0, x_1, x_2)) = \psi(x_1 x_2, x_0 x_2, x_0 x_1) = [x_0^2 x_1 x_2, x_0 x_1^2 x_2, x_0 x_1 x_2^2] = [x_0, x_1, x_2]$. Also ist ψ birational und selbstinvers, eine *Involution*. Die Gerade $\mathcal{V}_+(x_0)$ wird von ψ auf den Punkt $[1,0,0]$ abgebildet, ebenso $\mathcal{V}_+(x_1)$ auf $[0,1,0]$ und $\mathcal{V}_+(x_2)$ auf $[0,0,1]$. Außerhalb dieser Geraden ist ψ bijektiv. In der schematischen Darstellung in Abbildung 4.1 werden also die drei Geraden jeweils auf den gegenüberliegenden Punkt kontrahiert. Daraus folgt auch, dass die drei Schnittpunkte tatsächlich nicht zum Definitionsbereich von ψ gehören. ◇

Definition Eine **rationale Funktion** auf einer irreduziblen Varietät V ist eine rationale Abbildung $V \dashrightarrow \mathbb{A}^1$.

4.4.2 Proposition *Für jede irreduzible Varietät V bilden die rationalen Funktionen auf V einen Körper $K(V)$. Für jede nicht-leere offene Teilmenge $U \subset V$ gilt $K(V) = K(U)$.*

Beweis. Es ist leicht nachzuprüfen, dass $K(V)$ ein Ring ist. Da V irreduzibel ist, haben je zwei nicht-leere offene Teilmengen von V einen nicht-leeren Schnitt. Daraus folgt sofort $K(V) = K(U)$ für jede nicht-leere Teilmenge U von V. Insbesondere ist $[U, 0]$ immer die Null und $[U, 1]$ die Eins in $K(V)$. Sei $[U, f] \in K(V)$ ungleich $[U, 0]$. Dann ist $U_0 = \{p \in U \mid f(p) \neq 0\}$ eine nicht-leere offene Teilmenge von U. Deshalb ist $1/f$ eine reguläre Funktion $U_0 \to K$ und es gilt $[U, f] \cdot [U_0, 1/f] = [U_0, 1]$. Also ist $[U, f]$ eine Einheit, was zeigt, dass $K(V)$ ein Körper ist. $\square$

Definition Der Körper $K(V)$ heißt der **Funktionenkörper von** V.

Diese Terminologie und Notation sind für affine Varietäten bereits belegt, aber wir haben nichts Neues definiert:

4.4.3 Proposition   *(1) Für jede irreduzible Varietät W und jeden Punkt $p \in W$ gilt $K(W) = \text{Quot}(\mathcal{O}_{W,p})$.*

(2) Für jede irreduzible affine Varietät V gilt $K(V) = \text{Quot}(K[V])$.

Beweis. (2) Die Abbildung $K[V] \to K(V)$, $f \mapsto [V, f]$ ist offenbar injektiv, induziert also eine Einbettung $\text{Quot}(K[V]) \hookrightarrow K(V)$. Sie ist auch surjektiv, da jede rationale Abbildung $V \dashrightarrow \mathbb{A}^1$ lokal durch einen Bruch von Elementen aus $K[V]$ repräsentiert wird.

(1) folgt für affine Varietäten aus (2) und Satz 4.2.6; da jeder Punkt eine affine Umgebung besitzt, folgt daraus auch der allgemeine Fall. $\square$

4.4.4 Bemerkung Die Aussage in Prop. 4.4.3(2) ist wirklich nur für affine Varietäten richtig. Ist beispielsweise X eine unendliche projektive Varietät, dann gilt $\mathcal{O}(X) = K$ und damit natürlich auch $\text{Quot}(\mathcal{O}(X)) = K \subsetneq K(X)$.

4.4.5 Proposition *Jede dominante rationale Abbildung $\psi : V \dashrightarrow W$ zwischen irreduziblen Varietäten induziert einen injektiven K-Homomorphismus $\psi^\# : K(W) \to K(V)$, $f \mapsto f \circ \psi$ der Funktionenkörper und umgekehrt.*

Beweis. Analog zum affinen Fall; Übung 4.4.1. $\square$

Die birationalen Abbildungen des n-dimensionalen projektiven (oder affinen) Raums in sich bilden unter Komposition eine Gruppe, die **Cremona-Gruppe**. Sie ist nach Prop. 4.4.5 gerade die K-Automorphismengruppe des rationalen Funktionenkörpers $K(x_1, \dots, x_n)$. Für $n \geqslant 2$ ist es alles andere als einfach, etwas über die Struktur dieser Riesengruppe herauszufinden.

4.4.6 Satz *Für zwei irreduzible Varietäten V und W sind äquivalent:*

(i) Die Varietäten V und W sind birational.

(ii) Die Funktionenkörper $K(V)$ und $K(W)$ sind K-isomorph.

(iii) Es gibt zwei nicht-leere offene Untervarietäten von V bzw. W, die zueinander isomorph sind.

(iv) Es gibt Punkte $p \in V$ und $q \in W$ derart, dass die lokalen Ringe $\mathcal{O}_{V,p}$ und $\mathcal{O}_{W,q}$ über K isomorph sind.

Beweis. (i)⇔(ii) folgt aus der vorangehenden Proposition. Um (i)⇒(iii) zu zeigen, sei $\psi\colon V \dashrightarrow W$ eine birationale Abbildung. Dann wird ψ auf einer nicht-leeren offenen Teilmenge $V' \subset V$ von einem Morphismus $\varphi\colon V' \to W$ repräsentiert und ebenso ψ^{-1} auf einer nicht-leeren offenen Teilmenge $W' \subset W$ von einem Morphismus $\varphi'\colon W' \to V$. Daraus folgt, dass φ einen Isomorphismus zwischen $V_0 = V' \cap \varphi^{-1}(W')$ und $W_0 = W' \cap \varphi'^{-1}(V')$ induziert. (iii)⇒(iv) ist trivial und (iv)⇒(ii) folgt aus Prop. 4.4.3 (1). $\qquad\square$

Definition Eine irreduzible Varietät V heißt **unirational**, wenn es eine dominante rationale Abbildung $\mathbb{A}^n \dashrightarrow V$ (für ein $n \in \mathbb{N}$) gibt. Sie heißt **rational**, wenn es eine birationale solche Abbildung gibt.

4.4.7 Beispiele

(1) Im ersten Kapitel haben wir schon Beispiele für rationale und nicht-rationale ebene Kurven gesehen (Satz 1.0.5).

(2) Als weiteres Beispiel zeigen wir, dass jede irreduzible Quadrik rational ist: Es gelte char$(K) \neq 2$, $n \geqslant 2$ und sei $q \in K[x_0,\ldots,x_n]$ homogen vom Grad 2 und irreduzibel. Sei $X = \mathcal{V}_+(q)$ und $p \in X$ ein Punkt, dann betrachten wir die Projektion $\pi_p\colon X \dashrightarrow H$ mit Zentrum p von X auf die Hyperebene $H = \{p\}^\perp \cong \mathbb{P}^{n-1}$. Für jedes $q \in H$ schneidet die Gerade $L_q = \overline{pq}$ die Fläche X in p und einem weiteren Punkt $p' \neq p$, es sei denn, L_q ist in X enthalten oder im Tangentialraum an X in p. Der Punkt p' ist dann gerade das Urbild von q unter π_p. Das zeigt, dass π_p dominant und injektiv ist und damit birational (siehe hierzu auch Aufgabe 4.4.2).

(3) Nach einem klassischen Satz von Lüroth ist jede unirationale Kurve rational. Algebraisch formuliert heißt das, dass jeder Zwischenkörper der Körpererweiterung $K \subset K(x_1,\ldots,x_n)$ vom Transzendenzgrad 1 über K zu einem rationalen Funktionenkörper $K(t)$ isomorph ist.

Jacob Lüroth (1844–1910)

Entsprechendes gilt nach einem Satz von Castelnuovo für Flächen im Fall char$(K) = 0$ (siehe zum Beispiel Beauville [2], Ch. V). In Primzahlcharakteristik ist dies dagegen falsch, Gegenbeispiele sind die sogenannten *Zariski-Flächen* (siehe [24]). Schließlich zeigten Clemens und Griffiths in [4] und (unabhängig) Iskowskich und Manin in [17] in den Jahren 1971-72 die Existenz von unirationalen komplexen Varietäten der Dimension 3, die nicht rational sind.

Guido Castelnuovo (1865–1952)

Anschaulich betrachtet sind die unirationalen Varietäten gerade die parametrisierbaren Varietäten. Unirationalität ist etwas besser fassbar als Rationalität. Zum Beispiel kann man verhältnismäßig leicht beweisen, dass jede kubische Hyperfläche in $\mathbb{P}^n$ für $n \geqslant 3$ unirational ist. Welche kubischen Hyperflächen rational sind, ist dagegen im Allgemeinen unbekannt. $\diamond$

Definition Es sei $\psi\colon V \dashrightarrow W$ eine rationale Abbildung. Der **Graph** Γ_ψ von ψ ist der Abschluss von $\{(p,q) \in V \times W \mid p \in \mathrm{dom}(\psi),\ q = \psi(p)\}$ im Produkt $V \times W$.

4.4.8 Beispiel

Es sei $p \in \mathbb{P}^n$ ein Punkt. Der Graph $\widehat{X}$ der Projektion π_p mit Zentrum p heißt die **Aufblasung** von $\mathbb{P}^n$ in p. Per Definition ist $\widehat{X}$ der Abschluss der Menge $\{(q,z) \in \mathbb{P}^n \times \mathbb{P}^{n-1} \mid q \neq p,\ z = \pi_p(q)\}$. Wir können die Varietät $\widehat{X}$ durch bihomogene Gleichungen beschreiben (siehe auch Beweis von Satz 4.3.16): Ist etwa $p = [0, \ldots, 0, 1]$, dann gilt

$$\widehat{X} = \overline{\left\{ ([u], [v]) \in \mathbb{P}^n \times \mathbb{P}^{n-1} \mid [u] \neq p \text{ und } u_i v_j = u_j v_i \text{ für } i, j = 0, \ldots, n-1 \right\}}$$
$$= \left\{ ([u], [v]) \in \mathbb{P}^n \times \mathbb{P}^{n-1} \mid u_i v_j = u_j v_i \text{ für } i, j = 0, \ldots, n-1 \right\}.$$

Sei nun $\rho \colon \widehat{X} \to \mathbb{P}^n$ die Projektion auf den ersten Faktor. Über dem Definitionsbereich $\operatorname{dom}(\pi_p) = \mathbb{P}^n \setminus \{p\}$ der Projektion mit Zentrum p ist ρ ein Isomorphismus. Insbesondere ist $\widehat{X}$ birational äquivalent zu $\mathbb{P}^n$. Genauer gilt für die Faser von ρ über einem Punkt $q = [a_0, \ldots, a_n] \in \mathbb{P}^n$ die Gleichheit

$$\rho^{-1}(q) = \left\{ \begin{array}{ll} \{(q, [a_0, \ldots, a_{n-1}])\} & \text{für } q \neq p \\ \{p\} \times \mathbb{P}^{n-1} & \text{für } q = p. \end{array} \right.$$

Mit anderen Worten, alle Fasern sind einpunktig, bis auf $E = \rho^{-1}(p) \cong \mathbb{P}^{n-1}$. Die Untervarietät E wird der **exzeptionelle Divisor** auf $\widehat{X}$ genannt und hat die Codimension 1 in $\widehat{X}$. Die Punkte auf E entsprechen dabei den verschiedenen Richtungen von Geraden durch p in $\mathbb{P}^n$.

Die Konstruktion lässt sich noch stark verallgemeinern und hat verschiedene Anwendungen in der algebraischen Geometrie, unter anderem die sogenannte Auflösung von Singularitäten. Dazu schauen wir uns ein Beispiel an: Es sei $C = \mathcal{V}_+(x_1^2 x_2 - x_0^2(x_0 - x_2))$ eine Schleifenkubik in $\mathbb{P}^2$; der Punkt $p = [0, 0, 1]$ ist die Singularität von C. Das Urbild $\rho^{-1}(C) \subset \mathbb{P}^2 \times \mathbb{P}^1$ wird durch die bihomogenen Gleichungen

$$u_1^2 u_2 = u_0^2(u_0 - u_2) \quad \text{und} \quad u_0 v_1 = u_1 v_0$$

beschrieben. Wir betrachten diese Varietät auf der affinen Teilmenge $U_0 = \mathcal{D}_+(u_2) \times \mathcal{D}_+(v_0)$ von $\mathbb{P}^2 \times \mathbb{P}^1$: Für $u_2 = v_0 = 1$ ist also $u_1 = u_0 v_1$. Einsetzen in die erste Gleichung ergibt $u_0^2 v_1^2 - u_0^2(u_0 - 1) = 0$, was zu $u_0^2 = 0$ oder $v_1^2 = u_0 - 1$ faktorisiert. In der affinen Ebene U_0 mit Koordinaten u_0, v_1 ist $\rho^{-1}(C)$ also die Vereinigung einer Geraden und einer Parabel. Die Gerade $\mathcal{V}(u_0)$ ist der exzeptionelle Divisor $E \cap U_0$, während die Parabel die sogenannte **strikt Transformierte** der Kurve C in $\widehat{X}$ ist. Die Aufblasung hat die Singularität der Schleifenkurve beseitigt. Die beiden Schnittpunkte der Parabel mit E entsprechen den beiden verschiedenen Tangentenrichtungen an C in p (siehe Abbildung 4.2 auf der nächsten Seite). ◇

4.4.9 Bemerkung Unter einer Auflösung der Singularitäten einer Varietät V versteht man eine reguläre Varietät V' zusammen mit einem birationalen Morphismus $\varphi \colon V' \to V$. Die Existenz einer solchen Auflösung in beliebiger Dimension wurde im Fall $\operatorname{char}(K) = 0$ von Hironaka im Jahr 1964 in einer langen und komplizierten Arbeit [15] bewiesen (wofür er mit einer Fields-Medaille geehrt wurde). Der Beweis wurde inzwischen vereinfacht, ist aber immer noch recht aufwendig. Der Morphismus φ entsteht durch eine Folge von Aufblasungen (in regulären Zentren, aber nicht nur in Punkten) und ist so beschaffen, dass die Einschränkung von φ auf $\varphi^{-1}(V_{\text{reg}})$ ein Isomorphismus ist. Im Fall von Kurven und Flächen ist der Beweis sehr viel einfacher; für Kurven siehe etwa Fulton [8], Kap. 7. In Primzahlcharakteristik ist die Existenz einer solchen Auflösung in beliebiger Dimension im Allgemeinen unbewiesen.

HEISUKE HIRONAKA (1931–), japanischer Mathematiker

Abb. 4.2: Aufblasung der Ebene in einem Punkt mit transformierter Kubik

Übungen

Übung 4.4.1 Beweisen Sie Prop. 4.4.5.

Übung 4.4.2 Vervollständigen Sie die Argumentation in Beispiel 4.4.7(2) wie folgt: Es sei char$(K) \neq 2$ und sei $q \in K[x_0, \dots, x_n]$ irreduzibel und homogen vom Grad 2, $n \geqslant 2$. Zeigen Sie, dass $\mathcal{V}_+(q)$ rational ist:

(a) Verwenden Sie Aussagen der linearen Algebra, um auf den Fall zu reduzieren, dass die quadratische Form q nicht ausgeartet ist. Zeigen Sie, dass q dann nach einem linearen Koordinatenwechsel in die Form $q = x_0 x_1 + \tilde{q}(x_2, \dots, x_n)$ gebracht werden kann.

(b) Hat q diese Gestalt, dann berechnen Sie die Projektion mit Zentrum $[1, 0, \dots, 0]$ von $\mathcal{V}_+(q)$ auf $\mathcal{V}_+(x_0) \cong \mathbb{P}^{n-1}$ und zeigen Sie, dass diese birational ist.

Übung 4.4.3 Bestimmen Sie analog zu Beispiel 4.4.8 die strikt Transformierte der Neilschen Parabel $\mathcal{V}(x_1^2 x_2 - x_0^3)$ unter der Aufblasung von $\mathbb{P}^2$ im Punkt $[0, 0, 1]$.

Übung 4.4.4 Es sei $\psi \colon \mathbb{P}^2 \dashrightarrow \mathbb{P}^2$, $[x_0, x_1, x_2] \mapsto [x_1 x_2, x_0 x_2, x_0 x_1]$ die ebene Cremona-Transformation aus Beispiel 4.4.1(3). Berechnen Sie für die Schleifenkurve $C = \mathcal{V}_+(x_1^2 x_2 - x_0^2(x_0 - x_2))$ den Abschluss von $\psi^{-1}(C)$. Was fällt auf?

Übung 4.4.5 Es sei $X = \mathcal{V}_+(\det)$ die Hyperfläche aller nicht-invertierbaren Matrizen im Raum $\mathbb{P}^{n^2-1} = \mathbb{P}\mathrm{Mat}_{n \times n}(K)$. Zeigen Sie, dass X irreduzibel und rational ist. (*Vorschlag:* Suchen Sie eine dichte offene Teilmenge von X, die sich explizit parametrisieren lässt.)

4.5 Dimension quasiprojektiver Varietäten

In diesem Abschnitt übertragen wir die Dimensionstheorie vom affinen auf den quasiprojektiven Fall. Dafür ist die Beschreibung der Dimension über Ketten von irreduziblen abgeschlossenen Teilmengen am besten geeignet.

Definition Die **kombinatorische Dimension** eines topologischen Raums X ist das Supremum über alle ganzen Zahlen d derart, dass eine Kette

$$\emptyset \subsetneq Y_0 \subsetneq Y_1 \subsetneq \cdots \subsetneq Y_d \subset X$$

von irreduziblen abgeschlossenen Teilmengen von X existiert. Sie wird mit $\dim(X)$ bezeichnet.

Wir haben bereits bewiesen, dass die Dimension einer affinen Varietät mit ihrer kombinatorischen Dimension in der Zariski-Topologie übereinstimmt (Satz 2.8.13). Für projektive Varietäten haben wir noch eine weitere Definition der Dimension über den affinen Kegel gegeben. Wir zeigen, dass auch diese Definition kompatibel ist (Satz 4.5.9).

4.5.1 Beispiel Die kombinatorische Dimension taugt außerhalb der algebraischen Geometrie meistens nicht viel. Zum Beispiel hat $\mathbb{R}^n$ in der euklidischen Topologie die kombinatorische Dimension 0 (Übung 4.1.7).   ◇

Tatsächlich sind nur wenige Eigenschaften der kombinatorischen Dimension rein topologisch begründet; viele gelten nur für Varietäten. Im folgenden bezeichnet $\dim(V)$ für eine Varietät V immer ihre kombinatorische Dimension als topologischer Raum mit der Zariski-Topologie.

4.5.2 Satz (Eigenschaften der Dimension) *Es seien V und W Varietäten.*

(1) Sind $V_1, \ldots, V_k$ die irreduziblen Komponenten von V, dann gilt

$$\dim(V) = \max\{\dim(V_i) \mid i = 1, \ldots, k\}.$$

(2) Falls $W \subset V$, dann gilt $\dim(W) \leqslant \dim(V)$. Ist zusätzlich V irreduzibel und $W \neq V$ abgeschlossen in V, so folgt $\dim(W) < \dim(V)$.

(3) Ist $W \subset V$ lokal abgeschlossen und nicht leer, so gelten

$$\dim(\overline{W}) = \dim(W) \qquad und \qquad \dim(\overline{W} \setminus W) < \dim(W).$$

(4) Es gilt $\dim(V \times W) = \dim(V) + \dim(W)$.

(5) Es gilt $\dim(V) = 0$ genau dann, wenn V endlich ist.

Beweis. (1) Klar, da jede irreduzible Teilmenge von V in einer der Komponenten $V_1, \ldots, V_k$ enthalten ist.

(2) Jede Kette $Y_1 \subsetneq Y_2 \subsetneq \cdots \subsetneq Y_d$ von Teilmengen, die in W abgeschlossen und irreduzibel sind, ergibt eine Kette $\overline{Y_1} \subsetneq \overline{Y_2} \cdots \subsetneq \overline{Y_d}$ von abgeschlossenen irreduziblen Teilmengen von V.

Ist zusätzlich V irreduzibel und W abgeschlossen in V, dann ist jede abgeschlossene Teilmenge in W auch abgeschlossen in V. Deshalb lässt sich jede Kette $Y_1 \subsetneq Y_2 \cdots \subsetneq Y_d$ von irreduziblen abgeschlossenen Teilmengen in W verlängern zu einer Kette $Y_1 \subsetneq Y_2 \cdots \subsetneq Y_d \subsetneq V$ in V.

(3) Die Ungleichung $\dim(W) \leqslant \dim(\overline{W})$ gilt nach (2). Für die Umkehrung nehmen wir an, dass W und damit auch $\overline{W}$ irreduzibel sind, was nach (1) keine Einschränkung ist. Da $\overline{W}$ ein Teilraum eines projektiven Raums ist, ist $\overline{W}$ nach (2) endlichdimensional. Es sei $d = \dim(\overline{W})$ und sei $Y_0 \subsetneq Y_1 \subsetneq \cdots \subsetneq Y_d = \overline{W}$ eine Kette maximaler Länge in $\overline{W}$. Dann ist Y_0 ein Punkt. Nach Kor. 4.3.8 gibt es eine affin-offene Teilmenge $U \subset \overline{W}$, die diesen Punkt enthält, also mit $Y_0 \subset U$. Dann ist $Y_0 \subsetneq (Y_1 \cap U) \subsetneq \cdots \subsetneq (Y_d \cap U) = U$ eine maximale Kette in U. Da $\overline{W}$ irreduzibel ist und U und W offen in $\overline{W}$ sind, gilt $U \cap W \neq \emptyset$. Nach Kor. 2.9.4 haben außerdem alle maximalen Ketten in U dieselbe Länge. Deshalb gibt es eine Kette $Z_0 \subsetneq Z_1 \subsetneq \cdots \subsetneq Z_d = U$ der Länge d in U mit $Z_0 \subset W$. Dann ist $Z_0 \subsetneq (\overline{Z_1} \cap W) \subsetneq \cdots \subsetneq \overline{Z_d} \cap W = W$ eine Kette der Länge d in W, was $\dim(W) \geqslant \dim(\overline{W})$ zeigt.

Für den Zusatz über die Dimension von $\overline{W} \setminus W$ sei Z eine irreduzible Komponente von $\overline{W}$. Da W offen und dicht in $\overline{W}$ ist, ist dann auch $Z \cap W$ offen und dicht in Z. Also gilt $\dim(Z \setminus (Z \cap W)) < \dim(Z) \leqslant \dim(\overline{W})$ nach (2). Durchläuft Z alle irreduziblen Komponenten von $\overline{W}$, dann wird $\overline{W} \setminus W$ von den abgeschlossenen Teilmengen $Z \setminus (Z \cap W)$ überdeckt.

(4) folgt aus dem affinen Fall (Satz 2.8.10) unter Verwendung von (3), ebenso (5) (aus Prop. 2.8.2). $\square$

Die Beweise für (1) und (2) sind rein topologisch, die Aussagen gelten in allen (endlichdimensionalen) noetherschen Räumen. Für (3)–(5) ist das nicht der Fall.

Das Hauptergebnis von §2.9 überträgt sich ebenfalls ins Projektive.

4.5.3 Satz *Ist $V \subset \mathbb{P}^n$ eine irreduzible quasiprojektive Varietät und ist $f \in K[x_0, \ldots, x_n]$ homogen von positivem Grad, dann haben alle irreduziblen Komponenten von $V \cap \mathcal{V}_+(f)$ die Dimension $\dim(V) - 1$.*

Beweis. Nach Koordinatenwechsel können wir annehmen, dass keine irreduzible Komponente von $\overline{V} \cap \mathcal{V}_+(f)$ in der Hyperebene $\mathcal{V}_+(x_0)$ enthalten ist. Nach Satz 2.9.1 haben alle Komponenten der affinen Varietät $\overline{V} \cap \mathcal{V}_+(f) \cap D_0$ die Codimension 1 in $\overline{V}$. Nach Satz 4.5.2(3) stimmen diese Dimensionen mit denen der irreduziblen Komponenten von $V \cap \mathcal{V}_+(f)$ überein. $\square$

Der folgende Satz fasst noch einmal die unterschiedlichen Charakterisierungen der Dimension einer Varietät zusammen.

4.5.4 Satz (Dimension einer quasiprojektiven Varietät) *Die Dimension einer irreduziblen Varietät V ist äquivalent gegeben durch*

(1) die größte Zahl d, für die eine Kette

$$\emptyset \subsetneq W_0 \subsetneq W_1 \subsetneq \cdots \subsetneq W_d = V$$

von abgeschlossenen irreduziblen Teilmengen von V existiert.

(2) den Transzendenzgrad des Funktionenkörpers $K(V)$ über K;

(3) die Dimension des Tangentialraums an einen regulären Punkt von V.

Beweis. Wenn wir von (1) als Definition von $\dim(V)$ ausgehen, dann sagt Satz 4.5.2(3), dass die Dimension jeder nicht-leeren offenen affinen Untervarietät W von V mit der von V übereinstimmt. Die Dimension von W ist nach Satz 2.8.13 gerade der Transzendenzgrad von $K(W)$ über K und nach Prop. 4.4.3 gilt $K(W) = K(V)$. Für jeden regulären Punkt $p \in W$ gilt außerdem $\dim(T_p(W)) = \dim(W)$ nach Definition der Regularität, und damit auch $\dim_K T_p(W) = \dim(V)$. Da jeder Punkt von V eine affine offene Umgebung besitzt, folgt die Behauptung.   □

4.5.5 Korollar *Existiert zwischen zwei irreduziblen Varietäten V und W eine dominante rationale Abbildung $\varphi\colon V \dashrightarrow W$, dann folgt*

$$\dim(W) \leqslant \dim(V).$$

Insbesondere haben birational äquivalente Varietäten dieselbe Dimension.

Beweis. Jede dominante rationale Abbildung $V \dashrightarrow W$ induziert nach Proposition 4.4.5 eine Einbettung $K(W) \subset K(V)$. Damit folgt die Behauptung aus $\dim(V) = \operatorname{trdeg}(K(V)/K) \geqslant \operatorname{trdeg}(K(W)/K) = \dim(W)$.   □

Wir beweisen noch eine Verschärfung dieser Aussage, mit deren Hilfe wir anschließend noch eine weitere Beschreibung der Dimension einer projektiven Varietät beweisen können.

4.5.6 Proposition *Es sei $\varphi\colon V \to W$ ein dominanter Morphismus zwischen irreduziblen Varietäten. Dann gilt $\dim(V) \geqslant \dim(W)$ und für jedes $q \in W$ hat jede irreduzible Komponente der Faser $\varphi^{-1}(q)$ mindestens die Dimension $\dim(V) - \dim(W)$.*

Beweis. Es sei $d = \dim(V)$ und $e = \dim(W)$. Die Ungleichung $d \geqslant e$ haben wir gerade bewiesen. Ist $q \in W$, dann können wir W durch eine affine offene Umgebung von q in W ersetzen. Außerdem wird V von offenen affinen Untervarietäten überdeckt. Deshalb können wir ohne Einschränkung annehmen, dass V und W affin sind. Es sei $W \subset \mathbb{A}^n$ abgeschlossen und sei $q \in W$ ein Punkt. Wir behaupten, dass es $g_1, \ldots, g_e \in K[y_1, \ldots, y_n]$ gibt derart, dass $W \cap \mathcal{V}(g_1, \ldots, g_e)$ aus endlich vielen Punkten besteht und q enthält. Dies folgt durch induktive Anwendung von Satz 2.9.1 (siehe auch Übung 2.9.2): Für $e = 0$ ist $W = \{q\}$ und nichts zu zeigen. Andernfalls wählen wir $g_1 \in K[y_1, \ldots, y_n]$ mit $g_1|_W \neq 0$ und $g(q) = 0$. Sind $Y_1, \ldots, Y_k$ die irreduziblen Komponenten von $\mathcal{V}(g_1) \cap W$, dann wählen wir g_2 mit $g_2|_{Y_i} \neq 0$ für $i = 1, \ldots, k$ und $g_2(q) = 0$, und so weiter. Nach e Schritten ist $W \cap \mathcal{V}(g_1, \ldots, g_e)$ nach Satz 2.9.1 dann nulldimensional, also endlich.

Nun ist jede irreduzible Komponente von $\varphi^{-1}(q)$ eine Komponente von $\varphi^{-1}(Z) = \mathcal{V}(\varphi^*(g_1), \ldots, \varphi^*(g_e))$. Nach Kor. 2.9.5 haben alle diese Komponenten mindestens die Dimension $d - e$.   □

4.5.7 Bemerkung Prop. 4.5.6 ist nur eine schwache Version des **Satzes über die Faserdimension**: Ist $\varphi\colon V \to W$ ein surjektiver Morphismus zwischen irreduziblen Varietäten, dann gibt es eine nicht-leere offene Teilmenge $U \subset W$ derart, dass alle Fasern von φ über Punkten von U die reine Dimension $\dim(V) - \dim(W)$ haben. Für diese Aussage und weitere Verfeinerungen verweisen wir auf Schafarewitsch [23], Kap.1, §6.3.

4.5.8 Korollar *Ist $\varphi: V \to W$ ein surjektiver Morphismus mit endlichen Fasern, dann gilt $\dim(V) = \dim(W)$.* $\qquad\qquad\square$

4.5.9 Satz (Dimension einer projektiven Varietät) *Die Dimension einer irreduziblen projektiven Varietät $X \subset \mathbb{P}^n$ ist äquivalent gegeben durch*

(1) die größte Zahl d, für die eine Kette

$$\emptyset \subsetneq X_0 \subsetneq X_1 \subsetneq \cdots \subsetneq X_d = X$$

von abgeschlossenen irreduziblen Teilmengen von X existiert.

(2) den Transzendenzgrad des Funktionenkörpers $K(X)$ über K;

(3) die Dimension des (abstrakten oder projektiven) Tangentialraums an einen regulären Punkt von X;

(4) den Grad des Hilbert-Polynoms von X;

(5) die größte Zahl d derart, dass $L \cap X \neq \emptyset$ für jeden projektiven Unterraum $L \subset \mathbb{P}^n$ mit $\dim(L) = n - d$ gilt.

(6) $\dim(\widehat{X}) - 1$, wobei $\widehat{X} \subset \mathbb{A}^{n+1}$ der affine Kegel über X ist.

Beweis. Wir gehen wieder von (1) als Definition von $d = \dim(X)$ aus. Die Übereinstimmung mit (2) und (3) gilt nach Satz 4.5.4. Die Gleichheit mit (4) ist Satz 3.7.5. Die Gleichheit mit (5) beweisen wir durch Induktion nach der Codimension $n - d$ von X. Für $n - d = 0$ ist $X = \mathbb{P}^n$ und es ist nichts zu zeigen. Sei also $n - d \geq 1$. Für jeden Punkt $p \in \mathbb{P}^n \setminus X$ ist die Einschränkung der Projektion $\pi_p: \mathbb{P}^n \dashrightarrow \mathbb{P}^{n-1}$ mit Zentrum p auf X ein Morphismus mit endlichen Fasern. (Denn jede Faser von π_p ist eine Gerade und die Urbilder in X sind die Schnittpunkte dieser Geraden mit X.) Für $Y = \pi_p(X)$ folgt damit $\dim(Y) = \dim(X)$ nach Kor. 4.5.8.

Ist $L \subset \mathbb{P}^n$ ein projektiver Unterraum der Dimension $n - d$, dann müssen wir $L \cap X \neq \emptyset$ zeigen. Falls L in X enthalten ist, ist nichts zu zeigen. Andernfalls sei $p \in L \setminus X$. Dann ist $L' = \pi_p(L \setminus \{p\})$ ein projektiver Unterraum der Dimension $n - d - 1$ in $\mathbb{P}^{n-1}$ und damit folgt $L' \cap Y \neq \emptyset$ nach Induktionsvoraussetzung. Wegen $\pi^{-1}(L') = L \setminus \{p\}$ und $X = \pi_p^{-1}(Y)$ folgt daraus auch $L \cap X \neq \emptyset$.

Ist umgekehrt $p \in \mathbb{P}^n \setminus X$ beliebig und L' ein projektiver Unterraum der Dimension $n - d - 2$ in $\mathbb{P}^{n-1}$ mit $L' \cap Y = \emptyset$, dann ist $L = \pi_p^{-1}(L')$ ein projektiver Unterraum der Dimension $n - d - 1$ in $\mathbb{P}^n$ mit $L \cap X = \emptyset$. Die Behauptung ist bewiesen.

Um die Gleichheit mit (6) zu zeigen, seien $x_0, \ldots, x_n$ Koordinaten auf $\mathbb{P}^n$ bzw. $\mathbb{A}^{n+1}$, dann ist der Schnitt von $\widehat{X}$ mit der Hyperebene $\mathcal{V}(x_i) \cong \mathbb{A}^n$ in $\mathbb{A}^{n+1}$ gerade die affine Varietät $X \cap \mathcal{D}_+(x_i)$. Ist etwa $V = X \cap \mathcal{D}(x_0) \neq \emptyset$, dann folgt $\overline{V} = X$ und damit $\dim(V) = \dim(X)$ nach Satz 4.5.2(3). Andererseits ist die Abbildung $V \times \mathbb{A}^1 \dashrightarrow \widehat{X}$, $(p,t) \mapsto t \cdot p$ dann birational, woraus $\dim(\widehat{X}) = \dim(V) + 1 = \dim(X) + 1$ folgt. $\qquad\qquad\square$

Übungen

Übung 4.5.1 Es sei $X \subset \mathbb{P}^n$ eine projektive Varietät.

(a) Es sei $L \subset \mathbb{P}^n$ ein projektiver Unterraum der Dimension d, gegeben durch Linearformen $L = \mathcal{V}_+(\ell_1, \dots, \ell_{n-d})$. Gilt $X \cap L = \emptyset$, dann ist

$$\pi_L : X \to \mathbb{P}^{n-d-1}, \; p \mapsto [\ell_0(p), \dots, \ell_{n-d}(p)]$$

eine homogene Polynomabbildung auf X (die *Projektion mit Zentrum L*). Zeigen Sie, dass $\dim(X) = \dim(\pi_L(X))$ gilt. (*Vorschlag:* Induktion nach d.)

(b) Es sei $\varphi : X \to \mathbb{P}^k$ eine beliebige homogene Polynomabbildung. Zeigen Sie, dass $\dim(X) = \dim(\varphi(X))$ gilt. (*Vorschlag:* Verwenden Sie Teil (a) und eine geeignete Veronese-Einbettung.)

Übung 4.5.2 Es sei R ein noetherscher Ring und $X_R = \mathrm{Spec}(R)$ die Menge seiner Primideale versehen mit der spektralen Topologie (Übung 4.1.10). Zeigen Sie, dass die Aussagen (1) und (2) über die kombinatorische Dimension einer Varietät aus Satz 4.5.2 auch in X_R gelten, nicht aber die Eigenschaft (3). (*Vorschlag:* Verwenden Sie das Beispiel aus Übung 2.9.3.)

Kapitel A

Kommutative Algebra

A.1 Kommutative Ringe und Moduln

A.1.1 Ringe

Wir setzen die Vertrautheit mit Grundbegriffen der abstrakten Algebra, wie Ring, Körper, Polynom, Ideal usw. voraus. Diese finden sich in jedem Lehrbuch der Algebra, zum Beispiel dem von Bosch [3]. Trotzdem fassen wir das Wichtigste hier kurz zusammen, zum Nachschlagen oder Wiederholen.

Ein **Ring** ist eine nicht-leere Menge R zusammen mit zwei Verknüpfungen $+$ und $\cdot$ mit folgenden Eigenschaften: Unter der Addition ist R eine abelsche Gruppe mit neutralem Element 0. Die Multiplikation besitzt ein neutrales Element 1 und erfüllt für alle $a, b, c \in R$ die Bedingungen

(1) $a(bc) = (ab)c$ (*Assoziativität*)

(2) $ab = ba$ (*Kommutativität*)

(3) $a(b + c) = ab + ac$ (*Distributivität*)

Ein Ring ist in diesem Buch also immer ein **kommutativer Ring mit Eins**. Beispiele sind der Ring $\mathbb{Z}$ der ganzen Zahlen sowie die Polynomringe. Es gibt auch den **Nullring** $R = \{0\}$, der einzige Ring mit $1 = 0$.

Sei von nun an immer R ein Ring. Ein **Nullteiler** in R ist ein Element $a \in R$, zu dem ein $b \in R$ mit $b \neq 0$ aber $ab = 0$ existiert. Wenn R nicht der Nullring ist und keine Nullteiler außer 0 besitzt, dann heißt R nullteilerfrei oder ein **Integritätsring**. Ein Element $u \in R$ heißt eine **Einheit**, wenn es $u^{-1} \in R$ mit $uu^{-1} = 1$ gibt. Die Einheiten bilden unter Multiplikation eine abelsche Gruppe, die **Einheitengruppe** R^*. Ein Ring K ist ein **Körper**, wenn $K^* = K \setminus \{0\}$ gilt. Ein **Teilring** von R ist eine Untergruppe S von $(R, +)$, die unter Multiplikation abgeschlossen ist und die 1 aus R enthält.

Ein **Polynom** in n Variablen $x_1, \ldots, x_n$ mit Koeffizienten in R ist ein Ausdruck der Form $f = \sum_{\alpha \in \mathbb{N}_0^n} c_\alpha x_1^{\alpha_1} \cdots x_n^{\alpha_n}$ mit $c_\alpha \in R$, wobei nur endlich viele Koeffizienten c_α ungleich 0 sind. Das **Monom** $x^\alpha = x_1^{\alpha_1} \cdots x_n^{\alpha_n}$ hat den Totalgrad $|\alpha| = \alpha_1 + \cdots + \alpha_n$. Der **Grad** von f ist der höchste Totalgrad eines

© Springer-Verlag GmbH Deutschland, ein Teil von Springer Nature 2020
D. Plaumann, *Einführung in die Algebraische Geometrie*,
https://doi.org/10.1007/978-3-662-61779-3

Monoms, das in f mit einem Koeffizient ungleich 0 vorkommt; außerdem ist $\deg(0) = -\infty$. Der Grad genügt den Regeln:

(1) $\deg(f + g) \leqslant \max\{\deg(f), \deg(g)\}$.
(2) $\deg(fg) = \deg(f) + \deg(g)$, falls R ein Integritätsring ist.

Für $n = 1$ heißt der Koeffizient $c_{\deg(f)} \neq 0$ der **Leitkoeffizient** von f, geschrieben $LC(f)$. Ist $LC(f) = 1$, so heißt f **normiert**.

Die Polynome in $x_1, \ldots, x_n$ mit Koeffizienten in R bilden mit der üblichen Addition und Multiplikation den **Polynomring** $R[x_1, \ldots, x_n]$. Ist R ein Integritätsring, dann gilt für die Einheitengruppen immer $R[x_1, \ldots, x_n]^* = R^*$, das heißt, invertierbar sind höchstens konstante Polynome.

Ein **Ideal** in einem Ring R ist eine nicht-leere Teilmenge $I \subset R$ mit den folgenden beiden Eigenschaften:

(1) Für alle $a, b \in I$ gilt $a + b \in I$.
(2) Für alle $a \in I$ und $r \in R$ gilt $ra \in I$.

Ist $T \subset R$ eine Teilmenge, dann besteht das von T **erzeugte Ideal** in R aus allen Summen von Produkten der Form rt, mit $r \in R$ und $t \in T$. Ist insbesondere $T = \{a_1, \ldots, a_k\}$ endlich, dann schreiben wir

$$(a_1, \ldots, a_k) = \{r_1 a_1 + \cdots + r_k a_k \mid r_1, \ldots, r_k \in R\}$$

für das von $a_1, \ldots, a_k$ in R erzeugte Ideal. (Die leere Menge erzeugt das Nullideal.) Ein Ideal, das von einem einzigen Element $a \in R$ erzeugt wird, heißt ein **Hauptideal**. Der Polynomring $K[x]$ in einer Variablen über einem Körper K ist ein Hauptidealring, das heißt jedes Ideal I in $K[x]$ ist ein Hauptideal, nämlich erzeugt vom größten gemeinsamen Teiler aller Elemente in I. Dagegen ist $K[x_1, \ldots, x_n]$ für $n \geqslant 2$ kein Hauptidealring, denn schon das Ideal (x_1, x_2) ist ersichtlich kein Hauptideal.

Zu jedem Ideal I in einem Ring R können wir den **Restklassenring** (oder Faktorring, manchmal auch Quotienten)

$$R/I = \{a + I \mid a \in R\}$$

bilden, der aus allen Restklassen $a + I$ für $a \in R$ besteht. Das ist die natürliche Verallgemeinerung der modularen Arithmetik in $\mathbb{Z}$ auf beliebige Ringe.

Ein **Homomorphismus** zwischen Ringen R und S ist eine Abbildung $\varphi \colon R \to S$ mit folgenden Eigenschaften für alle $a, b \in R$:

$$\varphi(a + b) = \varphi(a) + \varphi(b), \quad \varphi(ab) = \varphi(a)\varphi(b), \quad \varphi(1) = 1.$$

Der **Kern** von φ ist das Ideal $\text{Kern}(\varphi) = \{a \in R \mid \varphi(a) = 0\}$ in R. Das **Bild**, also die Menge $\text{Bild}(\varphi) = \{\varphi(a) \mid a \in R\}$, ist ein Teilring von S, aber im Allgemeinen kein Ideal. Ein bijektiver Homomorphismus wird **Isomorphismus** genannt, und auch die Umkehrabbildung ist ein Homomorphismus. Es gilt der wichtige **Homomorphiesatz**: Ist $\varphi \colon R \to S$ ein Homomorphismus und $I \subset R$ ein Ideal mit $I \subset \text{Kern}(\varphi)$, dann gibt es einen eindeutig bestimmten Homomorphismus $\overline{\varphi} \colon R/I \to S$ mit $\overline{\varphi}(a + I) = \varphi(a)$. Ist $I = \text{Kern}(\varphi)$, so ist $\overline{\varphi}$ injektiv, woraus $\text{Bild}(\varphi) \cong R/\text{Kern}(\varphi)$ folgt (der **Isomorphiesatz**).

Seien $a, b, c \in R$ Elemente mit $a = bc$. Dann heißen b und c **Teiler** von a, geschrieben $b|a$ bzw. $c|a$. Sie heißen **echte Teiler**, falls b und c beide keine Einheiten sind. Ein Element $a \in R$ heißt **irreduzibel**, wenn es nicht 0 und keine Einheit ist und keine echten Teiler besitzt.

Ein Ideal P in einem Ring R heißt **prim** oder **Primideal**, wenn $P \neq R$ ist und Folgendes gilt: Sind $a, b \in R$ mit $ab \in P$, dann folgt $a \in P$ oder $b \in P$. Das ist äquivalent dazu, dass der Restklassenring R/P ein Integritätsring ist. Ein Ringelement $p \in R \setminus \{0\}$ heißt **prim**, wenn das Hauptideal (p) prim ist. Das bedeutet, aus $p|ab$ folgt $p|a$ oder $p|b$, für alle $a, b, \in R$. Jedes Primelement ist irreduzibel, aber die Umkehrung ist i.A. falsch (§A.2.2).

Ein Ideal $\mathfrak{m}$ heißt **maximal**, wenn $\mathfrak{m} \neq R$ ist und kein Ideal I mit $\mathfrak{m} \subsetneq I \subsetneq R$ existiert. Das ist äquivalent dazu, dass der Restklassenring $R/\mathfrak{m}$ ein Körper ist. Es folgt, dass jedes maximale Ideal ein Primideal ist.

Zu einem Ideal $I \subset R$ ist

$$\sqrt{I} = \{a \in R \mid \text{es gibt eine natürliche Zahl } m \text{ mit } a^m \in I\}$$

wieder ein Ideal, das **Radikal** von I. Gilt die Gleichheit $I = \sqrt{I}$, dann heißt I ein **Radikalideal**. Das ist äquivalent dazu, dass der Restklassenring R/I **reduziert** ist, also keine nilpotenten Elemente ungleich 0 besitzt. Man kann beweisen, dass $\sqrt{I}$ genau der Durchschnitt aller Primideale von R ist, die I enthalten (Übung 2.7.7).

A.1.2 Moduln

Moduln über Ringen sind das, was Vektorräume über Körpern sind. Ihre Theorie ist die »lineare Algebra über Ringen«. Wir brauchen den Begriff im Grunde nur als technisches Hilfsmittel für die Ringtheorie. Andererseits kommen Moduln in den einführenden Vorlesungen zur Algebra oft gar nicht vor, so dass wir hier eine knappe Einführung geben. In der algebraischen Geometrie sind Moduln außerdem von grundlegender Bedeutung für die Theorie der Vektorbündel. Das spielt in diesem Buch aber keine Rolle.

Es sei immer R ein Ring (kommutativ mit Eins).

Definition Ein R-**Modul**, ist eine abelsche Gruppe $(M, +)$ mit einer Verknüpfung $R \times M \to M$, $(a, m) \mapsto a \cdot m = am$ mit folgenden Eigenschaften:

(1) $a(x + y) = ax + ay$

(2) $(a + b)x = ax + bx$

(3) $(ab)x = a(bx)$

(4) $1x = x$

für alle $a, b \in R$ und $x, y \in M$.

In der Algebra heißt es »der Modul«, mit der Betonung auf der ersten Silbe, im Plural »die Moduln«. In der Technik (und in unseren Studiengängen) heißt es dagegen »das Modul«, »die Module«.

A.1.1 Beispiele (1) Ein K-Modul über einem Körper K ist dasselbe wie ein K-Vektorraum. (2) Die $\mathbb{Z}$-Moduln sind die abelschen Gruppen selbst, mit $nx = x + \cdots + x$ (n Summanden). (3) Ist S ein Ring und $R \subset S$ ein Teilring, dann ist S ein R-Modul, mit der Multiplikation in S. (4) Für jedes $n \in \mathbb{N}$ ist R^n in der üblichen Weise ein R-Modul.

Analog zum Fall von Vektorräumen hat man eine Reihe weiterer Begriffe. Ein **Untermodul** eines R-Moduls M ist eine nicht-leere Teilmenge $N \subset M$, die abgeschlossen ist unter Addition und unter Multiplikation mit Ringelementen. Sind $x_1, \ldots, x_k \in M$, dann schreiben wir

$$\langle x_1, \ldots, x_k \rangle_R = \{ a_1 x_1 + \cdots + a_k x_k \mid a_1, \ldots, a_k \in R \}$$

für den von $x_1, \ldots, x_k$ in M erzeugten Untermodul. Allgemeiner ist $\langle T \rangle_R$ für eine Teilmenge $T \subset M$ der von T erzeugte Untermodul, der aus allen R-Linearkombinationen von Elementen aus T besteht. Ein Untermodul $N \subset M$ heißt **endlich erzeugt**, wenn es $x_1, \ldots, x_k \in N$ mit $N = \langle x_1, \ldots, x_k \rangle_R$ gibt.

A.1.2 Beispiele (1) Wenn wir den Ring R als R-Modul über sich selbst auffassen, dann sind die Untermoduln genau die Ideale von R. (2) Im Polynomring $R[x]$ ist $R[x]_{\leqslant d} = \{ f \in R[x] \mid \deg(f) \leqslant d \}$ für jedes $d \geqslant 0$ ein Untermodul, der von den Monomen $1, x, \ldots, x^d$ erzeugt wird. Dagegen ist $R[x]$ insgesamt als R-Modul nicht endlich erzeugt. $\diamond$

Eine Abbildung $\varphi \colon M_1 \to M_2$ zwischen R-Moduln heißt R-**linear** (oder Homomorphismus von R-Moduln), wenn sie für alle $x, y \in M_1$ und $a, b \in R$ die Gleichheit

$$\varphi(ax + by) = a\varphi(x) + b\varphi(y)$$

erfüllt. Zu jeder R-linearen Abbildung $\varphi \colon M_1 \to M_2$ gehören die Untermoduln $\mathrm{Bild}(\varphi) \subset M_2$ und $\mathrm{Kern}(\varphi) = \{ x \in M_1 \mid \varphi(x) = 0 \} \subset M_1$.

Zu jedem Untermodul $N \subset M$ kann man den **Faktormodul** (oder Quotienten- oder Restklassenmodul) M/N bilden, der aus allen Nebenklassen $x + N$ der additiven Untergruppe N in M besteht und durch $a(x + N) = ax + N$ zu einem R-Modul wird.

Es gilt der **Homomorphiesatz**: Ist $\varphi \colon M_1 \to M_2$ eine R-lineare Abbildung und $N_1 \subset M_1$ ein Untermodul mit $N_1 \subset \mathrm{Kern}(\varphi)$, dann induziert φ eine R-lineare Abbildung $\overline{\varphi} \colon M_1/N_1 \to M_2$ durch $\overline{\varphi}(x + N_1) = \varphi(x)$. Daraus folgt der **Isomorphiesatz**: Ist $N_1 = \mathrm{Kern}(\varphi)$, dann induziert $\overline{\varphi}$ einen Isomorphismus $M_1/\mathrm{Kern}(\varphi) \xrightarrow{\sim} \mathrm{Bild}(\varphi)$.

Ist A ein Ring und $R \subset A$ ein Teilring, dann können wir A als R-Modul auffassen oder auch als R-**Algebra**. Dabei ist A

(1) eine **endlich erzeugte** R-**Algebra**, wenn es $y_1, \ldots, y_n \in A$ gibt, in denen jedes Element von A als Polynom dargestellt wird, wenn also

$$A = \langle y^\alpha \mid \alpha \in \mathbb{N}_0^n \rangle_R$$

gilt. Das ist äquivalent zur Existenz eines surjektiven Ringhomomorphismus $\varphi \colon R[t_1, \ldots, t_n] \to A$, der außerdem R-linear ist.

(2) ein **endlicher** R-**Modul**, wenn A als R-Modul endlich erzeugt ist, das heißt, wenn es $y_1, \ldots, y_n \in A$ gibt mit

$$A = \langle y_1, \ldots, y_n \rangle_R.$$

Nach dem Isomorphiesatz für Moduln ist das äquivalent zur Existenz einer R-linearen Surjektion $R^n \to A$.

A.1.3 Lemma *Seien $C \subset B \subset A$ Ringe. Ist A ein endlicher B-Modul und B ein endlicher C-Modul, dann ist A ein endlicher C-Modul.*

Beweis. Sind $a_1, \ldots, a_m \in A$ Erzeuger von A als B-Modul und $b_1, \ldots, b_n$ Erzeuger von B als C-Modul, dann sind die Produkte $a_i b_j$, $i = 1, \ldots, m$, $j = 1, \ldots, n$ Erzeuger von A als C-Modul; siehe auch Übung A.1.3.   □

Übungen

Eine Reihe von Aufgaben zur Ringtheorie finden sich in Kapitel 2. Hier sind ein paar ergänzende Aufgaben zu Moduln. In den folgenden Aufgaben sei stets R ein Ring (kommutativ mit Eins) und M ein R-Modul.

Übung A.1.1 Zeigen Sie: Ist $T \subset M$ eine Teilmenge, dann ist der erzeugte Untermodul $\langle T \rangle_R$ gerade der Durchschnitt aller Untermoduln von M, die T enthalten.

Übung A.1.2 Beweisen Sie den Homomorphie- und den Isomorphiesatz für Moduln.

Übung A.1.3 Vervollständigen Sie den Beweis von Lemma A.1.3.

Übung A.1.4 Geben Sie ein Beispiel für einen Ring R, einen R-Modul M und einen Untermodul N an derart, dass der Faktormodul M/N nicht isomorph zu einem Untermodul von M ist. Ist das auch möglich, wenn R ein Körper ist?

Übung A.1.5 Seien $N, P \subset M$ Untermoduln. Zeigen Sie: Genau dann ist

$$\sigma : \begin{cases} N \times P & \to & M \\ (x, y) & \mapsto & x + y \end{cases}$$

ein Isomorphismus, wenn $N + P = M$ und $N \cap P = \{0\}$ gelten. Wie lautet die richtige Entsprechung für endlich viele Untermoduln? Und wie für unendlich viele?

Übung A.1.6 Seien $P, N \subset M$ zwei Untermoduln.

(a) Falls $P \subset N$, dann gibt es einen natürlichen Isomorphismus

$$(M/P)/(N/P) \cong M/N.$$

(b) Es gibt einen natürlichen Isomorphismus

$$(N + P)/N \cong P/(N \cap P).$$

Übung A.1.7 Seien $P, N \subset M$ zwei Untermoduln und setze

$$(N : P) = \{a \in R \mid aP \subset N\}.$$

Insbesondere heißt $\mathrm{Ann}(M) = (0 : M)$ der **Annulator von M**. Zeigen Sie:

(a) Die Teilmenge $(N : P)$ von R ist ein Ideal.

(b) Ist $I \subset R$ ein Ideal mit $I \subset \mathrm{Ann}(M)$, dann ist M in natürlicher Weise ein R/I-Modul. Der Annulator von M in $R/\mathrm{Ann}(M)$ ist das Nullideal.

(c) Es gilt $\mathrm{Ann}(N + P) = \mathrm{Ann}(N) \cap \mathrm{Ann}(P)$.

(d) Es gilt $(N : P) = \mathrm{Ann}\big((N + P)/N\big)$.

A.2 Noethersche Ringe

A.2.1 Der Hilbert'sche Basissatz

Ein Ring R heißt **noethersch**, wenn alle seine Ideale endlich erzeugt sind. Dies lässt sich auf mehrere Weisen äquivalent beschreiben.

Nur wenige, sehr berühmte Mathematikerinnen und Mathematiker, wie hier EMMY NOETHER, haben es dazu gebracht, dass ihr Name als Attribut im Deutschen klein geschrieben wird: abelsch, euklidisch, hermitesch, noethersch,...

A.2.1 Lemma *Für einen Ring R sind äquivalent:*

(i) Jedes Ideal von R ist endlich erzeugt, d.h. R ist noethersch.

(ii) R erfüllt die aufsteigende Kettenbedingung für Ideale.

(iii) Jede nicht-leere Menge von Idealen besitzt ein maximales Element.

Beweis. (i)$\Rightarrow$(ii). Die aufsteigende Kettenbedingung für Ideale bedeutet: Ist $I_1 \subset I_2 \subset I_3 \subset \cdots$ eine Folge von ineinander enthaltenen Idealen in R, dann wird die Kette stationär, das heißt, es gibt einen Index k mit $I_j = I_k$ für alle $j \geqslant k$. Um das zu beweisen, betrachten wir die Vereinigung $J = \bigcup_{j=1}^{\infty} I_j$. Aufgrund der aufsteigenden Inklusionen ist J ein Ideal und damit nach Voraussetzung endlich erzeugt, etwa $J = (a_1, \ldots, a_m)$. Jedes a_i ist in einem der Ideale I_j enthalten. Wir können also einen Index k mit $a_1, \ldots, a_m \in I_k$ wählen, dann folgt $I_k = J$, also $I_j = I_k$ für alle $j \geqslant k$.

(ii)$\Rightarrow$(iii). Sei $\mathcal{A}$ eine nicht-leere Menge von Idealen in R und sei $I_1 \in \mathcal{A}$ beliebig. Falls I_1 nicht maximal ist, dann gibt es $I_2 \in \mathcal{A}$ mit $I_1 \subsetneq I_2$. Ist I_2 nicht maximal, dann können wir dieses Argument wiederholen und $I_3 \in \mathcal{A}$ mit $I_2 \subsetneq I_3$ wählen, und so fort. Aufgrund der aufsteigenden Kettenbedingung müssen wir dabei nach endlich vielen Schritten ein maximales Element von $\mathcal{A}$ erreichen.

(iii)$\Rightarrow$(i). Ist I ein Ideal, dann bilden wir die Menge $\mathcal{A}$ aller endlich erzeugten Ideale, die in I enthalten sind. Diese ist nicht leer, denn es gilt $(0) \in \mathcal{A}$. Nach Voraussetzung enthält $\mathcal{A}$ ein maximales Element $J = (a_1, \ldots, a_k)$. Ist nun $b \in I$ beliebig, dann folgt $J = (a_1, \ldots, a_k, b)$ aus der Maximalität von J, also $b \in J$ und damit insgesamt $I = J$. Also ist I endlich erzeugt. $\square$

Moduln mit dieser Eigenschaft heißen auch »noethersche Moduln«; Lemma A.2.1 gilt entsprechend.

A.2.2 Proposition *Sei R ein noetherscher Ring und M ein endlich erzeugter R-Modul. Dann ist auch jeder Untermodul von M endlich erzeugt.*

Beweis. Wir beweisen die Behauptung durch Induktion nach der Anzahl n der Erzeuger von M. Für $n = 0$ (Nullmodul) ist nichts zu zeigen. Sei $n = 1$ und $M = \langle x \rangle_R$ für $x \in M$. Die Abbildung $\varphi \colon R \to M$, $a \mapsto ax$ ist dann eine R-lineare Surjektion. Ist nun $N \subset M$ ein Untermodul, dann ist $\varphi^{-1}(N) \subset R$ ein Untermodul, also ein Ideal in R. Da R noethersch ist, ist $\varphi^{-1}(N)$ endlich erzeugt, etwa $\varphi^{-1}(N) = (a_1, \ldots, a_k)$. Es folgt $N = \langle a_1 x, \ldots, a_k x \rangle_R$.

Sei $n \geqslant 2$ und $M = \langle x_1, \ldots, x_n \rangle_R$. Betrachte den Faktormodul $M' = M/\langle x_n \rangle_R$ und schreibe $\overline{x}$ für die Restklasse von $x \in M$ in M'. Dann gilt $M' = \langle \overline{x_1}, \ldots, \overline{x_{n-1}} \rangle_R$. Ist nun N ein Untermodul von M, dann ist $\overline{N} \subset M'$ ein Untermodul von M' und nach Induktionsvoraussetzung endlich erzeugt, etwa $\overline{N} = \langle \overline{y_1}, \ldots, \overline{y_k} \rangle_R$ für $y_1, \ldots, y_k \in N$. Das bedeutet aber, dass jedes $y \in N$ eine Darstellung $y = \sum_{i=1}^{k} a_i y_i + b x_n$ (mit $a_1, \ldots, a_k, b \in R$) besitzt. Es folgt $b x_n \in N$. Nach dem Fall $n = 1$ ist außerdem $N \cap \langle x_n \rangle_R$ endlich erzeugt, etwa $N \cap \langle x_n \rangle_R = \langle z_1, \ldots, z_l \rangle_R$. Es folgt $N = \langle y_1, \ldots, y_k, z_1, \ldots, z_l \rangle_R$. $\square$

A.2.3 Satz (Hilbert'scher Basissatz) *Ist R ein noetherscher Ring, dann ist auch der Polynomring $R[x_1, \ldots, x_n]$ noethersch.*

Beweis. Es genügt die Aussage für $n = 1$ zu beweisen, dann folgt der allgemeine Fall durch Induktion. Sei I ein Ideal in $R[x]$. Die Menge

$$J = \{\mathrm{LC}(f) \mid f \in I\}$$

aller Leitkoeffizienten aus I ist ein Ideal in R. Da R noethersch ist, ist J endlich erzeugt, etwa $J = (a_1, \ldots, a_m)$. Für jeden Index i wählen wir $f_i \in I$ mit $\mathrm{LC}(f_i) = a_i$. Wir betrachten $I' = (f_1, \ldots, f_m) \subset I$ und setzen

$$r = \max\{\deg(f_i) \mid i = 1, \ldots, m\}.$$

Sei nun $f \in I$ beliebig vom Grad d, $f = \sum_{i=0}^{d} b_i x^i$. Angenommen, es ist $d \geqslant r$. Wir schreiben $b_d = \sum u_i a_i \in J$, mit $u_i \in R$, dann folgt

$$f - \sum_{i=1}^{m} u_i f_i x^{d - \deg(f_i)} \in I.$$

Dieses Polynom hat Grad kleiner d und der zweite Summand liegt in I'. Indem wir dieses Argument wiederholen, erhalten wir eine Darstellung

$$f = g + h \quad \text{mit } g \in I, \ \deg(g) < d \text{ und } h \in I'.$$

Sei nun $M = R[x]_{\leqslant d}$ der von $1, x, \ldots, x^{d-1}$ erzeugte Untermodul der Polynome vom Grad $< d$ in $R[x]$. Dann haben wir

$$I = (I \cap M) + I'$$

bewiesen. Da M endlich erzeugt ist, ist auch $I \cap M$ endlich erzeugt nach Prop. A.2.2. Sind $g_1, \ldots, g_m$ Erzeuger von $I \cap M$, dann folgt also $I = (f_1, \ldots, f_m, g_1, \ldots, g_n)$ und damit die Behauptung. $\qquad\square$

A.2.4 Korollar *Ist R ein noetherscher Ring, dann ist auch jede endlich erzeugte R-Algebra noethersch.*

Beweis. Zu einer endlich erzeugten R-Algebra A existieren ein $n \in \mathbb{N}$ und ein surjektiver Homomorphismus $\varphi \colon R[t_1, \ldots, t_n] \to A$. Ist $I \subset A$ ein Ideal, dann ist also $\varphi^{-1}(I)$ endlich erzeugt nach dem Basissatz. Die Bilder der Erzeuger unter φ erzeugen dann das Ideal I. $\qquad\square$

Die Koordinatenringe affiner Varietäten sind damit allesamt noethersch, ebenso wie ihre Lokalisierungen (Kor. 2.7.5), die in der Regel nicht endlich erzeugt sind. In noetherschen Ringen lassen sich erstaunlich viele Aussagen beweisen, die zu denen in Polynomringen und Koordinatenringen analog sind. Diese Erkenntnis ist vor allem mit dem Namen Emmy Noether verbunden und hat die Entwicklung der kommutativen Algebra zu Beginn des zwanzigsten Jahrhunderts beflügelt.

A.2.2   Faktorielle Ringe

Ein Integritätsring R heißt **faktoriell**, wenn jedes Element $a \in R$ eine Darstellung $a = p_1 \cdots p_r$ als Produkt von irreduziblen Elementen $p_1, \ldots, p_r \in R$ besitzt, wobei die p_i bis auf Reihenfolge und Assoziiertheit (d.h. Multiplikation mit Einheiten) eindeutig bestimmt sind. Das erste Beispiel ist die eindeutige Primfaktorzerlegung für ganze Zahlen. Allgemeiner ist jeder Hauptidealring faktoriell, damit insbesondere der Polynomring $K[x]$ in einer Variablen über einem Körper K. Um zu beweisen, dass auch Polynomringe in mehreren Variablen faktoriell sind, muss man etwas mehr tun. Ganz allgemein gilt zunächst die folgende Charakterisierung.

Sei $p \in R$ nicht 0 und keine Einheit. Wie in §A.1.1 definiert heißt p dann

    $\diamond$ **irreduzibel**, wenn die Implikation $(p = ab) \Rightarrow (a \in R^* \vee b \in R^*)$ gilt.

    $\diamond$ **prim**, wenn die Implikation $(p|ab) \Rightarrow (p|a \vee p|b)$ gilt.

A.2.5 Satz *Ein noetherscher Integritätsring R ist genau dann faktoriell, wenn jedes irreduzible Element in R prim ist.*

Beweisskizze. Sei R faktoriell und $p \in R$ irreduzibel. Sind $a, b \in R$ mit $p|ab$, etwa $ab = pc$, dann schreiben wir a, b, c als Produkt von irreduziblen Elementen. Die Eindeutigkeit der Zerlegung von ab impliziert dann, dass p unter den Faktoren von a oder b auftauchen muss, was zeigt, dass p prim ist.

Sei umgekehrt jedes irreduzible Element in R prim. Da R noethersch ist, können wir jedes Element $a \in R$ in ein Produkt von irreduziblen Elementen zerlegen. Denn ist a nicht schon selbst irreduzibel, dann ist $a = bc$, wobei b, c keine Einheiten sind. Ist b oder c nicht irreduzibel, ohne Einschränkung etwa b, dann können wir b weiter zerlegen. Dies ergibt eine aufsteigende Kette von Hauptidealen $(a) \subset (b) \subset \cdots$, die stationär wird, weil R noethersch ist. Also besitzt a eine Darstellung $a = p_1 \cdots p_r$ als Produkt von irreduziblen Elementen, und diese sind nach Voraussetzung alle prim. Daraus folgt wiederum die Eindeutigkeit der Zerlegung, denn sind $a = p_1 \cdots p_k = q_1 \cdots q_s$ zwei Zerlegungen in Primfaktoren, dann muss p_1 einen der Faktoren $q_1, \ldots, q_s$ teilen. Durch Induktion nach r sieht man dann, dass $r = s$ gelten muss und dass $p_1, \ldots, p_r$ und $q_1, \ldots, q_r$ bis auf Reihenfolge übereinstimmen. $\square$

Wie im Beweis angedeutet, ist die Zerlegung eines Elements in Primfaktoren immer von selbst eindeutig, während das für Zerlegungen in irreduzible Faktoren nicht unbedingt der Fall ist. Das Standardbeispiel für einen Integritätsring, der nicht faktoriell ist, ist der Ring $\mathbb{Z}[\sqrt{-5}]$, in dem zum Beispiel die Zahl 2 irreduzibel aber nicht prim ist. Entsprechend besitzt $6 = 2 \cdot 3 = (1 + \sqrt{-5})(1 - \sqrt{-5})$ zwei verschiedene Zerlegungen in irreduzible Faktoren in $\mathbb{Z}[\sqrt{-5}]$. Ein Koordinatenring einer affinen Varietät, der nicht faktoriell ist, ist zum Beispiel $K[x, y, z]/(xy - z^2)$ (Übung A.2.3).

Es gibt auch faktorielle Ringe, die nicht noethersch sind, zum Beispiel den Polynomring in unendlich vielen Variablen über einem Körper. Tatsächlich muss ein faktorieller Ring die aufsteigende Kettenbedingung für Hauptideale erfüllen, aber nicht unbedingt für alle Ideale. Wir beschränken uns hier der Einfachheit halber auf den noetherschen Fall.

Die nächste Aussage ist eine Version des sogenannten Gauß'schen Lemmas. Wir geben hier einen direkten Beweis in der für uns passenden Form. Siehe etwa Bosch [3], §2.7 für eine ausführlichere Darstellung.

A.2.6 Lemma *Es sei R ein faktorieller Ring mit Quotientenkörper F.*

(1) Es seien $f, g, h \in F[x]$ normierte Polynome mit $f = gh$. Falls $f \in R[x]$ gilt, so auch $g, h \in R[x]$.

(2) Ein normiertes Polynom $f \in R[x]$ ist genau dann irreduzibel in $R[x]$, wenn es in $F[x]$ irreduzibel ist.

(3) Zwei normierte Polynome $f_1, f_2 \in R[x]$ sind genau dann teilerfremd in $R[x]$, wenn sie in $F[x]$ teilerfremd sind.

Beweis. (1) Es sei $f \in R[x]$ normiert und $f = gh$ mit $g, h \in F[x]$ ebenfalls normiert. Als erstes sorgen wir dafür, dass h *primitiv* wird, also teilerfremde Koeffizienten in R hat. Wir wählen $c \in R, c \neq 0$, derart, dass ch Koeffizienten in R hat (etwa das Produkt aller Nenner in den Koeffizienten von h). Ist c' der größte gemeinsame Teiler aller Koeffizienten von ch, dann ist $h_0 = (c/c')h$ primitiv. Mit $g_0 = (c'/c)g$ gilt weiterhin $f = g_0 h_0$. Nun zeigen wir $g_0 \in R[x]$. Schreibe $f = \sum c_i t^i$, $g_0 = \sum u_i t^i$ mit $u_i \in F$ und $h_0 = \sum a_i t^i$, mit $a_i \in R$. Wir wollen $u_i \in R$ für alle i zeigen. Wähle wieder $b \in R$ mit $bg_0 \in R[x]$ und angenommen b ist keine Einheit in R. Sei dann $p \in R$ ein Primteiler von b. Wir behaupten, dass p alle Koeffizienten von bg_0 teilt. Angenommen, das ist nicht der Fall, dann gibt es einen kleinsten Index s mit $p \nmid bu_s$. Da h_0 primitiv ist, gibt es außerdem einen kleinsten Index r mit $p \nmid a_r$. Aus $bf = (bg_0)h_0$ folgt durch Koeffizientenvergleich

$$bc_{r+s} = a_0 bu_{r+s} + a_1 bu_{r+s-1} + \cdots + a_r bu_r + \cdots + a_{r+s} bu_0.$$

Nach Wahl von r und s sind auf der rechten Seite alle Terme durch p teilbar, außer $a_r bu_r$, im Widerspruch dazu, dass auch die linke Seite durch p teilbar ist. Dieser Widerspruch zeigt insgesamt, dass alle Koeffizienten von bg_0 durch b teilbar sind. Also hat g_0 bereits Koeffizienten in R. Da dies auch für h_0 gilt, folgt aus $g_0 h_0 = f$, dass die Leitkoeffizienten von g_0 und h_0 Einheiten in R sind. Also gilt auch $g, h \in R[x]$.

(2) folgt leicht aus (1). Für (3) betrachten wir den größten gemeinsamen Teiler von f_1 und f_2 in $F[x]$. Nach (1) liegt dieser dann in $R[x]$. □

A.2.7 Satz *Ist R ein noetherscher faktorieller Ring, dann ist auch der Polynomring $R[x_1, \ldots, x_n]$ faktoriell.*

Beweisskizze. Es genügt, die Aussage für $n = 1$ zu beweisen, dann folgt sie mit $R[x_1, \ldots, x_n] = R[x_1, \ldots, x_{n-1}][x_n]$ allgemein durch Induktion nach n. Ist $f \in R[x]$ ein irreduzibles Polynom, dann ist entweder f konstant und damit prim in R, da R faktoriell ist. Man sieht dann leicht, dass f auch in $R[x]$ prim ist. Oder f hat positiven Grad, dann ist es nach dem Gauß'schen Lemma A.2.6 auch in $F[x]$ irreduzibel, wobei $F = \text{Quot}(R)$. Deshalb ist $f \in F[x]$ prim, da $F[x]$ faktoriell ist. Daraus kann man wiederum schließen, dass f auch in $R[x]$ prim ist. Außerdem ist $R[x]$ noethersch nach dem Hilbert'schen Basissatz A.2.3, und damit nun faktoriell nach Satz A.2.5. Siehe etwa Bosch [3], §2.7 für einen vollständigen Beweis. □

A.2.3 Die Primärzerlegung

Die Primärzerlegung brauchen wir technisch nur an einer Stelle, in §3.7. Für die kommutative Algebra ist das Konzept allerdings grundlegend, so dass wir hier eine kurze Einführung geben.

Im Polynomring $K[x_1, \ldots, x_n]$ über einem (algebraisch abgeschlossenen) Körper K beweisen wir in Kapitel 2 die folgende Aussage: Ist $I \subset K[x_1, \ldots, x_n]$ ein Ideal, dann besitzt die Varietät $V = \mathcal{V}(I)$ eine eindeutige Zerlegung $V = V_1 \cup \cdots \cup V_m$ in irreduzible Komponenten, deren Verschwindungsideale $P_i = \mathcal{I}(V_i)$ dann prim sind (§2.3). Nach dem starken Nullstellensatz 2.1.11 bedeutet das die Gleichheit

$$\sqrt{I} = P_1 \cap \cdots \cap P_m.$$

(siehe auch Übung 2.7.7). Man kann sich andererseits fragen, ob man auch eine Zerlegung des Ideals I selbst in der Form $I = Q_1 \cap \cdots \cap Q_r$ finden kann derart, dass die Varietäten $\mathcal{V}(Q_i)$ alle irreduzibel sind, was gerade bedeutet, dass die $\sqrt{Q_i}$ Primideale sind. Das führt auf die Primärzerlegung. Dazu brauchen wir den folgenden Typ von Idealen.

Definition Ein Ideal J in einem Ring R heißt **primär**, wenn $J \neq R$ und für alle $a, b \in R$ gilt:

$$ab \in J \implies a \in J \text{ oder } b \in \sqrt{J}.$$

Die Definition eines Primärideals wirkt seltsam asymmetrisch. Allerdings ist J genau dann primär, wenn gilt:

$$ab \in J \implies a \in J \text{ oder } b \in J \text{ oder } (a \in \sqrt{J} \wedge b \in \sqrt{J}).$$

A.2.8 Lemma *Das Radikal eines primären Ideals ist prim.*

Beweis. Sind $a, b \in R$ mit $ab \in \sqrt{J}$ so bedeutet dies $a^m b^m \in J$ für ein $m \geqslant 1$ und damit $a^m \in J$ oder $b^m \in \sqrt{J}$, also $a \in \sqrt{J}$ oder $b \in \sqrt{\sqrt{J}} = \sqrt{J}$. $\square$

A.2.9 Beispiele   (1) Jedes Primideal ist primär.

(2) Ist R ein faktorieller Ring und $p \in R$ ein irreduzibles Element, dann ist $(p)^m = (p^m)$ für jedes $m \geqslant 1$ ein primäres Ideal. Denn falls $ab \in (p^m)$, so folgt $p^m | b$ und damit $b \in (p^m)$ oder $p | a$ und damit $a \in (p) = \sqrt{(p^m)}$. Ist also $c \in R$ beliebig und $c = p_1^{r_1} \cdots p_k^{r_k}$ die Faktorisierung von c in verschiedene Primfaktoren, dann ist $(c) = (p_1)^{r_1} \cap \cdots \cap (p_k)^{r_k}$ eine Darstellung des Hauptideals (c) als Durchschnitt von Primäridealen.

(3) Das Ideal $\left(x^2, y\right) \subset K[x, y]$ ist primär (Übung). Es ist allerdings nicht Potenz eines Primideals.

(4) Sei K ein Körper und $R = K[x, y, z]/(xy - z^2)$. Setze $P = (\overline{x}, \overline{y})$ und $J = P^2$. Dann ist P ein Primideal und es gilt $\sqrt{J} = P$, aber J ist nicht primär. Denn es gilt $\overline{xy} = \overline{z}^2 \in J$, jedoch $\overline{x} \notin J$ und $\overline{y}^n \notin J$ für alle $n \in \mathbb{N}$. Es ist also nicht jede Potenz eines Primideals primär und auch nicht jedes Ideal, dessen Radikal prim ist. $\Diamond$

Definition Eine **Primärzerlegung** eines Ideals I ist eine Darstellung

$$I = I_1 \cap \cdots \cap I_r$$

von I als endlicher Durchschnitt von Primäridealen.

Definition Ein Ideal I von R heißt **irreduzibel**, wenn für alle Ideale J_1, J_2 von R gilt

$$I = J_1 \cap J_2 \quad \Longrightarrow \quad I = J_1 \text{ oder } I = J_2.$$

Dieser Begriff verallgemeinert die Irreduzibilität eines Elements.

A.2.10 Lemma *Jedes irreduzible Ideal in einem noetherschen Ring ist ein Primärideal.*

Beweis. Es sei R ein noetherscher Ring und I ein irreduzibles Ideal in R. Dann ist das Nullideal in R/I irreduzibel. Außerdem ist I genau dann primär, wenn das Nullideal in R/I primär ist. Es genügt daher, die Behauptung für das Nullideal zu beweisen (siehe Übung A.2.4). Angenommen also $\{0\}$ ist in R irreduzibel. Seien $a, b \in R$ mit $ab = 0$ und $b \neq 0$. Für jedes $m \geqslant 1$ betrachten wir das Ideal

$$\text{Ann}(a^m) = \{c \in R \mid ca^m = 0\}.$$

Dann ist $\text{Ann}(a) \subset \text{Ann}(a^2) \subset \cdots$ eine aufsteigende Kette von Idealen in R. Da R noethersch ist, wird diese Kette stationär, das heißt es gibt $n \geqslant 1$ mit $\text{Ann}(a^{n+1}) = \text{Ann}(a^n)$. Es folgt

$$(a^n) \cap (b) = \{0\}.$$

Denn ist $c \in (a^n) \cap (b)$, so folgt $ac = 0$ (wegen $ab = 0$) und $c = ra^n$ mit $r \in R$. Also gilt $ra^{n+1} = ca = 0$ und damit $r \in \text{Ann}(a^{n+1}) = \text{Ann}(a^n)$. Es folgt $c = ra^n = 0$. Da $\{0\}$ irreduzibel ist und $b \neq 0$, muss $a^n = 0$ gelten, was zeigt, dass $\{0\}$ primär ist. $\qquad\qquad\square$

A.2.11 Satz (Lasker-Noether) *In einem noetherschen Ring ist jedes Ideal ein endlicher Durchschnitt von irreduziblen Idealen. Insbesondere besitzt jedes Ideal eine Primärzerlegung.*

Beweis. (Noethersche Induktion) Es sei R ein noetherscher Ring und $\mathcal{A}$ die Menge aller Ideale von R, die nicht endlicher Durchschnitt von irreduziblen Idealen in R sind. Da R noethersch ist, besitzt $\mathcal{A}$ ein (bezüglich Inklusion) maximales Element I, nach Lemma A.2.1. Wegen $I \in \mathcal{A}$ ist I insbesondere nicht irreduzibel. Es gibt also Ideale J_1, J_2 von R mit $I = J_1 \cap J_2$ und $I \subsetneq J_1$, $I \subsetneq J_2$. Aufgrund der Maximalität von I sind J_1 und J_2 Durchschnitt von irreduziblen Idealen, also auch I, ein Widerspruch. $\qquad\qquad\square$

A.2.12 Bemerkungen Während die Existenz der Primärzerlegung relativ leicht zu beweisen war, sind Fragen der Struktur und der Eindeutigkeit deutlich komplizierter.

(1) Die Primideale $\sqrt{I_j}$, die in einer Primärzerlegung eines Ideals I vorkommen, werden die **assoziierten Primideale** von I genannt. Die Menge der assoziierten Primideale ist von der gewählten Primärzerlegung unabhängig.

EMANUEL LASKER (1868–1941) war ein deutscher Mathematiker und Philosoph, vor allem aber berühmt als der zweite offizielle Schachweltmeister (1894–1921).

(2) Wenn zwei Primärideale I_i und I_j in einer Primärzerlegung von I dasselbe Radikal haben, dann ist auch $I_i \cap I_j$ primär und man kann die Primärzerlegung entsprechend verkürzen (siehe Übung A.2.5). Jedes assoziierte Primideal gehört also zu genau einem Primärideal in einer minimalen Primärzerlegung.

(3) Unter den Primäridealen sind nur die eindeutig, die zu den minimalen assoziierten Primidealen gehören. Die übrigen Primärideale sind dagegen im Allgemeinen nicht eindeutig (siehe nachfolgendes Beispiel).

A.2.13 Beispiele Das Ideal $\left(x^2, xy\right) \subset K[x, y]$ hat zwei verschiedene minimale Primärzerlegungen, nämlich

$$\left(x^2, xy\right) = (x) \cap \left(x^2, xy, y^2\right) = (x) \cap \left(x^2, y\right).$$

Die assoziierten Primideale sind (x) und (x, y).   ◇

Übungen

Übung A.2.1 Sei R ein Ring und $T \subset R$ eine Teilmenge. Zeigen Sie: Ist das Ideal (T) endlich erzeugt, dann gibt es $x_1, \ldots, x_r \in T$ mit $(T) = (x_1, \ldots, x_r)$.

Übung A.2.2 Für jeden R-Modul M sind die folgenden Aussagen äquivalent:

  (i) Jeder Untermodul von M ist endlich erzeugt.

  (ii) Jede nicht-leere Menge von Untermoduln von M hat ein maximales Element.

  (iii) Gegeben eine Folge $x_1, x_2, x_3, \cdots$ von Elementen in M, dann gibt es ein $n \in \mathbb{N}$ und für jedes $k > n$ eine Darstellung

$$x_k = \sum_{i=1}^{n} a_i x_i \quad \text{mit} \quad a_1, \ldots, a_n \in R.$$

Übung A.2.3 Es sei K ein Körper mit $\operatorname{char}(K) \neq 2$. Zeigen Sie, dass der Ring $K[x, y, z]/(xy - z^2)$ ein Integritätsring ist, der nicht faktoriell ist.

Übung A.2.4 Es sei $I \neq R$ ein Ideal. Zeigen Sie, dass die folgenden Aussagen äquivalent sind:

  (1) Das Ideal I ist primär.

  (2) Jeder Nullteiler von R/I ist nilpotent.

  (3) Das Nullideal in R/I ist primär.

Übung A.2.5   (a) Sind I und J Primärideale von R mit $\sqrt{I} = \sqrt{J}$, dann ist auch $I \cap J$ primär mit $\sqrt{I \cap J} = \sqrt{I}$.

  (b) Was sagt das über die Primärzerlegungen eines Ideals?

Übung A.2.6 Sei $I \subset K[x_1, \ldots, x_n]$ ein Ideal.

  (a) Zeigen Sie: Ist I ein irreduzibles Ideal, dann ist die Varietät $\mathcal{V}(I)$ irreduzibel.

  (b) Finden Sie ein Beispiel für ein Ideal I, das nicht irreduzibel ist, obwohl die Varietät $\mathcal{V}(I)$ irreduzibel ist.

Übung A.2.7 Beweisen Sie, dass jedes homogene Ideal in $K[x_0, \ldots, x_n]$ (oder allgemeiner in einem noetherschen graduierten Ring) eine Primärzerlegung in homogene Primärideale besitzt.

A.3 Algebraische Unabhängigkeit

In diesem Abschnitt ist kurz das Wichtigste über transzendente Körpererweiterungen und algebraische Unabhängigkeit zusammengestellt. Da für die algebraische Geometrie fast ausschließlich Körpererweiterungen von endlichem Transzendenzgrad relevant sind, beschränken wir uns auf diesen Fall. Für eine ausführlichere Darstellung siehe zum Beispiel Bosch [3], §7.1.

Definition Sei L/K eine Körpererweiterung. Ein System $x_1, \ldots, x_n$ von Elementen aus L heißt **algebraisch abhängig** über K, wenn es ein Polynom $R \in K[t_1, \ldots, t_n]$, $R \neq 0$, mit $R(x_1, \ldots, x_n) = 0$ gibt. Falls kein solches Polynom existiert, heißen $x_1, \ldots, x_n$ **algebraisch unabhängig**.

Erinnerung: Ein einzelnes Element $x \in L$ heißt **algebraisch** über K, wenn das einelementige System x algebraisch abhängig über K ist, andernfalls heißt x **transzendent** über K. Die Körpererweiterung L/K heißt algebraisch, falls alle Elemente von L algebraisch über K sind. Jede **endliche Erweiterung** (also mit $\dim_K(L) < \infty$) ist algebraisch. Sind alle Elemente von $L \setminus K$ transzendent über K, so heißt L/K **rein transzendent**.

Für die abstrakte Algebra sind »transzendente Elemente« dasselbe wie »Variablen«. Wichtig für die algebraische Geometrie ist die Struktur von Funktionenkörpern algebraischer Varietäten.

A.3.1 Lemma *Sei L/K eine Körpererweiterung. Für ein über K algebraisch unabhängiges System $x_1, \ldots, x_n$ von Elementen aus L sind äquivalent:*

(i) Die Körpererweiterung $L/K(x_1, \ldots, x_n)$ ist algebraisch.

(ii) Für jedes $y \in L$ sind $x_1, \ldots, x_n, y$ algebraisch abhängig über K.

Beweis. (i)⇒(ii). Sei $y \in L$. Nach Voraussetzung ist y algebraisch über $K(x_1, \ldots, x_n)$, das heißt es gibt $r \in K(x_1, \ldots, x_n)(t)$, $r \neq 0$, mit $r(y) = 0$. Multiplikation von r mit dem Produkt aller Nenner, die in den Koeffizienten vorkommen, liefert ein $R \in K[t_1, \ldots, t_n, s]$, $R \neq 0$, mit $R(x_1, \ldots, x_n, y) = 0$. Also sind $x_1, \ldots, x_n, y$ algebraisch abhängig über K.

(ii)⇒(i). Sei $y \in L \setminus K$. Nach Voraussetzung gibt es $R \in K[t_1, \ldots, t_n, s]$, $R \neq 0$, mit $R(x_1, \ldots, x_n, y) = 0$. Dabei muss die Variable s in R vorkommen, da $x_1, \ldots, x_n$ algebraisch unabhängig sind. Wenn wir $R(x_1, \ldots, x_n, s)$ als Polynom in s mit Koeffizienten in $K(x_1, \ldots, x_n)$ auffassen, zeigt das, dass y algebraisch über $K(x_1, \ldots, x_n)$ ist. □

Definition Ein System von über K algebraisch unabhängigen Elementen $x_1, \ldots, x_n$ aus L, das die äquivalenten Bedingungen des vorangehenden Lemmas erfüllt, heißt eine **Transzendenzbasis** von L über K.

Die folgende Aussage ist eine Version des sogenannten *Steinitzschen Austauschlemmas*.

A.3.2 Lemma *Es sei L/K eine Körpererweiterung und seien $x_1, \ldots, x_k$ und $y_1, \ldots, y_m$ Systeme von Elementen aus L. Angenommen $x_1, \ldots, x_k$ sind algebraisch unabhängig über K und $L/K(y_1, \ldots, y_m)$ ist algebraisch. Dann gilt $k \leqslant m$ und es gibt $n \geqslant k$ und $x_{k+1}, \ldots, x_n \in \{y_1, \ldots, y_m\}$ derart, dass $x_1, \ldots, x_n$ eine Transzendenzbasis von L/K ist.*

Die Frage, ob eine gegebene reelle Zahl algebraisch oder transzendent über $\mathbb{Q}$ ist, ist häufig schwer zu entscheiden. Beispielsweise ist die Kreiszahl π transzendent nach einem berühmten Satz von Lindemann (1882), ebenso e, die Basis des natürlichen Logarithmus (Hermite 1873). Man weiß aber nicht, ob e und π algebraisch unabhängig über $\mathbb{Q}$ sind (noch nicht einmal, ob zum Beispiel $e + \pi$ irrational ist).

Wie lautet die analoge Aussage über Vektoren und lineare Unabhängigkeit? **?**

Beweis. Wir zeigen zunächst die zweite Behauptung. Sind $y_1, \ldots, y_m$ alle algebraisch über $K(x_1, \ldots, x_k)$, dann ist $F = K(x_1, \ldots, x_k, y_1, \ldots, y_m)$ algebraisch über $K(x_1, \ldots, x_k)$ und L/F ist algebraisch nach Voraussetzung. Also ist $L/K(x_1, \ldots, x_k)$ algebraisch und damit $x_1, \ldots, x_k$ eine Transzendenzbasis von L/K. Andernfalls gibt es einen Index j derart, dass $x_1, \ldots, x_k, y_j$ algebraisch unabhängig sind (nach Lemma A.3.1). Wir setzen $x_{k+1} = y_j$ und wiederholen das Argument für das System $x_1, \ldots, x_{k+1}$. Nach spätestens m Schritten ist eine Transzendenzbasis gefunden.

Es bleibt $k \leqslant m$ zu zeigen. Falls $\{x_1, \ldots, x_k\} \subset \{y_1, \ldots, y_m\}$ gilt, dann ist das klar. Andernfalls gelte ohne Einschränkung etwa $x_k \notin \{y_1, \ldots, y_m\}$. Nach dem, was wir schon bewiesen haben, gibt es dann einen Index j derart, dass $x_1, \ldots, x_{k-1}, y_j$ algebraisch unabhängig ist (nämlich enthalten in einer Transzendenzbasis von L/K). Wir ersetzen x_k durch y_j und wiederholen dieses Argument, bis $\{x_1, \ldots, x_k\} \subset \{y_1, \ldots, y_m\}$ gilt. □

A.3.3 Satz *Es sei L/K eine Körpererweiterung.*

(1) Ist L algebraisch über $K(y_1, \ldots, y_m)$ für $y_1, \ldots, y_m \in L$, dann enthält $\{y_1, \ldots, y_m\}$ eine Transzendenzbasis von L/K.

(2) Wenn L/K eine endliche Transzendenzbasis besitzt, dann haben alle Transzendenzbasen dieselbe Länge.

Beweis. (1) Das ist der Fall $k = 0$ in Lemma A.3.2.

(2) Sind $x_1, \ldots, x_k$ und $y_1, \ldots, y_m$ zwei Transzendenzbasen, dann folgt $k \leqslant m$ aus Lemma A.3.2 und aus Symmetriegründen genauso $m \leqslant k$. □

Definition Die Länge einer Transzendenzbasis von L/K heißt der **Transzendenzgrad** von L über K, geschrieben $\mathrm{trdeg}(L/K)$.

A.3.4 Beispiel Der rationale Funktionenkörper über einem Körper K hat den Transzendenzgrad $\mathrm{trdeg}\big(K(x_1, \ldots, x_n)/K\big) = n$, denn $x_1, \ldots, x_n$ bilden eine Transzendenzbasis.   ◇

A.3.5 Korollar *Eine Körpererweiterung L/K, die von d Elementen erzeugt wird, hat höchstens den Transzendenzgrad d.*

Beweis. Denn ist $L = K(y_1, \ldots, y_d)$, dann enthält $\{y_1, \ldots, y_d\}$ eine Transzendenzbasis von L/K.   □

A.3.6 Proposition *Sind F/L und L/K Körpererweiterungen von endlichem Transzendenzgrad, dann gilt $\mathrm{trdeg}(F/K) = \mathrm{trdeg}(F/L) + \mathrm{trdeg}(L/K)$.*

Beweis. Ist $x = \{x_1, \ldots, x_m\}$ eine Transzendenzbasis von L/K und $y = \{y_1, \ldots, y_n\}$ eine von F/L, dann sind die $m + n$ Elemente $x \cup y$ algebraisch unabhängig über K (Übung). Außerdem ist $L/K(x)$ algebraisch und damit auch $L(y)/K(x \cup y)$, ebenso $F/L(y)$ nach Voraussetzung. Also ist $F/K(x \cup y)$ algebraisch, was zeigt, dass $x \cup y$ eine Transzendenzbasis von F/K ist. □

A.3.7 Korollar *Sind F/L und L/K Körpererweiterungen und ist F/L algebraisch, dann gilt $\mathrm{trdeg}(F/K) = \mathrm{trdeg}(L/K)$.*   □

KAPITEL B

Gröbnerbasen

In diesem Kapitel beschäftigen wir uns mit der Frage, wie man mit Polynomen in mehreren Veränderlichen und den von ihnen erzeugten Idealen am besten konkret rechnet.

Gegeben zwei Polynome $f, g \in K[x]$ in einer Variablen mit Koeffizienten in einem Körper K, dann können wir f mit Hilfe des euklidischen Algorithmus durch g teilen, d.h. es gibt $h, r \in K[x]$ mit

$$f = hg + r,$$

wobei der Rest r von kleinerem Grad als g ist. So können wir zum Beispiel problemlos entscheiden, ob $f \in (g)$ gilt, denn das ist genau dann der Fall, wenn der Rest von f bei Division durch g gleich 0 ist.

Der Polynomring $K[x_1, \ldots, x_n]$ in mehreren Variablen ist nicht mehr euklidisch, bekanntlich noch nicht einmal ein Hauptidealring. Um zum Beispiel zu entscheiden, ob ein Polynom f im Ideal $(g_1, \ldots, g_r)$ liegt, müssten wir im Stande sein, durch mehrere Polynome auf einmal mit Rest zu teilen. Um das sinnvoll definieren und praktisch durchführen zu können, braucht man Erzeugendensysteme mit speziellen Eigenschaften, nämlich gerade die *Gröbnerbasen*. Wir brauchen etwas Vorbereitung, um sagen zu können, was das alles genau heißen soll.

Dieses Kapitel orientiert sich zum Teil an dem bekannten Lehrbuch von Cox, Little und O'Shea [5], ist im Vergleich aber stark komprimiert.

B.1 Monomiale Ideale

Es sei immer K ein Körper (nicht unbedingt algebraisch abgeschlossen). Jedes Polynom $f \in K[x_1, \ldots, x_n]$ ist eine Linearkombination

$$f = \sum_{\alpha \in \mathbb{N}_0^n} c_\alpha x^\alpha$$

von **Monomen** $x^\alpha = x_1^{\alpha_1} \cdots x_n^{\alpha_n}$, wobei die Koeffizienten $c_\alpha \in K$ nur für endlich viele $\alpha \in \mathbb{N}_0^n$ ungleich 0 sind. Ein Produkt $c_\alpha x^\alpha$ aus einem Monom

© Springer-Verlag GmbH Deutschland, ein Teil von Springer Nature 2020
D. Plaumann, *Einführung in die Algebraische Geometrie*,
https://doi.org/10.1007/978-3-662-61779-3

und einem Koeffizienten heißt ein **Term**. Wir sagen, das Monom x^α **kommt in** f **vor**, wenn $c_\alpha \neq 0$ gilt. Außerdem schreiben wir

$$|\alpha| = \alpha_1 + \cdots + \alpha_n.$$

Die Monome mit der Multiplikation $x^\alpha \cdot x^\beta = x^{\alpha+\beta}$ bilden ein Monoid mit Eins $x^0 = 1$, das einfach zum additiven Monoid $\mathbb{N}_0^n$ isomorph ist.

Definition Ein **monomiales Ideal** in $K[x_1, \ldots, x_n]$ ist ein von Monomen erzeugtes Ideal.

Ein monomiales Ideal hat also die Form $(x^\alpha \mid \alpha \in T)$ für eine Teilmenge $T \subset \mathbb{N}_0^n$.

Definition Die **natürliche Ordnung** auf $\mathbb{N}_0^n$ ist die partielle Ordnung

$$\alpha \leq \beta \iff \alpha_i \leqslant \beta_i \text{ für alle } i = 1, \ldots, n.$$

Das folgende einfache Lemma bildet die Grundlage für alles Weitere.

B.1.1 Lemma *Die Elemente des monomialen Ideals $(x^\alpha \mid \alpha \in T)$ sind genau die Linearkombinationen der Monome x^β mit $\beta \geq \alpha$ für ein $\alpha \in T$.*

Beweis. Sei $I = (x^\alpha \mid \alpha \in T)$. Ist $\alpha \in T$ und $\beta \geq \alpha$, dann ist $x^\beta = x^{\beta-\alpha} x^\alpha \in I$. Ist umgekehrt $f \in I$, dann gibt es $\alpha_1, \ldots, \alpha_r \in T$ und Polynome $q_1, \ldots, q_r$ mit $f = \sum_{i=1}^r q_i x^{\alpha_i}$. Jedes in f vorkommende Monom ist also von der Form $x^{\alpha_i + \gamma}$, wobei x^γ ein in q_i vorkommendes Monom ist. $\square$

Ein monomiales Ideal besitzt also eine lineare Basis aus Monomen. Dagegen braucht ein allgemeines Ideal nicht ein einziges Monom zu enthalten, so zum Beispiel das Ideal $(x + 1) \subset K[x]$.

B.1.2 Satz (Lemma von Dickson) *Es sei T eine Teilmenge von $\mathbb{N}_0^n$. Dann gibt es eine endliche Teilmenge S von T derart, dass für jedes $\beta \in T$ ein $\alpha \in S$ mit $\alpha \leq \beta$ existiert.*

L. E. Dickson (1874–1954), US-amerikanischer Mathematiker. Das Lemma läuft auch unter dem Namen »Lemma von Gordan« nach dem deutschen Mathematiker Paul Gordan (1837–1912).

Beweis. Übersetzt in monomiale Ideale folgt das sofort aus dem Hilbertschen Basissatz A.2.3. Wir geben aber auch noch einen direkten Beweis.

Es bezeichne $T_{\min}$ die Menge der minimalen Elemente von T. Da es in $\mathbb{N}_0^n$ unter der natürlichen Ordnung keine unendlich absteigenden Ketten gibt, ist $T_{\min}$ offenbar genau die kleinste Teilmenge von T mit der gewünschten Eigenschaft. Die Aussage ist also gerade, dass $T_{\min}$ endlich ist.

Wir führen Induktion nach n. Für $n = 1$ ist die Aussage klar, denn jede nichtleere Teilmenge von $\mathbb{N}_0$ enthält ein eindeutiges Element, also $|T_{\min}| = 1$. Sei $n \geqslant 2$ und die Aussage gelte für kleinere n. Für $k \geqslant 0$ setze

$$U_k = \{\beta' \in \mathbb{N}_0^{n-1} \mid (\beta', k) \in T\} \quad \text{und} \quad U = \bigcup_{k \geqslant 0} U_k.$$

Nach Induktionsvoraussetzung sind die Mengen $U_{\min}$ und $(U_k)_{\min}$ alle endlich. Insbesondere gibt es ein $m \geqslant 0$ mit $U_{\min} \subset U_0 \cup \cdots \cup U_m$. Setze

$$S = \bigcup_{k=0}^m \left((U_k)_{\min} \times \{k\} \right).$$

Dann ist S eine endliche Teilmenge von T und wir behaupten, dass sie die gewünschte Eigenschaft hat. Sei dazu $\beta \in T$, etwa $\beta = (\beta', k)$, mit $\beta' \in \mathbb{N}_0^{n-1}$ und $k \geqslant 0$. Ist $k \leqslant m$, so gibt es $\gamma' \in (U_k)_{\min}$ mit $\gamma' \leqslant \beta'$ und es folgt $(\gamma', k) \in S$ und $(\gamma', k) \leq (\beta', k) = \beta$. Ist $k > m$, so gibt es nach Wahl von m ein $l \leqslant m$ und ein $\gamma' \in (U_l)_{\min}$ mit $\gamma' \leqslant \beta'$. Es folgt $(\gamma', l) \in S$ und $(\gamma', l) \leq (\beta', k) = \beta$. $\qquad\qquad\Box$

B.1.3 Korollar *Jedes monomiale Ideal wird von endlich vielen Monomen erzeugt.* $\qquad\qquad\Box$

B.2 Monomordnungen und Division mit Rest

Definition Eine **(globale) Monomordnung** ist eine totale Ordnung $\leqslant$ auf $\mathbb{N}_0^n$ mit den folgenden beiden Eigenschaften:

(1) Sind $\alpha, \beta \in \mathbb{N}_0^n$ mit $\alpha \leqslant \beta$, so folgt $\alpha + \gamma \leqslant \beta + \gamma$ für alle $\gamma \in \mathbb{N}_0^n$.
(2) $\alpha \geqslant 0$ für alle $\alpha \in \mathbb{N}_0^n$.

Unter einer Monomordnung sind, wie der Name schon sagt, auch die Monome geordnet, und die Eigenschaften (1) und (2) übersetzen sich in

(1) $x^\alpha \leqslant x^\beta \implies x^{\alpha+\gamma} \leqslant x^{\beta+\gamma}$.
(2) $x^\alpha \geqslant 1$.

für alle $\alpha, \beta, \gamma \in \mathbb{N}_0^n$.

Neben den globalen Monomordnungen gibt es auch *lokale* Monomordnungen, in denen (1) gilt, statt (2) jedoch $x^\alpha < 1$ für alle $\alpha \in \mathbb{N}_0^n$; ferner *gemischte* Monomordnungen, die weder global noch lokal sind. Wir werden uns aber auf globale Monomordnungen beschränken und lassen den Zusatz »global« weg.

B.2.1 Beispiel Für $n = 1$ gibt es nur eine einzige Monomordnung, nämlich $1 < x < x^2 < \cdots$. Für $n \geqslant 2$ gibt es dagegen viele Monomordnungen.

Jede globale Monomordnung $\leqslant$ auf $\mathbb{N}_0^n$ ist feiner als die natürliche partielle Ordnung, das heißt es gilt

$$\alpha \leq \beta \implies \alpha \leqslant \beta.$$

Denn $\alpha \leq \beta$ bedeutet gerade $\beta - \alpha \in \mathbb{N}_0^n$ und damit $\beta - \alpha \geqslant 0$ nach (2), also $\beta \geqslant \alpha$ nach (1).

Die wichtigsten globalen Monomordnungen sind die folgenden:

(1) Die **lexikographische Ordnung** lex: Es gilt $\alpha \leqslant \beta$, wenn $\alpha_i \leqslant \beta_i$ gilt für den ersten Index i, in dem sich α und β unterscheiden, das heißt:

$$\alpha <_{\mathsf{lex}} \beta \quad \Longleftrightarrow \quad \begin{array}{l} \alpha_1 = \beta_1, \ldots, \alpha_{i-1} = \beta_{i-1}, \\ \alpha_i < \beta_i \text{ für ein } i \in \{1, \ldots, n\} \end{array} \quad .$$

Also für $n = 2$ zum Beispiel $(1,3) < (2,1)$, $(1,3) < (1,5)$ usw.

(2) Die **grad-lexikographische Ordnung** glex; in dieser gilt:

$$\alpha \leqslant_{\text{glex}} \beta \quad \Longleftrightarrow \quad \begin{array}{l} |\alpha| < |\beta| \text{ oder} \\ |\alpha| = |\beta| \text{ und } \alpha \leqslant_{\text{lex}} \beta \end{array} .$$

Hier wird also zuerst nach dem Grad sortiert und bei gleichem Grad lexikographisch.

(3) Eine weitere (in der Praxis häufig verwendete Monomordnung) ist die **grad-revers-lexikographische Ordnung** grevlex (Übung B.2.2).

B.2.2 Lemma *Es sei $\leqslant$ eine totale Ordnung auf $\mathbb{N}_0^n$, welche die Eigenschaft (1) aus Definition B.2 erfüllt. Dann sind äquivalent:*

(i) $\leqslant$ ist eine globale Monomordnung, also $\alpha \geqslant 0$ für alle $\alpha \in \mathbb{N}_0^n$;

(ii) $\leqslant$ ist eine Wohlordnung, d.h. jede nicht-leere Teilmenge von $\mathbb{N}_0^n$ hat ein kleinstes Element;

(iii) jede absteigende Folge $\alpha_1 \geqslant \alpha_2 \geqslant \alpha_3 \geqslant \cdots$ in $\mathbb{N}_0^n$ wird stationär.

Beweis. (i)$\Rightarrow$(ii). Sei $\leqslant$ eine Monomordnung und sei $T \subset \mathbb{N}_0^n$ eine nicht-leere Teilmenge. Nach dem Lemma von Dickson B.1.2 gibt es eine endliche Teilmenge $S \subset T$ mit

$$\forall \beta \in T \ \exists \alpha \in S: \ \alpha \leq \beta.$$

Ist α_0 das bezüglich $\leqslant$ kleinste Element in S, so ist also $\alpha_0 \leqslant \beta$ für alle $\beta \in T$, denn $\leqslant$ ist feiner als die natürliche Ordnung.

(ii)$\Rightarrow$(iii) ist klar. (iii)$\Rightarrow$(i). Wäre $\alpha < 0$, dann wäre $0 > \alpha > 2\alpha > 3\alpha > \cdots$ eine unendlich absteigende Folge. $\qquad\square$

Im Folgenden fixieren wir eine Monomordnung $\leqslant$ auf $\mathbb{N}_0^n$. Sei außerdem

$$f = \sum_{\alpha \in \mathbb{N}_0^n} c_\alpha x^\alpha$$

ein Polynom, $f \neq 0$, und sei $\delta(f) = \max\{\alpha \mid c_\alpha \neq 0\}$ (bezüglich der fixierten Monomordnung), der **Multigrad von f bezüglich** $\leqslant$. (Zur klaren Unterscheidung heißt die Zahl $\deg(f) = \max\{|\alpha| \mid c_\alpha \neq 0\}$ der **Totalgrad** von f). Also ist $x^{\delta(f)}$ das größte in f vorkommende Monom. Wie üblich setzen wir $\delta(0) = -\infty$. Weiter schreiben wir

$$\text{LM}(f) = x^{\delta(f)}, \quad \text{LC}(f) = c_{\delta(f)}, \quad \text{LT}(f) = c_{\delta(f)} x^{\delta(f)}$$

und nennen $\text{LM}(f)$ das **Leitmonom**, $\text{LC}(f)$ den **Leitkoeffizienten** und $\text{LT}(f)$ den **Leitterm** von f. Das Polynom f heißt **normiert**, wenn $\text{LC}(f) = 1$ gilt.

B.2.3 Lemma *Für $f, g \in K[x_1, \ldots, x_n]$ gelten:*

(1) $\delta(fg) = \delta(f) + \delta(g)$;

(2) $\delta(f + g) \leqslant \max\{\delta(f), \delta(g)\}$, mit Gleichheit falls $\delta(f) \neq \delta(g)$ ist.

Beweis. Trivial. $\qquad\square$

B.2.4 Satz (Division mit Rest) *Es sei eine Monomordnung $\leqslant$ fixiert und seien $g_1, \ldots, g_s \in K[x_1, \ldots, x_n]$, alle ungleich 0. Für jedes $f \in K[x_1, \ldots, x_n]$ gibt es Polynome $q_1, \ldots, q_s, r \in K[x_1, \ldots, x_n]$ mit*

$$f = \sum_{i=1}^{s} q_i g_i + r$$

und mit den folgenden beiden Eigenschaften:

(1) Keines der im Polynom r vorkommenden Monome ist durch eines der Leitmonome $\mathrm{LM}(g_1), \ldots, \mathrm{LM}(g_s)$ teilbar;

(2) Es gilt $\delta(q_i g_i) \leqslant \delta(f)$ für $i = 1, \ldots, s$.

Beweis. Der Beweis besteht aus einem Algorithmus, der die gesuchten Polynome produziert. Es sei $f \in K[x_1, \ldots, x_n]$, ohne Einschränkung $f \neq 0$. Zunächst unterscheiden wir zwei Fälle:

(i) Das Monom $\mathrm{LM}(f)$ ist durch eines der Monome $\mathrm{LM}(g_1), \ldots, \mathrm{LM}(g_s)$ teilbar. Ist j der kleinste Index mit $\mathrm{LM}(g_j) \mid \mathrm{LM}(f)$, etwa $\mathrm{LT}(f) = t \cdot \mathrm{LT}(g_j)$ für einen Term t, so setze $\widetilde{f} = f - t g_j$. Dann ist $\delta(\widetilde{f}) < \delta(f)$.

(ii) Das Monom $\mathrm{LM}(f)$ ist durch keines der $\mathrm{LM}(g_1), \ldots, \mathrm{LM}(g_s)$ teilbar. Dann setzen wir $\widetilde{f} = f - \mathrm{LT}(f)$ und es gilt wieder $\delta(\widetilde{f}) < \delta(f)$.

Ist die Aussage für $\widetilde{f}$ richtig, dann haben wir also eine Darstellung

$$\widetilde{f} = \sum_{i=1}^{s} \widetilde{q}_i g_i + \widetilde{r}$$

mit Polynomen $\widetilde{q}_i, \widetilde{r}$ derart, dass die Eigenschaften (1) und (2) erfüllt sind. Daraus erhalten wir nun die Aussage für f: Falls wir im ersten Fall (i) sind, dann setzen wir $q_j = t + \widetilde{q}_j$, $q_i = \widetilde{q}_i$ für $i \neq j$ und $r = \widetilde{r}$. Aussage (2) bleibt richtig wegen $\delta(\widetilde{f}) < \delta(f)$ und

$$\delta(q_j g_j) = \delta(t g_j + \widetilde{q}_j g_j) \leqslant \max\{\delta(t g_j), \delta(\widetilde{q}_j g_j)\} = \delta(f)$$

(denn es ist $\delta(t g_j) = \delta(f)$ und $\delta(\widetilde{q}_j g_j) \leqslant \delta(\widetilde{f}) < \delta(f)$).

Im zweiten Fall (ii) setzen wir $r = \mathrm{LT}(f) + \widetilde{r}$ und $q_i = \widetilde{q}_i$ für $i = 1, \ldots, s$. Dann bleibt (2) richtig und (1) ebenso nach der Voraussetzung in Fall (ii).

Dieses Verfahren endet nach endlich vielen Schritten, da der Multigrad in jedem Schritt kleiner wird und es keine unendlich absteigenden Folgen bezüglich der Monomordnung gibt. $\qquad\square$

Definition Das Polynom r in Satz B.2.4 nennt man einen **Rest** von f bei Division durch $g_1, \ldots, g_s$ bezüglich der fixierten Monomordnung.

B.2.5 Beispiele (1) Im Fall $n = 1$ und $s = 1$ ist Satz B.2.4 einfach die übliche Division mit Rest für Polynome in einer Variablen. Bekanntlich ist die Darstellung $f = q_1 g_1 + r$ in diesem Fall eindeutig. Im Allgemeinen ist diese Eindeutigkeit aber nicht mehr gegeben, noch nicht einmal für $n = 1$:

Sei $g_1 = x$ und $g_2 = x - 1$ in $K[x]$, dann hat $f = x$ die beiden Darstellungen

$$f = 1 \cdot x + 0(x - 1) + 0 = 0 \cdot x + 1(x - 1) + 1,$$

die beide die Eigenschaften (1) und (2) erfüllen. Nicht nur die Darstellungen, auch die beiden Reste sind verschieden.

(2) Sei $n = 2$, $s = 2$, und seien $g_1 = xy + 1$ und $g_2 = y^2 - 1$. Dann gilt

$$f = xy^2 - x = y(xy + 1) + 0 \cdot (y^2 - 1) - (x + y)$$
$$= 0 \cdot (xy + 1) + x(y^2 - 1) + 0.$$

Wieder erfüllen beide Darstellungen (1), (2) für jede Monomordnung.   ◇

Die Division mit Rest hat also im Allgemeinen noch keine guten Eigenschaften. Wir werden aber zeigen, dass jedes Ideal ein Erzeugendensystem $g_1, \ldots, g_s$ besitzt derart, dass die Division mit Rest in gewünschter Weise funktioniert, nämlich eine Gröbnerbasis.

Übungen

Übung B.2.1 Es sei I ein monomiales Ideal und sei f ein Polynom in $K[x_1, \ldots, x_n]$. Zeigen Sie, dass folgende Aussagen äquivalent sind:

(a) Es gilt $f \in I$.

(b) Jeder Term von f liegt in I.

(c) Das Polynom f ist eine Linearkombination von Monomen aus I.

Übung B.2.2 Auf $\mathbb{N}_0^n$ sei eine totale Ordnung $<_{\text{grevlex}}$ wie folgt definiert:

$$\alpha <_{\text{grevlex}} \beta \iff \begin{array}{l} |\alpha| < |\beta| \text{ oder} \\ |\alpha| = |\beta| \text{ und } \alpha_{i+1} = \beta_{i+1}, \ldots, \alpha_n = \beta_n, \alpha_i > \beta_i \\ \text{für ein } i \in \{1, \ldots, n\} \end{array}$$

Zeigen Sie, dass $<_{\text{grevlex}}$ eine Monomordnung ist. Diese Monomordnung wird die **grad-revers-lexikographische Ordnung** genannt. Es hat sich gezeigt, dass sie für viele Anwendungen besonders effizient ist.

Übung B.2.3 Ordnen Sie die Terme der folgenden Polynome bezüglich lex, glex und grevlex:

$$f = 4x + 7y + z + x^2 + z^2 - x^3, \qquad g = x^2 y^8 - 2x^5 yz^4 + 2xyz^3 + xy^4.$$

Übung B.2.4 Betrachten Sie die totale Ordnung auf $\mathbb{N}_0^n$, die durch

$$\alpha < \beta \iff \alpha_{i+1} = \beta_{i+1}, \ldots, \alpha_n = \beta_n, \alpha_i > \beta_i \text{ für ein } i \in \{1, \ldots, n\}$$

gegeben ist. Entscheiden Sie, ob es sich um eine Monomordnung handelt.

Übung B.2.5 Gegeben seien die folgenden drei Polynome in $K[x, y, z]$:

$$f = x^3 + 2x^2 y + x^2 z - z^2, \qquad g_1 = xy + z^2, \qquad g_2 = x^2 - yy.$$

(a) Verwenden Sie den Divisionsalgorithmus bezüglich glex, um die folgenden Reste zu berechnen:

(1) den Rest r_1 von f bei Division durch (g_1, g_2);

(2) den Rest r_2 von f bei Division durch (g_2, g_1).

(b) Seien r_1 und r_2 die Reste aus (a) und setze $r = r_1 - r_2$. Berechnen Sie den Rest von r bei Division durch (g_1, g_2).

Übung B.2.6 Lernen Sie, die Beispiele aus diesem Kapitel mit einem Computer-Algebra-System, wie beispielsweise Macaulay2 oder Singular, zu rechnen. Schreiben Sie Ihre eigene Implementierung für den Divisionsalgorithmus.

B.3 Gröbnerbasen

Wir arbeiten in diesem Abschnitt immer mit einer festen Monomordnung $\leqslant$.

Definition Sei I ein Ideal in $K[x_1, \ldots, x_n]$. Das monomiale Ideal

$$\mathrm{LI}(I) = \big(\mathrm{LM}(f) \mid f \in I \setminus \{0\}\big),$$

das von den Leitmonomen aus I erzeugt wird, heißt das **Leitideal** von I.

Wenn wir Erzeuger von I wählen, etwa $I = (g_1, \ldots, g_s)$, dann gilt

$$\big(\mathrm{LM}(g_1), \ldots, \mathrm{LM}(g_s)\big) \subset \mathrm{LI}(I).$$

Im Allgemeinen gilt aber keine Gleichheit: Betrachte zum Beispiel wieder $g_1 = xy + 1$, $g_2 = y^2 - 1$ und $I = (g_1, g_2)$. Dann ist $\mathrm{LM}(g_1) = xy$ und $\mathrm{LM}(g_2) = y^2$ (bezüglich jeder Monomordnung), aber es gilt

$$yg_1 - xg_2 = (xy^2 + y) - (xy^2 - x) = x + y.$$

Also liegt, je nach Monomordnung, auch x oder y in $\mathrm{LI}(I)$, aber nicht im Ideal $(\mathrm{LM}(g_1), \mathrm{LM}(g_2))$. Es zeigt sich, dass darin im Zusammenhang mit der Division mit Rest genau das entscheidende Problem liegt.

Definition Sei I ein Ideal in $K[x_1, \ldots, x_n]$. Eine endliche Teilmenge G von I mit $0 \notin G$ heißt eine **Gröbnerbasis** von I, wenn gilt

$$\mathrm{LI}(I) = \big(\mathrm{LM}(g) \mid g \in G\big),$$

das Leitideal also von den Leitmonomen der Basiselemente erzeugt wird.

WOLFGANG GRÖBNER
(1899–1980),
österreichischer
Mathematiker

B.3.1 Satz *Jedes Ideal in $K[x_1, \ldots, x_n]$ besitzt eine Gröbnerbasis. Jede Gröbnerbasis eines Ideals I ist ein Erzeugendensystem von I.*

Beweis. Sei I ein Ideal. Falls $I = (0)$, dann ist die leere Menge eine Gröbnerbasis von I. Sei also $I \neq (0)$. Nach Definition gilt $\mathrm{LI}(I) = (\mathrm{LM}(g) \mid g \in I)$. Nach dem Lemma von Dickson wird das monomiale Ideal $\mathrm{LI}(I)$ schon von endlich vielen der Monome $\mathrm{LM}(g)$ erzeugt. Es gibt also eine endliche Teilmenge $G = \{g_1, \ldots, g_s\}$ von $I \setminus \{0\}$ mit $\mathrm{LI}(I) = (\mathrm{LM}(g_1), \ldots, LM(g_s))$. Damit ist G eine Gröbnerbasis von I.

Sei nun $G = \{g_1, \ldots, g_s\}$ irgendeine Gröbnerbasis von I. Das von G erzeugte Ideal $J = (G)$ ist dann in I enthalten. Umgekehrt sei $f \in I \setminus \{0\}$. Division mit Rest durch $g_1, \ldots, g_s$ liefert einen Rest r, dessen Monome durch keines der Leitmonome $\mathrm{LM}(g_1), \ldots, \mathrm{LM}(g_s)$ teilbar sind. Aus $f \in I$ folgt außerdem $r \in I$. Wäre $r \neq 0$, so wäre also $\mathrm{LM}(r) \in \mathrm{LI}(I)$ und damit durch eines der Monome $\mathrm{LM}(g_1), \ldots, \mathrm{LM}(g_s)$ teilbar (Lemma B.1.1), ein Widerspruch. Also ist $r = 0$ und damit $f \in J$.   □

Da Gröbnerbasen nach Definition endlich sind, haben wir damit nebenbei auch den Hilbertschen Basissatz neu bewiesen.

B.3.2 Korollar *Jedes Ideal in $K[x_1, \ldots, x_n]$ ist endlich erzeugt.*   □

Wir betrachten nun die Division mit Rest für Gröbnerbasen.

B.3.3 Satz *Es sei I ein Ideal in $K[x_1, \ldots, x_n]$. Der Rest eines Polynoms f bei Division durch eine Gröbnerbasis von I ist eindeutig bestimmt und hängt sogar nur von f, I und der gewählten Monomordnung ab.*

Beweis. Es seien $G = \{g_1, \ldots, g_s\}$ und $G' = \{g_1', \ldots, g_{s'}'\}$ zwei Gröbnerbasen von I. Seien r bzw. r' Reste von f modulo G bzw. G'. Per Definition ist keines der in r vorkommenden Monome durch $\mathrm{LM}(g_1), \ldots, \mathrm{LM}(g_s)$ teilbar. Da G eine Gröbnerbasis ist, liegt also keines der Monome von r in $\mathrm{LI}(I)$. Ebenso liegt keines der Monome von r' in $\mathrm{LI}(I)$. Dann gilt dasselbe auch für $r - r'$. Andererseits gilt $r - r' \in I$. Wäre $r - r' \neq 0$, so also $\mathrm{LM}(r - r') \in \mathrm{LI}(I)$, Widerspruch.   □

Der Rest r eines Polynoms f bei Division durch eine Gröbnerbasis G wird auch als **Reduktion** von f modulo I bezeichnet und man sagt, dass f modulo I zu r **reduziert**.

B.3.4 Korollar *Genau dann liegt ein Polynom f in einem Ideal I, wenn es modulo I zu 0 reduziert.*

Beweis. Sei G eine Gröbnerbasis. Wenn f modulo I zu 0 reduziert, dann gilt $f \in I$. Gilt umgekehrt $f \in I$, so ist $G \cup \{f\}$ eine Gröbnerbasis von I die für f offenbar den Rest 0 liefert.   □

Da die Division mit Rest konstruktiv ist, können wir damit die Frage, ob ein Polynom in einem gegebenem Ideal liegt, durch einen Algorithmus beantworten, vorausgesetzt, wir kennen eine Gröbnerbasis des Ideals.

Bruno Buchberger (geb. 1942) österreichischer Mathematiker; entwickelte Gröbnerbasen in seiner Dissertation bei Gröbner.

Es ist aus der Definition allein allerdings nicht klar, wie man praktisch überprüfen kann, dass ein Erzeugendensystem eines Ideals I eine Gröbnerbasis ist. Das **Buchberger-Kriterium** stellt dazu einen praktikablen Test dar, der auch den Schlüssel zur Konstruktion von Gröbnerbasen enthält.

Wir fixieren weiterhin eine Monomordnung $\leqslant$. Für $\alpha, \beta \in \mathbb{N}_0^n$ setzen wir

$$\alpha \wedge \beta = \big(\min\{\alpha_1, \beta_1\}, \ldots, \min\{\alpha_n, \beta_n\}\big)$$

(gelesen: α *meet* β) und

$$\alpha \vee \beta = \big(\max\{\alpha_1, \beta_1\}, \ldots, \max\{\alpha_n, \beta_n\}\big).$$

(gelesen: α *join* β). Damit ist

$$\mathrm{ggT}(x^\alpha, x^\beta) = x^{\alpha \wedge \beta} \quad \text{und} \quad \mathrm{kgV}(x^\alpha, x^\beta) = x^{\alpha \vee \beta}.$$

Überprüfen Sie die Gleichheit
$\alpha \vee \beta = \alpha + \beta - \alpha \wedge \beta.$

Definition Für je zwei Polynome $f, g \neq 0$ ist das **S-Polynom** von f und g definiert durch

$$S(f,g) = \frac{\mathrm{LT}(g)f - \mathrm{LT}(f)g}{\mathrm{ggT}(\mathrm{LM}(f), \mathrm{LM}(g))} = \frac{\mathrm{LT}(g)f - \mathrm{LT}(f)g}{x^{\delta(f) \wedge \delta(g)}}.$$

Es ist klar, dass $S(f,g)$ ein Polynom ist, weil der Nenner beide Summanden im Zähler teilt. Nach Konstruktion kürzen sich außerdem im Zähler die Leitterme. Damit gilt

$$\delta\big(S(f,g)\big) < \delta(f) + \delta(g) - (\delta(f) \wedge \delta(g)) = \delta(f) \vee \delta(g).$$

Wir bemerken außerdem, dass man Skalare herausziehen kann, d.h. es gilt $S(af, bg) = abS(f,g)$ für alle Polynome $f, g \neq 0$ und alle $a, b \in K^*$.

B.3.5 Lemma *Es seien* $g_1, \dots, g_r \neq 0$ *Polynome vom Multigrad* α *und seien* $a_1, \dots, a_r \in K$. *Falls*

$$\delta\left(\sum_{i=1}^r a_i g_i\right) < \alpha$$

dann ist $\sum_{i=1}^r a_i g_i$ *eine Linearkombination der S-Polynome* $S(g_i, g_{i+1})$.

Wie wir gerade bemerkt haben, gilt $\delta(S(g_i, g_j)) < \alpha$ für alle i, j. Deshalb ist das Kriterium im Lemma auch notwendig.

Beweis. Setze $b_i = \mathrm{LC}(g_i)$ und $p_i = \frac{1}{b_i} g_i$ für $i = 1, \dots, r$, sowie $p_{r+1} = 0$. Die Voraussetzung $\delta(\sum_{i=1}^r a_i g_i) < \alpha$ bedeutet gerade $\sum_{i=1}^r a_i b_i = 0$. Es folgt

$$\sum_{i=1}^r a_i g_i = \sum_{i=1}^r a_i b_i p_i = \sum_{i=1}^r \left(\sum_{j=1}^i a_j b_j\right)(p_i - p_{i+1})$$

$$= \sum_{i=1}^{r-1} \left(\sum_{j=1}^i a_j b_j\right)(p_i - p_{i+1}).$$

Die letzte Gleichheit benutzt $\sum_{i=1}^r a_i b_i = 0$. Die S-Polynome sind gerade

$$S(g_i, g_j) = \frac{b_j x^\alpha g_i - b_i x^\alpha g_j}{x^\alpha} = b_j g_i - b_i g_j = b_i b_j (p_i - p_j),$$

womit das Lemma bewiesen ist. $\qquad\qquad\square$

B.3.6 Satz (Buchberger-Kriterium) *Gegeben sei* $(g_1, \ldots, g_s)$ *eine Folge von Polynomen* $\neq 0$. *Für jedes Paar* (i, j) *von Indizes sei* h_{ij} *ein Rest von* $S(g_i, g_j)$ *bei Division durch* $g_1, \ldots, g_s$. *Genau dann ist* $\{g_1, \ldots, g_s\}$ *eine Gröbnerbasis von* $(g_1, \ldots, g_s)$, *wenn* $h_{ij} = 0$ *für alle* $i < j$ *gilt.*

Beweis. Sei $G = \{g_1, \ldots, g_s\}$ und $I = (G)$. Falls G eine Gröbnerbasis ist, dann sind wegen $S(g_i, g_j) \in I$ die Reste $h_{ij} = 0$ für alle i, j (Kor. B.3.4). Umgekehrt seien die Voraussetzungen des Buchberger-Kriteriums erfüllt. Sei $f \in I$, $f \neq 0$. Wir müssen zeigen, dass das Leitmonom $\mathrm{LM}(f)$ von einem der Leitmonome $\mathrm{LM}(g_i)$, $i = 1, \ldots, s$ geteilt wird. Nach Voraussetzung gibt es eine Darstellung

$$f = \sum_{i=1}^{s} q_i g_i \qquad (*)$$

für geeignete Polynome $q_1, \ldots, q_s$, und wir setzen

$$\vartheta = \max_{i=1,\ldots,s} \delta(q_i g_i).$$

Offenbar gilt $\delta(f) \leqslant \vartheta$. Falls Gleichheit gilt, sind wir fertig. Denn dann folgt

$$\mathrm{LM}(f) = x^{\delta(f)} = \mathrm{LM}(q_i g_i) = \mathrm{LM}(q_i)\,\mathrm{LM}(g_i)$$

für ein i und die Behauptung ist bewiesen.

Falls $\vartheta > \delta(f)$, dann produzieren wir eine neue Darstellung der Form $(*)$, in der alle Multigrade $\delta(q_i g_i)$ strikt kleiner als ϑ sind. Nach endlich vielen Schritten erhalten wir so eine Darstellung mit $\delta(f) = \vartheta$, wie gewünscht.

Setze $\vartheta_i = \delta(q_i g_i)$ für $i = 1, \ldots, s$. Nach Umnummerieren können wir annehmen, dass $\vartheta_i = \vartheta$ für $i = 1, \ldots, t$ und $\vartheta_i < \vartheta$ für $i = t + 1, \ldots, s$ gilt, mit $1 \leqslant t \leqslant s$. Wir zerlegen die Summe $(*)$ wie folgt:

$$f = \sum_{i=1}^{t} \mathrm{LT}(q_i) g_i + \sum_{i=1}^{t} \big(q_i - \mathrm{LT}(q_i)\big) g_i + \sum_{i=t+1}^{s} q_i g_i.$$

Setze zur Abkürzung $A = \sum_{i=1}^{t} \mathrm{LT}(q_i) g_i$. Da die Terme in der zweiten und der dritten Summe alle kleineren Multigrad als ϑ haben und f ebenso, folgt auch $\delta(A) < \vartheta$. Es genügt, A in der Form $A = \sum_{i=1}^{s} \widetilde{q}_i g_i$ mit geeigneten $\widetilde{q}_i$ so darzustellen, dass $\delta(\widetilde{q}_i g_i) < \vartheta$ für alle $i = 1, \ldots, s$ gilt.

Wir wenden Lemma B.3.5 auf A und die Polynome $\mathrm{LM}(q_i) g_i$ für $i = 1, \ldots, t$ an und schließen, dass A eine Linearkombination der S-Polynome

$$s_{ij} = S\big(\mathrm{LM}(q_i) g_i, \mathrm{LM}(q_j) g_j\big)$$

für $1 \leqslant i, j \leqslant t$ ist. Um die Polynome s_{ij} durch $S(g_i, g_j)$ auszudrücken, schreiben wir $\alpha_i = \delta(g_i)$. Dann ist $\mathrm{LM}(q_i) g_i = x^{\vartheta - \alpha_i} g_i$ für $i = 1, \ldots, t$, also $\alpha_i \leq \vartheta$ und

$$s_{ij} = x^{-\vartheta}\left(x^{\vartheta - \alpha_j}\,\mathrm{LT}(g_j) x^{\vartheta - \alpha_i} g_i - x^{\vartheta - \alpha}\,\mathrm{LT}(g_i) x^{\vartheta - \alpha_j} g_j \right)$$

$$= x^{\vartheta - (\alpha_i + \alpha_j)}\big(\mathrm{LT}(g_j) g_i - \mathrm{LT}(g_i) g_j\big) = x^{\beta_{ij}} S(g_i, g_j),$$

wobei

$$\beta_{ij} = \vartheta - (\alpha_i + \alpha_j) + (\alpha_i \wedge \alpha_j) = \vartheta - (\alpha_i \vee \alpha_j) \geqslant 0.$$

Nach Voraussetzung haben wir $h_{ij} = 0$ und damit Darstellungen

$$S(g_i, g_j) = \sum_{k=1}^{s} p_{ijk} g_k$$

mit Polynomen p_{ijk} derart, dass

$$\delta(p_{ijk} g_k) \leqslant \delta\big(S(g_i, g_j)\big) < \alpha_i \vee \alpha_j$$

für alle i, j, k gilt. Für $i, j = 1, \ldots, t$ ist also $s_{ij} = \sum_k \widetilde{p}_{ijk} g_k$ mit $\widetilde{p}_{ijk} = x^{\beta_{ij}} p_{ijk}$, und dabei ist

$$\delta(\widetilde{p}_{ijk} g_k) = \beta_{ij} + \delta(p_{ijk} g_k) < \vartheta$$

für alle k. Damit haben wir die gesuchte Darstellung von A gefunden. $\qquad \square$

Aus dem Buchberger-Kriterium erhalten wir nun leicht einen Algorithmus zur Berechnung einer Gröbnerbasis für ein beliebiges Ideal.

B.3.7 Satz (Buchberger-Algorithmus) *Seien $g_1, \ldots, g_s \neq 0$ Polynome und $I = (g_1, \ldots, g_s)$. Folgender Algorithmus erzeugt eine Gröbnerbasis von I: Berechne alle Reste h_{ij} der S-Polynome $S(g_i, g_j)$ modulo $g_1, \ldots, g_s$ für $i < j$. Sind alle $h_{ij} = 0$, so ist $\{g_1, \ldots, g_s\}$ eine Gröbnerbasis von I. Ist erstmals $h_{ij} \neq 0$ für ein Paar $i < j$, so füge h_{ij} zu $g_1, \ldots, g_s$ hinzu und starte erneut mit der verlängerten Folge.*

Beweis. Nach dem Buchberger-Kriterium müssen wir nur noch beweisen, dass der Algorithmus terminiert, also irgendwann alle h_{ij} tatsächlich 0 sind. Ist $h_{ij} \neq 0$, so ist die Inklusion

$$\big(\mathrm{LM}(g_1), \ldots, \mathrm{LM}(g_s)\big) \subsetneq \big(\mathrm{LM}(g_1), \ldots, \mathrm{LM}(g_s), \mathrm{LM}(h_{ij})\big)$$

von monomialen Idealen strikt. Denn nach Definition des Rests wird $\mathrm{LM}(h_{ij})$ von keinem der $\mathrm{LM}(g_k)$ für $k = 1, \ldots, s$ geteilt. Nach Korollar B.1.1 können die beiden obigen Ideale nicht gleich sein. Andererseits wird jede aufsteigende Folge von monomialen Idealen stationär, nach Kor. B.1.3. Wenn das geschieht, bricht der Algorithmus also ab. $\qquad \square$

Das ist die einfachste Form des Buchberger-Algorithmus. Sie produziert häufig sehr große, redundante Gröbnerbasen und in tatsächlichen Implementierungen werden viele Verfeinerungen vorgenommen, um die Leistung zu verbessern.[1] Jede Gröbnerbasis lässt sich im Prinzip zu einer minimalen oder zu einer sogenannten reduzierten Gröbnerbasis verkleinern (siehe dazu Übungen B.3.7 oder B.3.8).

---

[1] Außerdem wurde der Buchberger-Algorithmus inzwischen erheblich weiterentwickelt. Die für viele Zwecke derzeit schnellsten Algorithmen stammen von JEAN-CHARLES FAUGÈRE aus den Jahren 1999-2002 ($F4/F5$-Algorithmen).

Übungen

Übung B.3.1 Es sei $G = \{x - y^4, x^2 - z^2\} \subset K[x, y, z]$. Entscheiden Sie, ob G eine Gröbnerbasis von (G) ist, (a) bezüglich lex; (b) bezüglich glex.

Übung B.3.2 (a) Verifizieren Sie, dass $G = \{y - z^2, x - z\} \subset K[x, y, z]$ eine Gröbnerbasis des Ideals (G) bezüglich lex ist.

    (b) Teilen Sie xy durch $(y - z^2, x - z)$ und durch $(x - z, y - z^2)$.

Übung B.3.3 Es sei I ein Hauptideal im Polynomring $K[x_1, \ldots, x_n]$. Zeigen Sie: Jede endliche Teilmenge von I, die einen Erzeuger von I enthält, ist eine Gröbnerbasis.

Übung B.3.4 Beweisen Sie folgende Umkehrung von Kor. B.3.4. Es sei $G \subset K[x_1, \ldots, x_n]$ eine endliche Teilmenge, $I = (G)$. Falls jedes Element von I modulo G zu 0 reduziert, so ist G eine Gröbnerbasis von I.

Übung B.3.5 Verwenden Sie das Buchberger-Kriterium, um zu entscheiden, ob die folgenden Mengen von Polynomen in $K[x, y, z]$ Gröbnerbasen bezüglich glex sind.

    (a) $G = \{x^2 y - z^3, x^3 - xy^2\}$;

    (b) $G = \{xy - x, x^2 - z, yz - z\}$.

Übung B.3.6 Verwenden Sie den Buchberger-Algorithmus, um eine Gröbnerbasis für die folgenden Ideale in $K[x, y, z]$ zu finden.

    (a) $I = \left(x - y^2 - 1, xy - y \right)$ bezüglich lex und glex;

    (b) $I = \left(x^2 - y + 1, 2x^3 y + y \right)$ bezüglich glex.

Übung B.3.7 (Minimale Gröbnerbasen) Es sei G eine Gröbnerbasis eines Ideals I in $K[x_1, \ldots, x_n]$ bezüglich einer Monomordnung $\leqslant$. Die Gröbnerbasis G heißt **minimal**, falls $\mathrm{LM}(h) \nmid \mathrm{LM}(g)$ für alle $g \neq h \in G$ gilt. Zeigen Sie:

    (a) Wird das Leitmonom eines Elements $g \in G$ vom Leitmonom einem Elements $h \in G \setminus \{g\}$ geteilt, so ist auch $G \setminus \{g\}$ eine Gröbnerbasis von I.

    (b) Ist G minimal, so ist $\mathrm{LM}(G)$ die Menge der bezüglich $\leqslant$ minimalen Monome in $\mathrm{LI}(I)$.

    (c) Genau dann ist G minimal, wenn G bezüglich Inklusion minimal in der Menge aller Gröbnerbasen ist.

    (d) Alle minimalen Gröbnerbasen von I (bezüglich $\leqslant$) haben dieselbe Länge.

Übung B.3.8 (Reduzierte Gröbnerbasen) Es sei G eine Gröbnerbasis eines Ideals I in $K[x_1, \ldots, x_n]$ bezüglich einer Monomordnung $\leqslant$. Die Gröbnerbasis G heißt **reduziert**, wenn jedes Element von G normiert ist und für jedes $g \in G$ gilt: Für $h \in G \setminus \{g\}$ ist keines der Monome in g durch $\mathrm{LM}(h)$ teilbar. Zeigen Sie:

    (a) Jede reduzierte Gröbnerbasis ist minimal.

    (b) Das Ideal I besitzt eine eindeutige reduzierte Gröbnerbasis (bezüglich $\leqslant$). (*Hinweis:* Betrachten Sie für $g \in G$ den Rest von g modulo $G \setminus \{g\}$.)

B.4 Anwendungen

Mit Hilfe von Gröbnerbasen kann man eine ganze Reihe von algorithmischen Problemen lösen, die in der algebraischen Geometrie vorkommen. Einige davon stellen wir hier kurz vor.

B.4.1 Inklusionstest: Seien Polynome $f_1, \ldots, f_r$ und f in $K[x_1, \ldots, x_n]$ gegeben. Wir wollen entscheiden, ob

$$f \in (f_1, \ldots, f_r)$$

gilt. Dazu konstruieren wir eine Gröbnerbasis $G = \{g_1, \ldots, g_s\}$ von $I = (f_1, \ldots, f_r)$ und bestimmen den Rest von f modulo G. Nach Kor. B.3.4 gilt $f \in I$ genau dann, wenn dieser Rest 0 ist.

B.4.2 Lösbarkeit von Gleichungssystemen: Das ist die erste direkte Anwendung des Inklusionstests: Sind $f_1, \ldots, f_r \in K[x_1, \ldots, x_n]$, so gilt $\mathcal{V}(f_1, \ldots, f_r) = \emptyset$ genau dann, wenn $1 \in (f_1, \ldots, f_r)$ gilt, nach dem schwachen Nullstellensatz 2.1.6. Ob das der Fall ist, können wir durch einen Inklusionstest nachprüfen. Damit haben wir einen Algorithmus, der direkt entscheidet, ob ein Gleichungssystem lösbar oder unlösbar ist.

Bemerkung Dabei ist allerdings noch folgender Punkt zu beachten: Der Nullstellensatz gilt zunächst nur über einem algebraisch abgeschlossenen Körper. In der Praxis kann man mit Gröbnerbasen dagegen häufig nur über $\mathbb{Q}$ oder einem endlichen Körper rechnen. Der Nullstellensatz gilt aber in folgender verstärkter Form: Ist K ein beliebiger Körper, dann gilt $\mathcal{V}(f_1, \ldots, f_r) = \emptyset$ in jedem algebraisch abgeschlossenen Erweiterungskörper von K genau dann, wenn $1 \in (f_1, \ldots, f_r)$ in $K[x_1, \ldots, x_n]$ gilt. Die Lösbarkeit eines Gleichungssystems entscheidet sich also immer bereits über dem Körper, in dem die beteiligten Polynome ihre Koeffizienten haben. Die Beweise des Nullstellensatzes in §2.2 und in den Übungen 2.8.5–2.8.7 lassen sich auch recht leicht auf diesen Fall übertragen (siehe Übung B.4.1).

B.4.3 Eliminationsideale: Es sei I ein Ideal in $K[x_1, \ldots, x_n]$. Für $j = 1, \ldots, n$ heißt

$$I_j = I \cap K[x_{j+1}, \ldots, x_n]$$

das **Eliminationsideal von** I bezüglich der Variablen $x_1, \ldots, x_j$. Es hat, wie wir wissen, folgende geometrische Interpretation: Sei $V = \mathcal{V}(I) \subset \mathbb{A}^n$, $W_j = \mathcal{V}(I_j) \subset \mathbb{A}^{n-j}$ und

$$\pi_j : \mathbb{A}^n \to \mathbb{A}^{n-j}, (x_1, \ldots, x_n) \mapsto (x_{j+1}, \ldots, x_n).$$

Dann ist W_j der Zariski-Abschluss der Projektion $\pi_j(V)$ (Satz 2.5.2). Das Eliminationsideal I_j lässt sich mit Hilfe von Gröbnerbasen berechnen:

Definition Eine Monomordnung $\leqslant$ auf $\mathbb{N}_0^n$ heißt **Eliminationsordnung** für $x_1, \ldots, x_j$, falls

$$x_{j+1}^{\alpha_{j+1}} \cdots x_n^{\alpha_n} < x_i \quad \text{für alle } i = 1, \ldots, j \text{ und alle } \alpha_{j+1}, \ldots, \alpha_n \geqslant 0$$

gilt, falls also die Variablen $x_1, \ldots, x_j$ größer sind als alle Monome in den übrigen Variablen.

Offenbar ist die lexikographische Ordnung eine Eliminationsordnung für jedes $j = 1, \ldots, n$.

Satz. *Sei I ein Ideal in $K[x_1, \ldots, x_n]$ und sei G eine Gröbnerbasis von I bezüglich einer Eliminationsordnung für $x_1, \ldots, x_j$ ($1 \leqslant j \leqslant n$). Dann ist*

$$G_j = G \cap K[x_{j+1}, \ldots, x_n]$$

eine Gröbnerbasis des Eliminationsideals $I \cap K[x_{j+1}, \ldots, x_n]$ (bezüglich der auf $K[x_{j+1}, \ldots, x_n] \subset K[x_1, \ldots, x_n]$ induzierten Monomordnung).

Beweis. Sei $f \in I_j$, $f \neq 0$. Dann wird das Leitmonom $\mathrm{LM}(f)$ von einem der Leitmonome $\mathrm{LM}(g)$, $g \in G$ geteilt. Es folgt $\mathrm{LM}(g) \in K[x_{j+1}, \ldots, x_n]$ und, da wir eine Eliminationsordnung verwenden, daraus auch $g \in K[x_{j+1}, \ldots, x_n]$. Also ist $g \in G_j$ und die Behauptung bewiesen. $\square$

B.4.4 *Implizitisierung:* Für $f_1, \ldots, f_n \in K[x_1, \ldots, x_m]$ betrachten wir den Morphismus

$$\varphi \colon \mathbb{A}^m \to \mathbb{A}^n, p \mapsto \big(f_1(p), \ldots, f_n(p)\big).$$

Der Zariski-Abschluss $Z = \overline{\varphi(\mathbb{A}^m)}$ des Bildes ist eine irreduzible Varietät in $\mathbb{A}^n$. Sie ist die Projektion des Graphen $\Gamma_\varphi \subset \mathbb{A}^m \times \mathbb{A}^n$ auf den zweiten Faktor und wird deshalb nach Satz 2.5.2 beschrieben durch das Ideal

$$(y_1 - f_1, \ldots, y_n - f_n) \cap K[y_1, \ldots, y_n],$$

wobei der Durchschnitt im Polynomring $K[x_1, \ldots, x_m, y_1, \ldots, y_n]$ gebildet wird. Durch Elimination können wir also implizite Gleichungen für die parametrisierte Varietät Z berechnen.

B.4.5 *Durchschnitt von Idealen:* Gegeben seien Ideale $I = (f_1, \ldots, f_r)$ und $J = (g_1, \ldots, g_s)$ in $K[x_1, \ldots, x_n]$. Für die Ideale $I + J$ und IJ kann man sofort Erzeuger hinschreiben, aber für $I \cap J$ ist das deutlich schwieriger. Mit Hilfe von Gröbnerbasen kann man wie folgt vorgehen:

Satz. *Seien I und J Ideale wie oben und seien $\widetilde{I}$ bzw. $\widetilde{J}$ die von I bzw. J erzeugten Ideale im Polynomring $K[t, x_1, \ldots, x_n]$ mit einer zusätzlichen Variablen t. Dann ist*

$$I \cap J = \big(t\widetilde{I} + (1-t)\widetilde{J}\big) \cap K[x_1, \ldots, x_n].$$

Beweis. Für $f \in I \cap J$ liegt $f = tf + (1-t)f$ im Ideal auf der rechten Seite. Umgekehrt sei f im rechten Ideal gelegen. Es gibt also Polynome $p_i, q_j \in K[t, x_1, \ldots, x_n]$ ($i = 1, \ldots, r$, $j = 1, \ldots, s$) mit

$$f(x) = t \sum_{i=1}^{r} p_i(t, x) f_i(x) + (1-t) \sum_{j=1}^{s} q_j(t, x) g_j(x).$$

Substitution von $t = 1$ bzw. $t = 0$ zeigt $f \in I$ bzw. $f \in J$. $\square$

Das Problem der Berechnung von $I \cap J$ ist damit auf das Eliminationsproblem zurückgeführt, das wir schon gelöst haben. Explizit ist

$$t\widetilde{I} + (1-t)\widetilde{J} = (tf_1, \ldots, tf_r, (1-t)g_1, \ldots, (1-t)g_s)$$

Man bekommt also eine Gröbnerbasis von $I \cap J$, indem man eine Gröbnerbasis des Ideals $t\widetilde{I} + (1-t)\widetilde{J}$ bezüglich einer Eliminationsordnung für t bestimmt und alle Polynome daraus weglässt, in denen die Variable t vorkommt.

B.4.6 Radikale: Im Hinblick auf den starken Nullstellensatz und seine Anwendungen würden wir gern das Radikal eines Ideals mit Hilfe von Gröbnerbasen berechnen. Tatsächlich gibt es entsprechende Algorithmen, aber ganz einfach ist die Sache nicht und wir werden hier nicht darauf eingehen (siehe zum Beispiel [10, Kap. 4]).

Sehr viel einfacher ist es allerdings zu testen, ob ein einzelnes Polynom f im Radikal eines gegebenen Ideals enthalten ist. Sei $I \subset K[x_1, \ldots, x_n]$ ein Ideal und $f \in K[x_1, \ldots, x_n]$. Genau dann ist f in $\sqrt{I}$ enthalten, wenn

$$1 \in (I) + (1 - fy) \subset K[x_1, \ldots, x_n, y]$$

gilt. Das ist im Wesentlichen der »Trick von Rabinowitsch« im Beweis des starken Nullstellensatzes. Das Problem ist damit auf einen Inklusionstest zurückgeführt.

Übungen

Übung B.4.1 Es sei L/K eine Körpererweiterung und $I \subset K[x_1, \ldots, x_n]$ ein Ideal.

(a) Sei J das von I in $L[x_1, \ldots, x_n]$ erzeugte Ideal. Zeigen Sie die Gleichheit

$$I = J \cap K[x_1, \ldots, x_n].$$

(b) Beweisen Sie die folgende Version des schwachen Nullstellensatzes: Sei L algebraisch abgeschlossen. Falls $\mathcal{V}_L(I) = \{p \in L^n \mid f(p) = 0 \text{ für alle } f \in I\}$ die leere Menge ist, dann gilt $1 \in I$.

Übung B.4.2 Gegeben seien die drei Polynome

$$f_1 = x^2 + y^2 + z^2 - 1, \quad f_2 = x^2 - y + z^2, \quad f_3 = x - z$$

in $\mathbb{Q}[x, y, z]$. Zeigen Sie, dass $\mathcal{V}(f_1, f_2, f_3)$ endlich ist und bestimmen Sie alle komplexen Punkte dieser Varietät (*Hinweis:* Elimination).

Literatur

[1] M. F. Atiyah und I. G. Macdonald. *Introduction to commutative algebra*. Addison-Wesley Publishing Co., Reading, Mass.-London-Don Mills, Ont., 1969.

[2] A. Beauville. *Surfaces algébriques complexes*. Société Mathématique de France, Paris, 1978. Astérisque, No. 54.

[3] S. Bosch. *Algebra*. Springer Lehrbuch. Springer, Berlin, 8. Aufl., 2013.

[4] C. H. Clemens und P. A. Griffiths. The intermediate Jacobian of the cubic threefold. *Ann. of Math. (2)*, **95** (1972) 281–356.

[5] D. A. Cox, J. Little und D. O'Shea. *Ideals, varieties, and algorithms*. Undergraduate Texts in Mathematics. Springer, 4. Aufl., 2015.

[6] D. Eisenbud. *Commutative algebra (with a view toward algebraic geometry)*, Bd. 150 von *Graduate Texts in Mathematics*. Springer-Verlag, New York, 1995.

[7] G. Fischer. *Lineare Algebra. Eine Einführung für Studienanfänger*. Heidelberg: Springer Spektrum, 18. Aufl., 2014.

[8] W. Fulton. *Algebraic curves. An introduction to algebraic geometry*. W. A. Benjamin, Inc., New York-Amsterdam, 1969.

[9] I. M. Gelfand, M. M. Kapranov und A. V. Zelevinsky. *Discriminants, resultants, and multidimensional determinants*. Mathematics: Theory & Applications. Birkhäuser Boston, Inc., Boston, MA, 1994.

[10] G.-M. Greuel und G. Pfister. *A Singular introduction to commutative algebra*. Springer, Berlin, extended Aufl., 2008.

[11] P. Griffiths und J. Harris. *Principles of algebraic geometry*. Wiley Classics Library. John Wiley & Sons, Inc., New York, 1994. doi: 10.1002/9781118032527. Reprint of the 1978 original.

[12] A. Grothendieck und J. A. Dieudonné. *Eléments de géométrie algébrique. I*, Bd. 166 von *Grundlehren der Mathematischen Wissenschaften*. Springer-Verlag, Berlin, 1971.

© Springer-Verlag GmbH Deutschland, ein Teil von Springer Nature 2020
D. Plaumann, *Einführung in die Algebraische Geometrie*,
https://doi.org/10.1007/978-3-662-61779-3

[13] J. Harris. *Algebraic geometry*, Bd. 133 von *Graduate Texts in Mathematics*. Springer-Verlag, New York, 1995.

[14] R. Hartshorne. *Algebraic geometry*. Springer-Verlag, New York-Heidelberg, 1977. Graduate Texts in Mathematics, No. 52.

[15] H. Hironaka. Resolution of singularities of an algebraic variety over a field of characteristic zero. I, II. *Ann. of Math. (2)* **79** *(1964), 109–203; ibid. (2)*, **79** (1964) 205–326.

[16] K. Hulek. *Elementare algebraische Geometrie*. Aufbaukurs Mathematik. Springer Spektrum, Wiesbaden, 2. Aufl., 2012.

[17] V. A. Iskovskih und J. I. Manin. Three-dimensional quartics and counterexamples to the Lüroth problem. *Mat. Sb. (N.S.)*, **86(128)** (1971) 140–166.

[18] L. Kaup und B. Kaup. *Holomorphic functions of several variables*, Bd. 3 von *De Gruyter Studies in Mathematics*. Walter de Gruyter & Co., Berlin, 1983.

[19] H. Matsumura. *Commutative algebra*, Bd. 56 von *Mathematics Lecture Note Series*. Benjamin/Cummings Publishing Co., Inc., Reading, Mass., 2. Aufl., 1980.

[20] D. Mumford. *The red book of varieties and schemes*, Bd. 1358 von *Lecture Notes in Mathematics*. Springer-Verlag, Berlin, 2. Aufl., 1999.

[21] J. L. Rabinowitsch. Zum Hilbertschen Nullstellensatz. *Math. Ann.*, **102**(1) (1930) 520.

[22] M. Reid. *Undergraduate algebraic geometry*, Bd. 12 von *London Mathematical Society Student Texts*. Cambridge University Press, 1988.

[23] I. R. Shafarevich. *Basic algebraic geometry. 1*. Springer, Heidelberg, 3. Aufl., 2013.

[24] O. Zariski. On Castelnuovo's criterion of rationality $p_a = P_2 = 0$ of an algebraic surface. *Illinois J. Math.*, **2** (1958) 303–315.

Index

abgeschlossene Abbildung, 119, 132
abgeschlossene Untervarietät, *siehe*
    Untervarietät
Abschluss, *siehe* Zariski-Abschluss
    projektiver, 80
    topologischer, 116
äußere Algebra, 107
affine Ebene, 1
affine Raumkurve, *siehe* Kurve
affine Varietät, *siehe* Varietät
affiner Kegel, 74
affiner Raum, 9
Algebra, 26
    über einem Ring, 28
    endlich erzeugte, 28
    reduzierte, 26
algebraische Unabhängigkeit, 43, 157
algebro-geometrische Korrespondenz,
    32
allgemeine Lage, 67
Aufblasung, 138
Auflösung von Singularitäten, 138

Basis
    eines Ideals, 10
    Gröbner-, 165
    lineare, 160
    Transzendenz-, 157
basis-offene Teilmenge, 122
Basissatz, 11, 151
Bézout
    Satz von, 84
bihomogenes Polynom, 91
binäre Form, 79
birationale Abbildung/Äquivalenz, *siehe*
    rationale Abbildung
Buchberger-Algorithmus, 169

Buchberger-Kriterium, 168

Cayley-Kubik, 55
Cayley-Transformation, 36
chinesischer Restsatz, 28
Codimension, 51, 54
Cremona-Transformation, 135

Definitionsbereich
    einer rationalen Abbildung, 35, 134
    einer rationalen Funktion, 34
Dehomogenisierung, 79
dichte Teilmenge, 116
Dimension, 140
    einer affinen Varietät, 44
    einer projektiven Varietät, 87, 143
    einer quasiprojektiven Varietät, 141
    eines projektiven Raums, 64
    kombinatorische, 49, 140
    von Fasern, 142
Dimensionsformel
    für projektive Unterräume, 64
Diskriminante, 97
Division mit Rest, 163
dominante rationale Abbildung, *siehe*
    rationale Abbildung
Doppelverhältnis, 71

Ebene
    affine, 1, 9
    projektive, 64
ebene Kurve, *siehe* Kurve
eingebettete Komponente, 104
Einheit, 27, 37, 39, 145
Eliminationsideal, 29, 171
    projektives, 96
Eliminationsordnung, 171

© Springer-Verlag GmbH Deutschland, ein Teil von Springer Nature 2020
D. Plaumann, *Einführung in die Algebraische Geometrie*,
https://doi.org/10.1007/978-3-662-61779-3

Eliminationstheorie, 95
Ellipse, *siehe* Kurve
euklidische Topologie, 116
euklidischer Algorithmus, 159, 163
Euler-Identität, 85

F5-Algorithmus, 169
faktorieller Ring, 34, 152
Fano-Varietät, 111
Faserdimension, 142
Fundamentalsatz der Algebra
        homogene Fassung, 79
Funktionenkeim, 124
Funktionenkörper
        affin, 33
        einer quasiprojektiven Varietät, 136
        rationaler, 34

Garbe, 125
Gauß'sches Lemma, 153
gelochte Ebene, 125, 134
Gerade
        affine, 9
        in $\mathbb{P}^3$, 110
        projektive, 64
Geschlecht
        arithmetisches, 105
glatt, *siehe* regulärer Punkt
Grad
        einer ebenen Kurve, 1
        einer Kurve in $\mathbb{P}^2$, 82
        einer Varietät in $\mathbb{P}^n$, 105
grad(-revers)-lexikographische
        Ordnung, 162
graduierter Ring/graduierte K-Algebra,
        73
Graph
        einer homogenen
                Polynomabbildung, 96
        einer rationalen Abbildung, 137
        eines Morphismus, 30, 132
Graßmann-Algebra, 107
Graßmann-Varietät, 106
Gröbnerbasis, 165
        minimale, 170
        reduzierte, 170

Hauptideal, *siehe* Ideal

Hauptidealsatz, 54
        geometrisch, 51, 141
Hauptsatz der Eliminationstheorie, 95,
        132
Hausdorff-Raum, 120, 134
Hilbert'scher Basissatz, *siehe* Basissatz
Hilbert'scher Nullstellensatz, *siehe*
        Nullstellensatz
Hilbert-Funktion, 99
        einer endlichen Varietät, 105
Hilbert-Polynom, 100
Höhe eines Primideals, 54
Homöomorphismus, 118
homogene Elemente, 73
homogene Koordinaten, *siehe*
        Koordinaten
homogener Koordinatenring, 76
homogenes Ideal, 73
homogenes Polynom, *siehe* Polynom
homogenes Primideal, *siehe* Ideal
homogenes Verschwindungsideal, *siehe*
        Ideal
Homogenisierung, 79
Homomorphiesatz, 146
Homomorphismus
        K-Homomorphismus, 31
        zwischen Koordinatenringen, 30
Hyperbel, *siehe* Kurve
Hyperebene
        im Unendlichen, 66
        projektive, 64
Hyperfläche
        affine, 11, 44
        projektive, 72

Ideal, 10, 146
        Berechnung des Durchschnitts, 172
        Hauptideal, 146
        in einer Lokalisierung, 38
        irreduzibles, 155
        irrelevantes, 75
        maximales, 23, 40, 147
        monomiales, 160
        Primärideal, 154
        Primideal, 20, 147
        Primideal, homogenes, 74
        Radikal, 14, 42, 147
        Radikalideal, 14, 147

Verschwindungsideal, 13
Verschwindungsideal, homogenes,
  74
idealtheoretisch, *siehe* vollständiger
  Durchschnitt
Implizitisierung, 172
Injektion
  von Funktionenkörpern, 35
  von Koordinatenringen, 32
Inklusionstest, 171
Integritätsring, 145
irreduzibel
  affine Varietät, 20
  ebene Kurve, 1
  projektive Varietät, 73
  topologischer Raum, 118
irreduzible Komponente
  einer affinen Varietät, 22
  einer ebenen Kurve, 2
  einer projektiven Varietät, 73
  eines topologischen Raums, 120
irrelevantes Ideal, 75
Isomorphismus
  von K-Algebren, 32
  von Ringen, 146
  von Varietäten, *siehe* Morphismus

Jacobi-Kriterium
  affin, 61
  projektiv, 90
Jacobi-Matrix, 56

kartesisches Produkt, *siehe* Produkt
Kegel
  affiner, 74
Kegelschnitt, *siehe* Kurve
Kettenbedingung, 150
Kettenring, 53, 144
Kodimension, *siehe* Codimension
kombinatorische Dimension, *siehe*
  Dimension
Komponente, *siehe* irreduzible
  Komponente
Koordinaten, 25
  eines Punkts, 9
  homogene, 65
Koordinatenring, 25, 123
  homogener, 76

Koordinatensystem
  homogenes, 67
Krull'scher Hauptidealsatz, *siehe*
  Hauptidealsatz
kubische Kurve, *siehe* Kurve
Kurve
  Ellipse, 1
  Hyperbel, 1
  in $\mathbb{A}^2$, 1
  in $\mathbb{A}^3$, 11
  in $\mathbb{P}^2$, 82
  Kegelschnitt in $\mathbb{A}^2$, 1
  Kegelschnitt in $\mathbb{P}^2$, 82, 130
  Kubik in $\mathbb{A}^2$, 4
  kubische Schleifenkurve, 4
  Neil'sche Parabel, 3, 25, 29, 31, 32
  nicht-rationale, 5, 49
  Parabel, 1
  parametrische, 3, 29
  rationale, 4, 137
  rationale Normalkurve, 77
  verdrehte Kubik in $\mathbb{A}^3$, 11, 29, 33
  verdrehte Kubik in $\mathbb{P}^3$, 77

Leitideal, 165
Leitkoeffizient, 162
Leitmonom, 162
Leitterm, 162
Lemma von Dickson/Gordan, 160
lexikographische Ordnung, 161
lineare Gruppe
  projektive, 66
Linearfaktoren
  homogene, 79
Linearisierung, 94
lokal abgeschlossene Teilmenge, 117,
  140
lokaler Ring
  einer affinen Varietät, 40
  einer Varietät, 124
  in der Algebra, 39
Lokalisierung
  für Moduln, 42
  für Ringe, 37
  nach einem Primideal, 39
  nicht endlich erzeugt, 41

maximales Ideal, *siehe* Ideal

mengentheoretisch, *siehe* vollständiger
    Durchschnitt
minimale Gröbnerbasis, 170
Minimalpolynom, 51
Modul, 147
Möbius-Transformation, 69
Monoid, 160
Monom, 159
monomiales Ideal, 160
Monomordnung, 161
Morphismus, 126
    affin, 29
    homogene Polynomabbildung, 77,
       129
    Isomorphismus affiner Varietäten,
       32
Multigrad, 162
multiplikative Teilmenge, 37
Multiplizität
    eines Schnittpunkts, 84
Multivektor, 107

natürliche Ordnung, 160
Neil'sche Parabel, *siehe* Kurve
nilpotentes Element, 26
Noether-Normalisierung, 45, 49
noethersche Induktion, 22, 155
noetherscher Raum, 119
noetherscher Ring, 11, 150
Norm (einer Körpererweiterung), 51
Normalisierung, *siehe*
    Noether-Normalisierung
Normalkurve, *siehe* Kurve
Nullstellensatz
    über beliebigen Körpern, 173
    projektive Form, 75
    schwache Form, 12, 19
    starke Form, 14
Nullteiler, 145
numerisches Polynom, 102

offene Abbildung, 119

Parabel, *siehe* Kurve
perfekte Paarung, 58
Plücker-Einbettung, 109
Plücker-Quadrik, 110
Plücker-Relationen, 110

Polynom, 146
    homogenes, 72
Polynomabbildung, *siehe* Morphismus
Polynomfunktion, 25
Primärideal, *siehe* Ideal
Primärzerlegung, 154
    homogene, 103
Primideal, *siehe* Ideal
Produkt
    kartesisches, 26, 47
    von projektiven Varietäten, 91
Produkttopologie, 117, 120
Projektion
    als Morphismus, 130
    mit Zentrum, 69, 135
    nicht abgeschlossen, 29
    stereographische, 3
    surjektiv, 18
    zwischen projektiven Räumen, 69
projektive Kurve, *siehe* Kurve
projektive lineare Gruppe, 66
projektive Unabhängigkeit, 67
projektive Varietät, *siehe* Varietät
projektiver Abschluss, 80
projektiver Nullstellensatz, *siehe*
    Nullstellensatz
projektiver Raum, 64
projektiver Tangentialraum, *siehe*
    Tangentialraum
projektiver Unterraum, 64
Projektivität, 66

Quadrik, 72, 137
quasiaffine Varietät, *siehe* Varietät
quasikompakter Raum, 119
quasiprojektive Varietät, *siehe* Varietät

Rabinowitsch, Trick von, 14, 173
Radikal, *siehe* Ideal
Radikalideal, *siehe* Ideal
rationale Abbildung, 35, 134
    birationale Äquivalenz, 35, 48,
      135, 136
    dominant, 35, 135
rationale Funktion
    einer affinen Varietät, 33
rationale Kurve, *siehe* Kurve
rationale Normalkurve, *siehe* Kurve

rationale Varietät, 137
    affin, 35
Reduktion (Gröbnerbasis), 166
reduzibel, *siehe* irreduzibel
reduzierte Algebra, *siehe* Algebra
reduzierte Gröbnerbasis, 170
reduziertes Polynom, 14
reguläre Funktion, 122, 132
regulärer Ort, 129
regulärer Punkt, 60, 125
    auf einer ebenen Kurve, 6
    auf einer Hyperfläche, 55
Rest (multivariate Polynomdivision),
    163
Resultante, 17

S-Polynom, 167
Satz von Bézout, 84
Satz von Hironaka, 138
Satz von Lüroth, 137
Satz von Pascal, 86
Schleifenkurve, *siehe* Kurve
Schnittmultiplizität, 84
Segre-Fläche in $\mathbb{P}^3$, 92
Segre-Varietät, 91
singulärer Ort, 89, 129
singulärer Punkt, 6, 60, 89, 125
Singularität, *siehe* singulärer Punkt
spektrale Topologie, 121
Spurtopologie, *siehe* Teilraumtopologie
stereographische Projektion, *siehe*
    Projektion, 134
stetige Abbildung, 118, 122
Strukturgarbe, 125
Sylvestermatrix, 16

Tangente
    an eine Kurve in $\mathbb{A}^2$, 7
    an eine Kurve in $\mathbb{P}^2$, 85
Tangentialraum
    abstrakter, 125
    affiner, 56
    an eine affine Varietät, 55
    an eine Hyperfläche, 55
    projektiver, 88
Taylor-Entwicklung, 58
Teilraumtopologie, 116, 121

Tensoralgebra, 107
Tensorprodukt, 93
Term, 160
Topologie, 115
topologischer Raum, 115
total zerlegbarer Multivektor, 109
Totalgrad, 162
Transitivität, 67
Transzendenzbasis, 44, 157
Transzendenzgrad, 44, 158

Umgebung
    offene, 116
    offene affine, 129
Unabhängigkeit, *siehe* algebraische
        Unabhängigkeit
    projektive, 67
unendlicher Abstieg, 5
unirationale Varietät, 137
Unterraum
    projektiver, 64
Untervarietät
    affine abgeschlossene, 20
    offene affine, 127, 129, 132

Varietät
    affine, 9, 127
    projektive, 72
    quasiaffine, 121, 127
    quasiprojektive, 121, 127
Verbindungsraum, 64
verdrehte Kubik, *siehe* Kurve
Veronese-Abbildung, 131
Veronese-Varietät, 93
Verschwindungsideal, *siehe* Ideal
vollständiger Durchschnitt, 87

windschiefe Geraden, 65
Wohlordnung, 162

Zariski-Abschluss
    in $\mathbb{A}^n$, 13, 29
Zariski-dichte Teilmenge, 13
Zariski-Topologie, 116
    auf $\mathbb{A}^n$, 10
    auf $\mathbb{P}^n$, 73
zusammenhängende Teilmenge, 118

Printed in the United States
By Bookmasters